U0805945

全国高职高专水利水电类专业规划教材

电工与电气设备

主　编　盛国林　高中义　樊新军
副主编　黄才光　王　维　王　莹
　　　　郑　静
主　审　夏敏静

黄河水利出版社
·郑州·

内 容 提 要

本书是全国高职高专水利水电类专业规划教材，是根据全国水利水电高职教研会制定的电工与电气设备课程教学大纲编写完成的。全书共分十一章，主要内容包括直流电路、磁与电磁、单相正弦交流电路、三相正弦交流电路、变压器、三相异步电动机、常用低压电器、高压开关电器、照明电路、电工仪表与测量及安全用电常识。

本书既可作为高职高专院校水利水电类专业的教学用书，也可作为相关专业技术人员的参考用书。

图书在版编目(CIP)数据

电工与电气设备/盛国林，高中义，樊新军主编. —郑州：黄河水利出版社，2009.8

全国高职高专水利水电类专业规划教材

ISBN 978-7-80734-690-6

Ⅰ.电… Ⅱ.①盛…②高…③樊… Ⅲ.①电工技术-高等学校：技术学校-教材②电气设备-高等学校：技术学校-教材 Ⅳ.TM

中国版本图书馆 CIP 数据核字(2009)第 131932 号

组稿编辑：王路平 电话：0371-66022212 E-mail：hhslwlp@163.com

马 翀 66026749 machong2006@126.com

出 版 社：黄河水利出版社

地址：河南省郑州市顺河路黄委会综合楼 14 层 邮政编码：450003

发行单位：黄河水利出版社

发行部电话：0371-66026940、66020550、66028024、66022620(传真)

E-mail：hhslcbs@163.com

承印单位：河南新华印刷集团有限公司

开本：787 mm×1 092 mm 1/16

印张：14

字数：330 千字 印数：1—4 100

版次：2009 年 8 月第 1 版 印次：2009 年 8 月第 1 次印刷

定价：25.00 元

前　言

本书是根据《教育部、财政部关于实施国家示范性高等职业院校建设计划，加快高等职业教育改革与发展的意见》（教高［2006］14 号）、《教育部关于全面提高高等职业教育教学质量的若干意见》（教高［2006］16 号）等文件精神，由全国水利水电高职教研会拟定的教材编写规划，在中国水利教育协会指导下，由全国水利水电高职教研会组织编写的第二轮水利水电类专业规划教材。第二轮教材以学生能力培养为主线，具有鲜明的时代特点，体现出实用性、实践性、创新性的教材特色，是一套理论联系实际、教学面向生产的高职高专教育精品规划教材。

本书立足高职教育的需要，课程内容以"必需、够用"为原则，体现了职业教育的性质、任务和培养目标；符合职业教育的课程教学基本要求及有关岗位资格和技术等级要求；具有思想性、科学性以及教学适应性和适合国情的先进性；符合职业教育的特点和规律，具有明显的职业教育特色；符合国家有关部门颁发的技术质量标准。

本书结合我国水利水电行业的实际情况，紧密联系生产实际，注重知识内容的前瞻性，内容通俗、简要、易学、易懂，图文并茂，突出了新知识、新技术、新方法、新工艺的引进与运用。

本书编写人员及编写分工如下：重庆水利电力职业技术学院黄才光（第一、二章），山西水利职业技术学院王莹（第三、四章），三峡电力职业学院盛国林（第五章）、樊新军（第六、八章），吉林白城职业技术学院高中义（第七章），四川水利职业技术学院郑静（第九、十一章），沈阳农业大学高等职业技术学院王维（第十章）。全书由盛国林、高中义、樊新军担任主编，由黄才光、王维、王莹、郑静担任副主编，由三峡电力职业学院夏敏静担任主审。

本书在编写过程中得到了许多同行的帮助与支持，在此一并表示衷心的感谢。

由于编者水平有限，书中难免有不妥之处，欢迎广大读者批评指正。

编　者

2009 年 5 月

目 录

第一章　直流电路

第一节　电路及其基本物理量

一、电路及其组成

（一）电路的组成

电流通过的闭合路径叫电路。它由电源、负载、连接导线、控制开关和保护装置几部分组成，最简单的电路如图 1-1 所示。

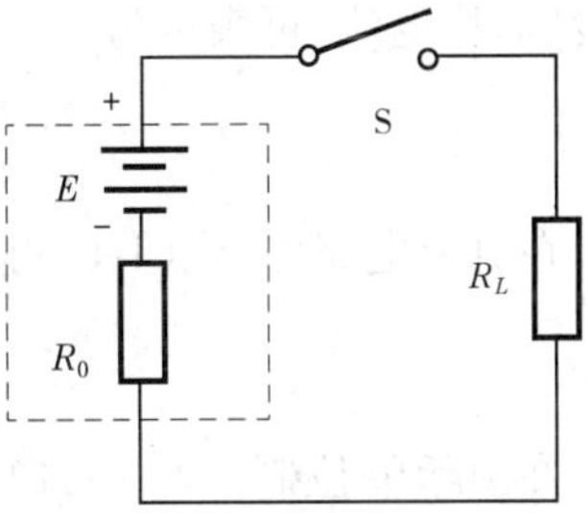

图 1-1　最简单的电路

（1）电源是向电路提供能量的设备，它能把其他形式的能转换成电能，如干电池、蓄电池、发电机等。

（2）负载，即用电器，是各种用电设备的总称，它把电能转换成其他形式的能，如电灯、电动机、电加热器等。

（3）连接导线是连接电源和负载的中间环节，通过它能实现电能的传输和分配，如铜线、铝线。

（4）控制开关和保护装置用于控制电路的通断、保护电路的安全，是使电路能够正常工作的器件，如开关、熔断器、继电器等。

（二）电路图中常用符号

用标准图形符号和文字符号绘制出的电路模型就是电路图，任何电路都可以用电路图来表示。电路图中常用符号如表 1-1 所示。

表 1-1　电路图中常用符号

名称	符号	名称	符号
电阻	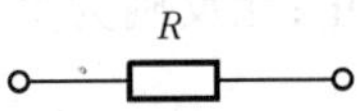	电压表	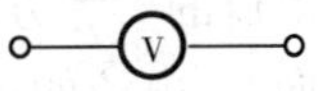
电池	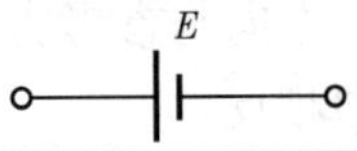	接地	 或 
电灯	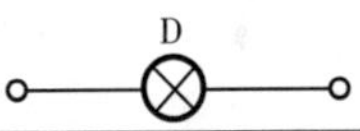	保险丝	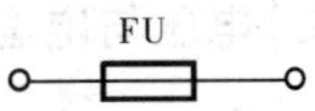
开关	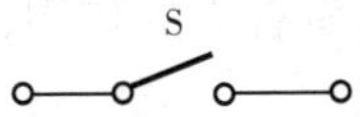	电容	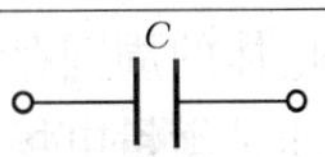
电流表	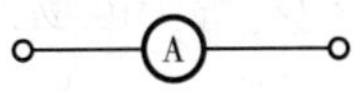	电感	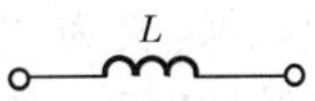

二、电路的基本物理量

(一)电流

电荷的定向移动形成电流。

大小和方向随时间变化的电流称为交流电流,用符号 i 表示。在许多电器装置上,用符号"AC"或"~"表示交流。

大小和方向不随时间变化的电流称为直流电流,用符号 I 表示。在许多电器装置上,用符号"DC"或"-"表示直流。

电流的大小用电流强度来衡量。单位时间内垂直通过导体横截面的电荷量称为电流强度,简称电流,可表示为

$$i = \frac{dq}{dt} \tag{1-1}$$

在直流电路中,式(1-1)可写为

$$I = \frac{q}{t} \tag{1-2}$$

在国际单位制(SI)中,电流的单位是安培(A),以及千安(kA)、毫安(mA)、微安(μA)等。换算关系为

$$1\ \text{A} = 1 \times 10^{-3}\ \text{kA} = 1 \times 10^{3}\ \text{mA} = 1 \times 10^{6}\ \mu\text{A}$$

习惯上将正电荷移动的方向规定为电流的实际方向。但在较复杂的电路中,往往难以判断某支路电流的实际方向,而且在交流电路中电流的方向随时间改变,更难以判断其实际方向。为了分析和计算方便,需要假设一个电流的方向,这个假设的方向称为参考方向,在电路中用箭头表示,如图 1-2 所示。

图 1-2 电流的参考方向

若电流的参考方向与实际方向一致,则电流为正;相反则为负。应该注意,在未规定参考方向时,电流的正负是没有意义的。

如图 1-2(a)中,电流的大小为 5 A,电流的实际方向与参考方向一致;图 1-2(b)中,电流的大小仍为 5 A,但电流的实际方向与参考方向相反。

(二)电压与电位

1. 电压

带电体的周围存在电场,电场对处在其中的电荷有力的作用,我们称这个力为电场力。电压是衡量电场力做功能力大小的一个物理量。

电压的定义为:电路中某两点(a、b 两点)的电压 U_{ab} 等于电场力把单位正电荷从一点(a 点)移动到另一点(b 点)所做的功,即

$$U_{ab} = \frac{W_{ab}}{q} \tag{1-3}$$

在国际单位制中，电压的单位是伏特（V），以及千伏（kV）、毫伏（mV）、微伏（μV）等，其换算关系为

$$1\ \text{V} = 1 \times 10^{-3}\ \text{kV} = 1 \times 10^{3}\ \text{mV} = 1 \times 10^{6}\ \mu\text{V}$$

2. 电位

任意选取电路中某点作为参考点，电路中某点到参考点之间的电压，称为该点的电位。电位的高低与参考点的选择有关，参考点可以任意选择，但在同一电路中只能选择一个参考点。在电力工程中，常选大地为参考点；在电子电路中，常选电路的公共点或机壳为参考点。如电路中 a 点电位，即

$$V_a = U_{ao} = V_a - V_o \tag{1-4}$$

式中 V_o——人为选定的参考点的电位。

电路中两点之间的电压就是这两点之间的电位差，即

$$U_{ab} = V_a - V_b$$

参考点不同，电路中各点电位亦随之不同，但任意两点间的电位差不会改变。

3. 电压的方向

电压的实际方向规定为由高电位端指向低电位端，即电位降低的方向。表示方法有三种，如图 1-3 所示。

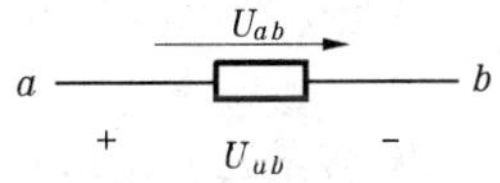

图 1-3 电压的参考

（1）用"+"、"-"符号分别表示高电位端、低电位端。

（2）用箭头的指向表示，箭头由高电位端指向低电位端。

（3）用双下标字母表示，如 U_{ab} 表示 ab 段电路电压的方向是从 a 指向 b。

对于复杂电路，电压的实际方向有时很难确定，因此也需要假设一个参考方向。若电压为正，说明电压的参考方向与实际方向一致；若为负，则相反。在未规定参考方向时，电压的正负是没有意义的。

需要注意的是，若没有特别指明，在电路图中标出的电流和电压的方向均为参考方向。

（三）电动势

在电场力的作用下，正电荷从电源的正极经外电路移向负极，为了保证电流的持续不断，就需要非电场力将正电荷从电源的负极移到正极，电源就是提供这种非电场力的设备。电动势是衡量电源内部非电场力做功能力大小的一个物理量。

电动势为电源力（非电场力）将单位正电荷从电源负极经电源内部移到电源正极所做的功。电动势用符号 E 表示，则

$$E = \frac{W}{q} \tag{1-5}$$

电动势的方向规定为由电源的负极指向正极，即电位升高的方向，电动势的单位也是伏特（V）。

（四）电能和电功率

接通电路，电源和负载之间就有能量的交换，这表明电流做了功。电功率和电能就是

用来衡量电流做功本领的物理量。

1. 电功率

电功率简称功率，是用来衡量电流做功快慢的物理量，用 P 表示。其大小等于电流在单位时间内所做的功，即

$$P = \frac{W}{t} = IU \tag{1-6}$$

在 SI 中，当 W、t 的单位分别为焦耳(J)、秒(s)时，P 的单位为瓦特(W)。常用的单位还有千瓦(kW)、毫瓦(mW)等。其换算关系为

$$1\ \mathrm{W} = 1\times10^{-3}\ \mathrm{kW} = 1\times10^{3}\ \mathrm{mW}$$

由能量守恒原理可知，一个电路中，所有电源发出的功率必然等于所有负载吸收的功率，即所谓的功率平衡。

如果一段电路两端的电压与流过的电流实际方向相同，该电路吸收功率；若电压与电流的实际方向相反，则该电路发出功率。但在电路中，若事先不知道电压和电流的实际方向，应根据参考方向来计算该电路的功率，并由计算结果的正、负来判断电路是发出功率还是吸收功率。具体方法如下：

(1)当电路电压和电流的参考方向相同时(称之为关联参考方向)，功率按下式计算，即

$$P = IU$$

当电路电压和电流的参考方向相反时(称之为非关联参考方向)，功率按下式计算，即

$$P = -IU$$

(2)按上述公式计算，若计算结果 $P>0$，表示电路吸收功率；若 $P<0$，表示电路发出功率。

2. 电能

电能是指电流在一段时间内所做的功，用 W 表示。电能的大小与电路中的电压 U、电流 I 及通电的时间 t 有关，即

$$W = IUt \tag{1-7}$$

在 SI 中，当 U、I、t 的单位分别为伏特(V)、安培(A)、秒(s)时，则 W 的单位为焦耳(J)。

实际中电能的单位还常采用千瓦时(kWh)，即度。

$$1\ \mathrm{kWh} = 3.6\times10^{6}\ \mathrm{J}$$

【例 1-1】 计算图 1-4 所示各元件吸收或发出的功率。

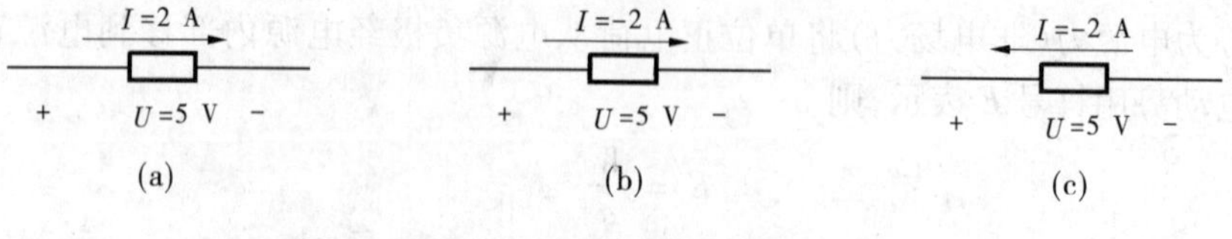

图 1-4 例 1-1 图

解：图 1-4(a)中电流 I 与电压 U 是关联参考方向，$P = UI = 5\times2 = 10\ (\mathrm{W}) > 0$，所以元件吸收功率。

图 1-4(b)中电流 I 与电压 U 是关联参考方向，$P = UI = 5\times(-2) = -10\ (\mathrm{W}) < 0$，所

以元件发出功率。

图 1-4(c)中电流 I 与电压 U 是非关联参考方向,$P=-UI=-5\times(-2)=10\ (\mathrm{W})>0$,所以元件吸收功率。

【例 1-2】 某教室将 9 盏 220 V、40 W 的白炽灯,接在 220 V 的供电线上,取用电流为多少?若每天使用 4 h,一个月(按 30 d 计)共用多少度电?

解:总功率　　$P=40\times9=360\ (\mathrm{W})=0.36\ \mathrm{kW}$

取用电流　　$I=\dfrac{P}{U}=\dfrac{360}{220}=1.636\ (\mathrm{A})$

总用电时间　　$t=4\times30=120\ (\mathrm{h})$

取用电能　　$W=Pt=0.36\times120=43.2\ (\mathrm{kWh})$

第二节　欧姆定律及其应用

一、电阻元件及其特性

电阻元件是一种最常见的、用来反映电能消耗的电路元件。在任意时刻,电阻元件的电压与电流的关系用伏安特性曲线描述,如图 1-5 所示。

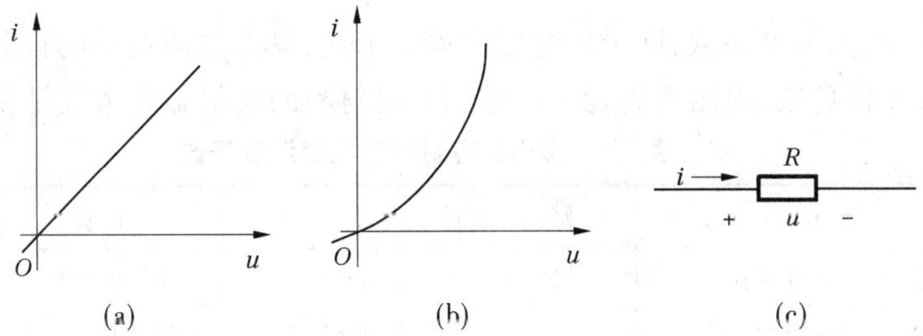

图 1-5　电阻的伏安特性曲线和电路符号

若电阻元件的伏安特性曲线是通过原点的直线,则称为线性电阻,如图 1-5(a)所示;否则称为非线性电阻,如图 1-5(b)所示。

线性电阻常用一个参数(R 或 G)来描述。如图 1-5(a)所示,$R=\dfrac{u}{i}$是一个与电压、电流无关的常数,将该常数定义为线性电阻元件的电阻。在 SI 中,R 的单位为欧姆(Ω),常用的单位还有千欧(kΩ)和兆欧(MΩ)等。

$$1\ \mathrm{M\Omega}=1\times10^{3}\ \mathrm{k\Omega}=1\times10^{6}\ \Omega$$

$G=\dfrac{1}{R}$称为元件的电导,在 SI 中,其单位为西门子(S)。

线性电阻的电路符号如图 1-5(c)所示。实际中绝大多数电阻在一定工作范围内都非常接近线性电阻的条件,因此可用线性电阻作为它们的模型。

实验证明,金属导体的电阻值不仅与导体材料的成分有关,还与导体的几何尺寸及温度有关。一般来说,横截面积为 $S(\mathrm{m}^2)$、长度为 $L(\mathrm{m})$的均匀导体,其电阻为

$$R = \rho \frac{L}{S} \tag{1-8}$$

式中　ρ——电阻率，单位为欧姆米（$\Omega \cdot m$），常用导电材料的电阻率见表1-2。

表1-2　常用导电材料的电阻率

材料	$\rho(\Omega \cdot m)$	材料	$\rho(\Omega \cdot m)$	材料	$\rho(\Omega \cdot m)$
银（化学纯）	1.47×10^{-8}	钨	5.3×10^{-8}	铁（化学纯）	9.6×10^{-8}
铜（化学纯）	1.55×10^{-8}	铂	9.8×10^{-8}	铁（工业纯）	12×10^{-8}
铜（工业纯）	1.7×10^{-8}	锰铜	42×10^{-8}	镍铬铁	12×10^{-8}
铝	2.5×10^{-8}	康铜	44×10^{-8}	铝铬铁	120×10^{-8}

【例1-3】　求长200 m，截面16 mm^2铝导线的电阻。

解：查得铝的电阻率为$2.5 \times 10^{-8}\ \Omega \cdot m$。

$$R = \rho \frac{L}{S} = 2.5 \times 10^{-8} \times \frac{200}{16 \times 10^{-6}} = 0.312\,5\ (\Omega)$$

导体的电阻值还随温度的不同而有所变动。若用R_1和R_2分别表示温度为t_1和t_2时导体的电阻值，则

$$R_2 = R_1[1 + \alpha(t_2 - t_1)] \tag{1-9}$$

式中　α——电阻温度系数，即导体温度变动1 ℃时，其电阻值变动的百分数。

导体的α值愈小，电阻值愈稳定。常用导电材料的电阻温度系数见表1-3。

表1-3　常用导电材料的电阻温度系数

材料	α(1/℃)	材料	α(1/℃)	材料	α(1/℃)
银（化学纯）	4.1×10^{-3}	钨	4.8×10^{-3}	铁（化学纯）	6.6×10^{-3}
铜（化学纯）	4.3×10^{-3}	铂	3.9×10^{-3}	铁（工业纯）	6.6×10^{-3}
铜（工业纯）	4.25×10^{-3}	锰铜	0.005×10^{-3}	镍铬铁	0.13×10^{-3}
铝	4.7×10^{-3}	康铜	0.005×10^{-3}	铝铬铁	0.08×10^{-3}

二、欧姆定律及其应用

对于线性电阻元件，在关联参考方向时，电压与电流的关系为

$$U = RI \tag{1-10}$$

这就是电路的基本定律之一——欧姆定律。若电压和电流为非关联参考方向时，欧姆定律应当变为

$$U = -RI \tag{1-11}$$

【例1-4】　如图1-6所示电路，分别求各电路的未知量。

解：根据欧姆定律，列出表达式如下。

对于图1-6（a），有

$$U = RI = 10 \times 2 = 20\ (V)$$

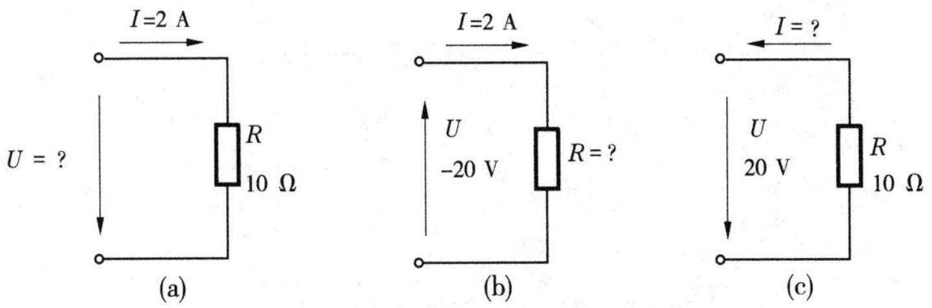

图 1-6　例 1-4 图

对于图 1-6(b),有

$$U = -RI \quad 则 \quad R = -\frac{U}{I} = -\frac{-20}{2} = 10\ (\Omega)$$

对于图 1-6(c),有

$$I = -\frac{U}{R} = -\frac{20}{10} = -2\ (\mathrm{A})$$

第三节　电阻的串、并联及其应用

一、电阻的串联

(一)电阻串联电路的概念

把电路中 n 个电阻元件依次连接成一个无分支电路,通过这些电阻元件的电流是同一个电流,这种连接方式称为电阻的串联,如图 1-7 所示,由 n 个电阻 $R_1, R_2, R_3, \cdots, R_n$ 构成一个串联电路。

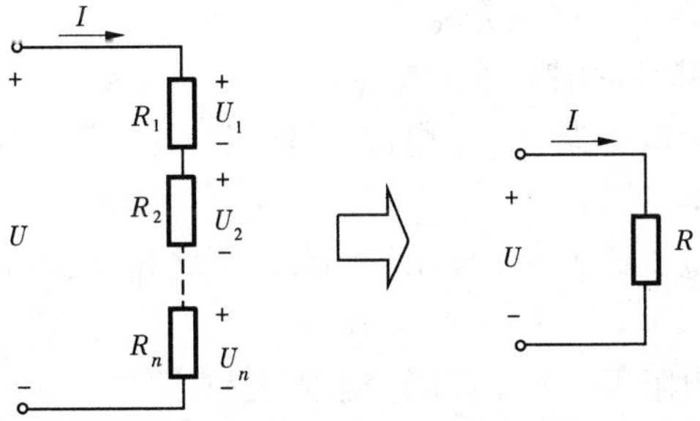

图 1-7　n 个电阻串联电路

(二)串联电路的基本特点

图 1-8 所示为两个电阻串联电路,因为流经两个串联电阻的电流相等,都等于 I,因此各个电阻的电压分别为

$$U_1 = R_1 I, U_2 = R_2 I$$

所以

$$U = U_1 + U_2 = R_1 I + R_2 I = (R_1 + R_2) I$$

$$\frac{U}{I} = R_1 + R_2 = R$$

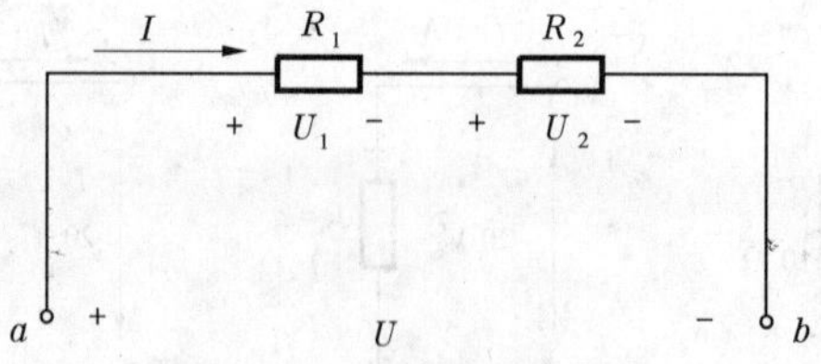

图 1-8　两个电阻串联电路

由此可知，两个电阻串联可以用一个电阻 R 代替，R 的大小为两个串联电阻的电阻值之和。同理而论，n 个电阻串联也可以用一个总电阻 R 替换，R 电阻值的大小为所有串联电阻的电阻值之和。

$$R = R_1 + R_2 + R_3 + \cdots + R_n = \sum_{i=1}^{n} R_i \tag{1-12}$$

所以

$$U_1 = R_1 I = R_1 \frac{U}{R} = \frac{R_1}{R_1 + R_2} U \tag{1-13}$$

$$U_2 = \frac{R_2}{R_1 + R_2} U \tag{1-14}$$

由式(1-13)、式(1-14)可知，电阻 R_1、R_2 上的电压与电阻成正比，且电阻值越大，分得的电压也越大。

式(1-13)、式(1-14)为两个电阻串联的分压公式。推广到 n 个电阻串联则各电阻上的电压为

$$U_n = R_n I = \frac{R_n}{R} U \tag{1-15}$$

由此可见，各个串联电阻的电压与电阻成正比，即总电压按各个串联电阻值进行分配。式(1-15)即电阻串联时的电压分配公式。

由此可以得出电阻串联具有以下的特点：

(1)通过串联电阻的电流为同一个电流，即电流处处相等。如图 1-8 所示，电阻 R_1 和 R_2 上通过的电流均为 I。

(2)串联电阻的总电压等于各个电阻上的分电压之和，如图 1-8 所示。

$$U = U_1 + U_2$$

(3)串联的等效总电阻等于各个串联分电阻之和，即

$$R = R_1 + R_2 + R_3 + \cdots + R_n = \sum_{i=1}^{n} R_i$$

(4)各个串联电阻上分配到的电压与其电阻值成正比。

(三)电阻串联电路的应用

串联电阻的分压原理应用十分广泛，如用于扩大电压表的量程。

【例 1-5】　如图 1-9 所示，已知电池的内阻(内阻用 r 表示)是 0.3 Ω。电池可提供的电流是有限值(约 5 A)。电流流过电池时，内阻上会有压

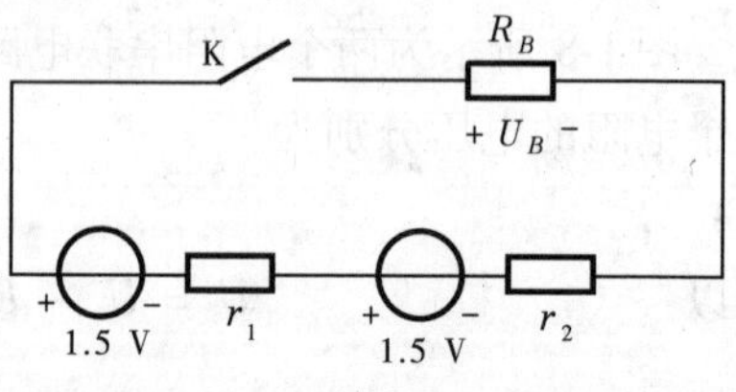

图 1-9　例 1-5 图

降,使电池的端电压下降;电阻 R_B 为 2.5 Ω。当开关 K 闭合时,电阻 R_B 两端的电压为多少?

解:电源内阻虽然是隔着电源连接,但流过的是同一电流,所以 3 个电阻是串联连接,由串联分压公式可得

$$U_B = \frac{R_B(U_S + U_S)}{r_1 + r_2 + R_B} = \frac{2.5}{0.3 + 0.3 + 2.5} \times (1.5 + 1.5) = 2.42\ (\text{V})$$

【例 1-6】 欲将一个内阻 R_g 为 1 kΩ,满刻度电流 I_g 为 10 μA 的表头改装成量程为 10 V 的电压表,如图 1-10 所示,问需要串联多大的电阻?

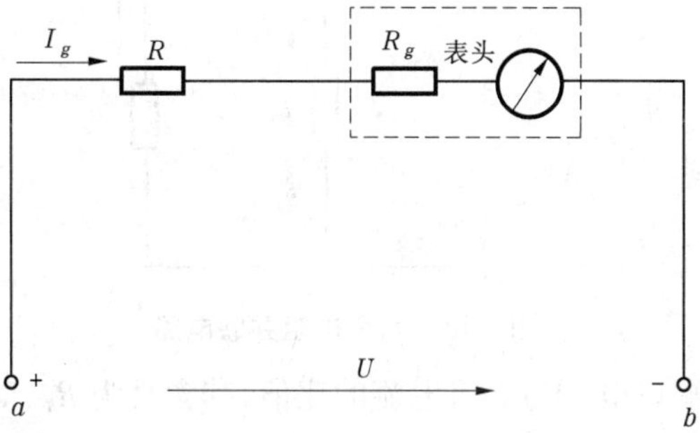

图 1-10 例 1-6 图

解:由图 1-10 可知

$$U = (R_g + R)I_g$$

$$R = \frac{U}{I_g} - R_g = \frac{10}{10 \times 10^{-6}} - 1\ 000 = 999\ (\text{k}\Omega)$$

二、电阻的并联

(一)电阻并联的概念

把电路中 n 个电阻元件的两个端头分别连在一起的连接方式称为电阻的并联,如图 1-11 所示。

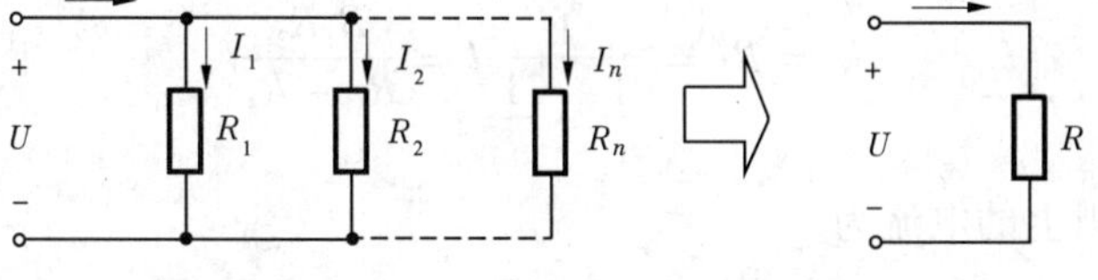

图 1-11 n 个电阻并联电路

(二)电阻并联电路的特点

如图 1-12 所示,为两个电阻的并联,流入端口的总电流是 I,各电阻上的电流分别为 I_1 和 I_2,由物理知识可知

$$I_1 = \frac{U}{R_1} = G_1 U$$

$$I_2 = \frac{U}{R_2} = G_2 U$$

$$I = I_1 + I_2 = G_1 U + G_2 U = (G_1 + G_2) U$$

$$G = \frac{I}{U} = G_1 + G_2$$

$$R = \frac{1}{G} = \frac{1}{G_1 + G_2} = 1\Big/\left(\frac{1}{R_1} + \frac{1}{R_2}\right) \tag{1-16}$$

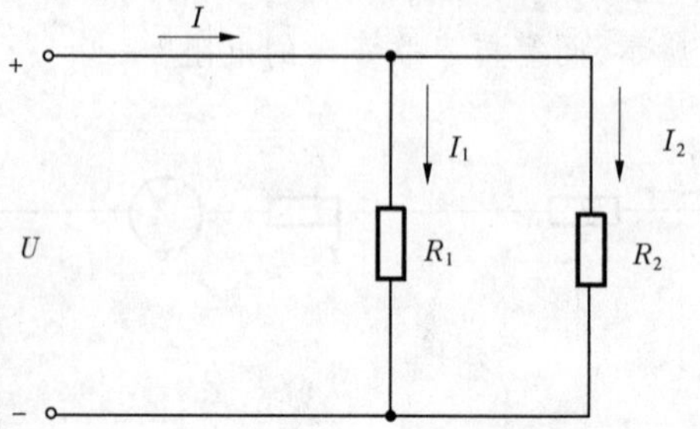

图 1-12　两个电阻并联电路

式(1-16)中,G 为端口电压与端口电流的比值,其含义为 R_1、R_2 并联所得的等效总电导值;R 为端口电压与端口电流的比值,其含义为 R_1、R_2 并联所得的等效总电阻值。也就是说两个电阻并联是可以用一个总电阻 R(或总电导 G)代替的,并联总电阻的电阻值为两个并联电阻的倒数和的倒数,并联的总电导值为并联电阻的电导值之和。同理,n 个电阻并联也可以用一个总电阻 R 替换,R 电阻值的大小为所有并联各电阻的电阻值的倒数和的倒数,或者说并联的总电导 G 值为并联电阻的电导值之和。n 个电阻并联时等效的总电阻、总电导计算式为

$$\left.\begin{aligned} R &= \frac{1}{\left(\frac{1}{R_1} + \frac{1}{R_2} + \frac{1}{R_3} + \cdots + \frac{1}{R_n}\right)} = \frac{1}{\sum\limits_{i=1}^{n} \frac{1}{R_i}} \\ G &= G_1 + G_2 + G_3 + \cdots + G_n = \sum_{i=1}^{n} G_i \end{aligned}\right\} \tag{1-17}$$

电阻并联时,因为

$$U = RI = \frac{1}{\frac{1}{R_1} + \frac{1}{R_2}} I = \frac{R_1 R_2}{R_1 + R_2} I$$

所以两个并联电阻上的电流为

$$\left.\begin{aligned} I_1 &= G_1 U = \frac{1}{R_1} \frac{R_1 R_2}{R_1 + R_2} I = \frac{R_2}{R_1 + R_2} I \\ I_2 &= G_2 U = \frac{R_1}{R_1 + R_2} I \end{aligned}\right\} \tag{1-18}$$

式(1-18)称为两个电阻并联分流公式。由此可知:电阻并联分流与电阻值成反比,即电阻值越大分得的电流越小,并联电阻的电流与他们各自的电导值成正比。推广到 n 个电阻并联,第 k 个并联电阻上的电流计算式为

$$I_k = G_k U = \frac{G_k}{G} I \tag{1-19}$$

由上述可知电阻并联具有以下特点：

(1)并联电阻的总电压等于各个并联电阻的电压；

(2)并联电阻的总电流等于通过各个并联电阻的电流之和；

(3)并联电路总电阻的倒数等于各并联电阻的倒数之和；

(4)各电阻分配到的电流与其电阻值成反比。

(三)电阻并联的应用

并联电阻的分流原理应用十分广泛，如用于扩大电流表的量程。

【例1-7】 欲将一个内阻为50 Ω、满刻度电流为5 mA的表头改装成量程为10 mA的电流表，需要并联一个多大的电阻？

解：如图1-13所示，可知$I = 10$ mA时，

$$I_R = I - I_g = 10 - 5 = 5\ (\text{mA})$$

由$RI_R = R_g I_g$，有

$$R = \frac{R_g I_g}{I_R} = \frac{50 \times 5 \times 10^{-3}}{5 \times 10^{-3}} = 50\ (\Omega)$$

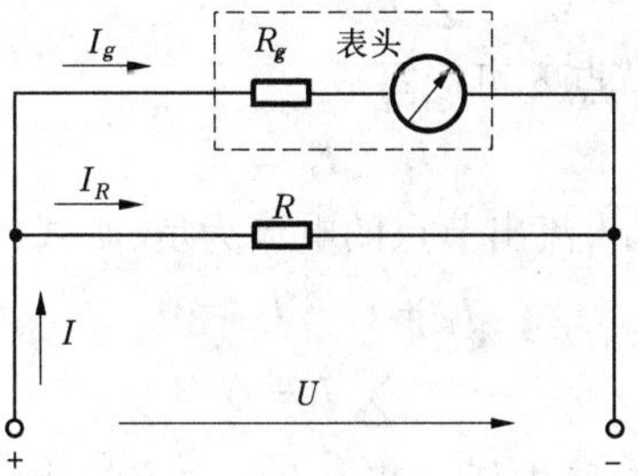

图1-13 例1-7图

第四节 基尔霍夫定律

不能用串、并联分析方法化简成无分支单回路的电路，称为复杂电路。分析复杂电路可以应用基尔霍夫定律，基尔霍夫定律是电路中电流和电压分别遵循的基本规律，是用以分析和计算电路的基本依据之一。

一、几个有关复杂电路结构的名词

(一)支路

由一个或几个元件组成的无分支电路称为支路。在同一支路中，流过各个元件的电流相等。如图1-14所示，电路中共有3条支路(ab、acb、adb)。

(二)节点

3条或3条以上支路的汇交点称为节点。如图1-14所示，电路中共有2个节点：a和b。

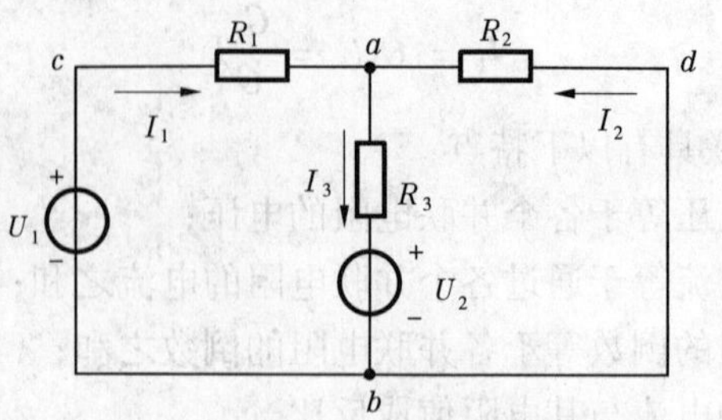

图 1-14　复杂电路

(三)回路

电路中任何一个闭合路径称为回路。如图 1-14 所示,电路中共有 3 个回路:*adbca*、*abda* 和 *abca*。

二、基尔霍夫电流定律(KCL)

基尔霍夫电流定律(第一定律)是用来描述连接在同一节点上的各支路电流关系的。其内容是:在任一瞬间,流入某一节点的电流之和等于从该节点流出的电流之和,即

$$\sum I_{入} = \sum I_{出} \tag{1-20}$$

如图 1-14 所示电路中,节点 a 可以写成

$$I_1 + I_2 = I_3 \tag{1-21}$$

若设流入节点的电流为正,流出节点的电流为负,则式(1-21)式可以改写成

$$I_1 + I_2 - I_3 = 0 \tag{1-22}$$

即

$$\sum I = 0 \tag{1-23}$$

这就是说,在任一瞬时,电路中任一节点上的电流的代数和为零。

基尔霍夫电流定律不仅适用于节点,也可以把它推广应用于包围部分电路的任一假设的闭合面(称为广义节点)。

如图 1-15 所示电路中,虚线圆圈画的 *abc* 三角形闭合面电路,它有三个节点,应用基尔霍夫电流定律可以列为

$$I_a = I_{ab} - I_{ca}$$
$$I_b = I_{bc} - I_{ab}$$
$$I_c = I_{ca} - I_{bc}$$

因此,$I_a + I_b + I_c = 0$ 或 $\sum I = 0$,即通过任一闭合面的电流的代数和恒等于零。

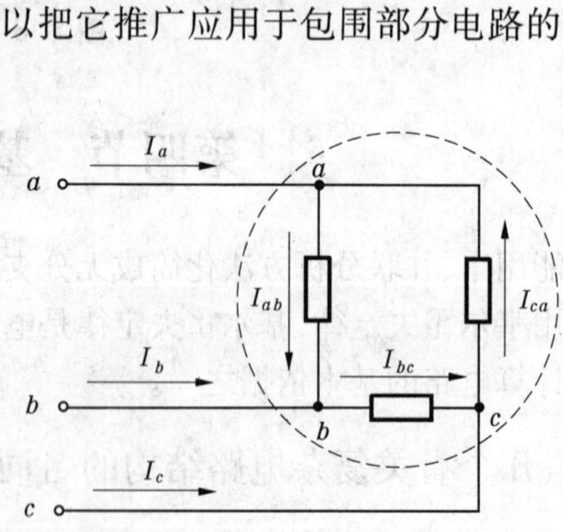

图 1-15　广义节点

【例 1-8】　在图 1-16 所示电路中,$I_1 = 2$ A,$I_2 = -3$ A,$I_3 = -2$ A,试求 I_4。

解: 由基尔霍夫电流定律可得:

$$I_1 + I_2 - I_3 - I_4 = 0$$

$$I_4 = I_1 + I_2 - I_3 = 2 + (-3) - (-2) = 1\ (\text{A})$$

三、基尔霍夫电压定律(KVL)

基尔霍夫电压定律(第二定律)是用来描述回路中各元件电压关系的。其内容是:如果从回路中任一点出发,顺时针方向或者逆时针方向沿回路绕行一周,则在这个绕向的电位升之和等于电位降之和。

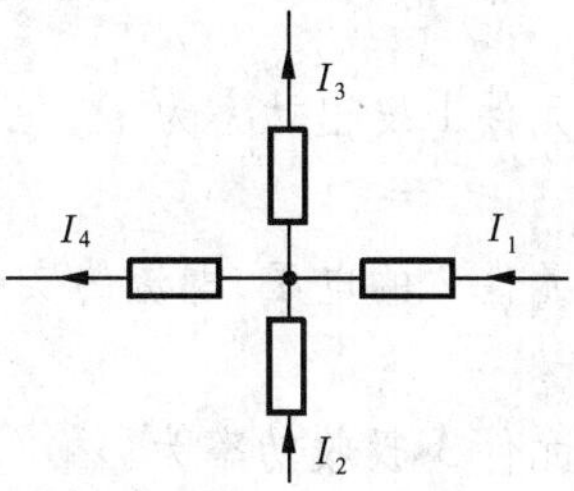

图 1-16　例 1-8 图

以图 1-17 所示电路为例,已知电动势、电流和各元件端电压方向。按虚线所示方向(顺时针方向)绕行一周,根据各电压的正方向和基尔霍夫电压定律可以列出方程为

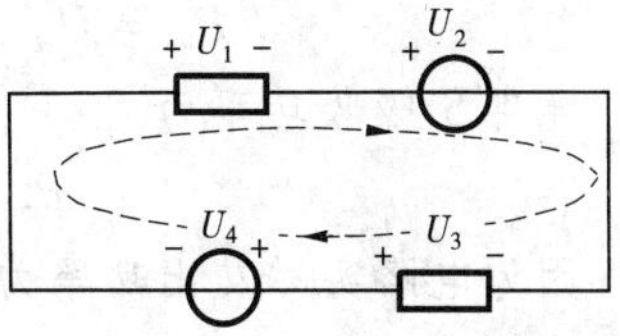

图 1-17　基尔霍夫电压定律

$$U_1 + U_2 + U_4 = U_3$$

即
$$U_1 + U_2 - U_3 + U_4 = 0 \tag{1-24}$$

$$\sum U = 0 \tag{1-25}$$

式(1-24)表明,在任一瞬时,沿回路绕行一周,回路中各电压降的代数和为零。应用式(1-25)时,式中各项的正、负按下述规律确定:

(1)电动势正、负号的确定。当电压方向和回路绕行方向一致时取正号,相反时取负号。

(2)电压降正、负号的确定。当电流方向和回路绕行方向一致时取正号,相反时取负号。

【例 1-9】　试计算图 1-18 中各元件的功率。

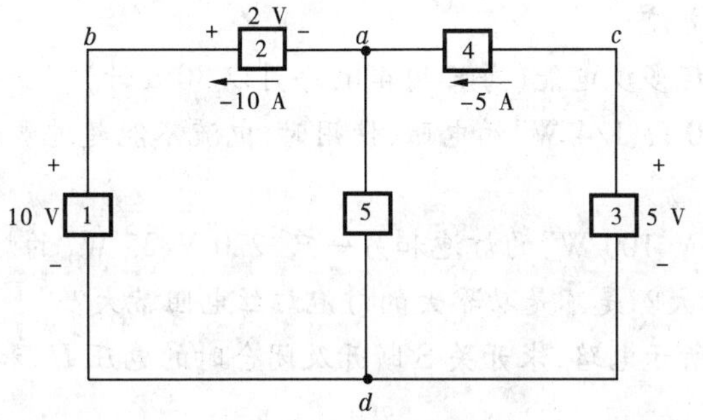

图 1-18　例 1-9 图

解:由图 1-18 可知,$I_{ab} = -10$ A ,$I_{dc} = -5$ A,则:

对于回路 $cabdc$、$adba$,有

$$U_{ca} - 2 + 10 - 5 = 0$$

$$U_{ad} - 10 + 2 = 0$$

得
$$U_{ca} = -3\ \text{V},\ U_{ad} = 8\ \text{V}$$

对于节点 a,有

$$I_{ad} - 10 + 5 = 0$$

得 $$I_{ad} = 5\ \text{A}$$

元件 1 发出功率为

$$P_1 = 10 \times 10 = 100\ (\text{W})$$

元件 2 的电压、电流的实际方向相同,则元件 2 吸收功率为

$$P_2 = 10 \times 2 = 20\ (\text{W})$$

元件 3 吸收功率为

$$P_3 = 5 \times 5 = 25\ (\text{W})$$

元件 4 吸收功率为

$$P_4 = U_{ca} \times (-5) = (-3) \times (-5) = 15\ (\text{W})$$

元件 5 吸收功率为

$$P_5 = U_{ad} \times I_{ad} = 8 \times 5 = 40\ (\text{W})$$

因为电路实际发出功率为 100 W ,实际吸收功率为 $20+25+15+40=100$ (W),所以电路的功率平衡。

习 题

1-1 求图 1-19 中电阻的电压。

图 1-19 习题 1-1 图

1-2 一只“220 V、40 W”的白炽灯,接到 220 V 的电源上,试求:

(1)通过电灯的电流;

(2)一个月要消耗多少电能(每日用 4 h,每月以 30 d 计)。

1-3 有一只“100 Ω、1/4 W”的电阻,使用时,电流不能超过多大?此电阻能否接在 6 V 的电源上使用?

1-4 一只“220 V、100 W”的灯泡和另一只“220 V、25 W”的灯泡在正常使用时的灯丝电阻和电流各是多大?是不是功率大的灯泡灯丝电阻就大?

1-5 如图 1-20 所示电路,求开关 S 断开及闭合时的电压 U_{ab} 和 U_{ac}。

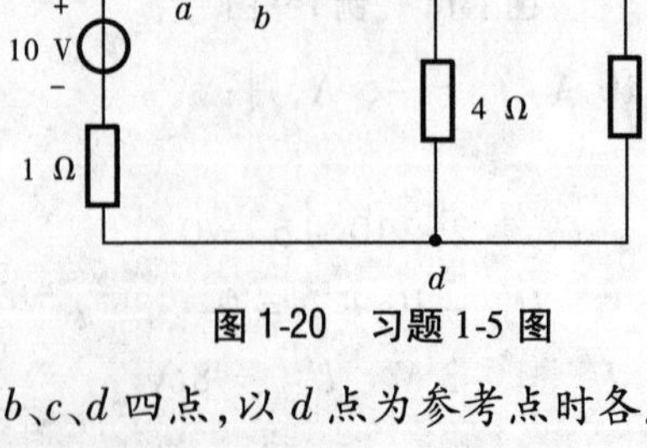

图 1-20 习题 1-5 图

1-6 某电路中有 a、b、c、d 四点,以 d 点为参考点时各点的电位为:$V_a = 5$ V,$V_b = -1$ V,$V_c = -2$ V。若改以 c 点为参考点,试求 a、b、d 点的电位。

第二章　磁与电磁

第一节　电流的磁场

一、磁场

(一)磁力

无论是天然磁石还是人造磁铁都具有吸引铁、钴、镍等物质的特性,这种性质称为磁性。磁铁的两端磁性最强,中部几乎无磁性,磁铁两端磁性最强的区域称为磁极。若将一条形磁铁悬挂起来,磁铁会自动地转向南北方向,指北的一极称为北极(用 N 表示),指南的一极称为南极(用 S 表示)。两块磁铁的磁极之间存在着相互作用力,称为磁力。同性磁极之间相互排斥,异性磁极之间相互吸引。

(二)磁场的方向

把小磁针放在磁体或电流的磁场中,小磁针因受磁场力的作用,两极静止时不一定指向南北方向,而指向另外某个方向。在磁场中的不同点,小磁针静止时指的方向一般并不相同。这个事实说明,磁场是有方向性的。磁针静止时北极所指的方向就是那一点的磁场方向。

(三)磁感应线

磁场的分布可用磁感应线来描述。磁感应线是一些有方向的假想曲线,其上每点的切线方向与该点的磁场方向一致,其疏密程度表示该处磁场的强弱。把一块玻璃板(或硬纸)水平放置在有磁场的空间里,上面撒上铁屑,轻轻地敲动玻璃板,铁屑就会沿磁感应线排列起来,如图 2-1(a)所示。图 2-1(b)是一根条形磁铁的磁感应线;图 2-1(c)是螺线管内、外的磁感应线。

二、电流的磁场

(一)直线电流的磁场

直线电流磁场的磁感应线是一些以导线上各点为中心的同心圆,这些同心圆都在与导线垂直的平面上。若改变电流的方向,各点的磁场方向都变成相反的方向,即磁感应线的方向随之改变。直线电流的方向与它的磁感应线方向之间的关系可以用安培定则(右手螺旋定则)来判定:用右手握住导线,让伸直的大拇指所指的方向跟电流的方向一致,弯曲的四指所指的方向就是磁感应线的环绕方向,如图 2-2 所示。

(二)通电螺线管的磁场

绕在圆柱面上的螺线形线圈叫螺线管,如图 2-3 所示。图 2-4 表示通电螺线管磁场的磁感应线分布情况。螺线管通电以后表现出来的磁性,很像是一根条形磁铁,一端相当

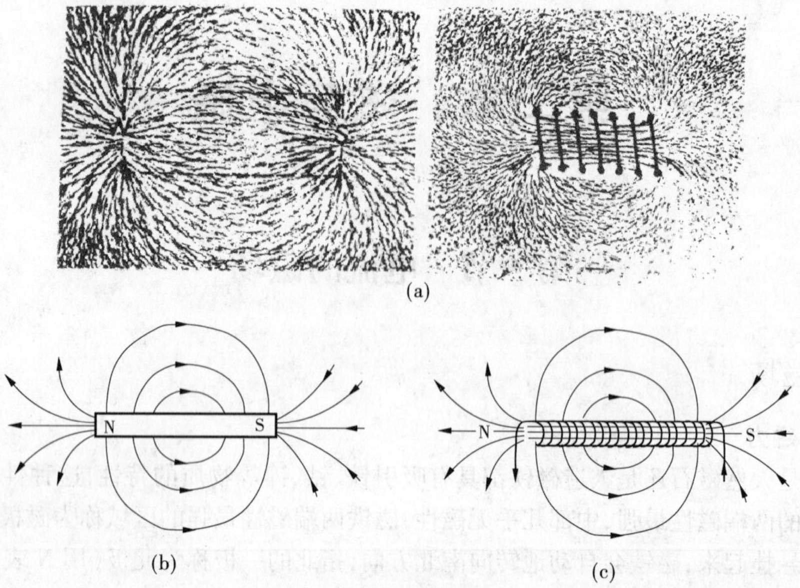

图 2-1　磁感应线

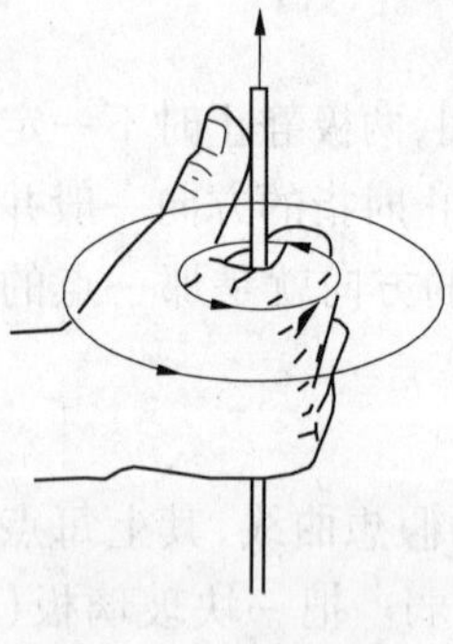

图 2-2　右手螺旋定则

于北极，另一端相当于南极。改变电流的方向，它的南北极就对调。通电螺线管外部的磁感应线和条形磁铁外部的磁感应线相似，内部的磁感应线跟螺线管的轴线平行，方向由南极指向北极，并和外部的磁感应线连接，形成环绕电流的闭合曲线。

通电螺线管的电流方向跟它的磁感应线方向之间的关系用安培定则判断是：用右手握住螺线管，让弯曲的四指所指的方向跟电流的方向一致，大拇指所指的方向就是螺线管内部磁感应线的方向。

电流磁场的强弱和方向容易调节和控制，因而在实际中有很多重要应用。电磁起重机、电动机、发电机，以及在自动控制中普遍应用的电磁继电器等，都离不开电流的磁场。

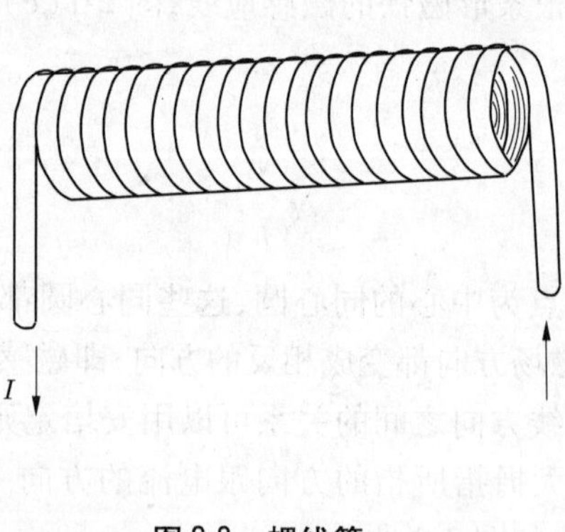

图 2-3　螺线管

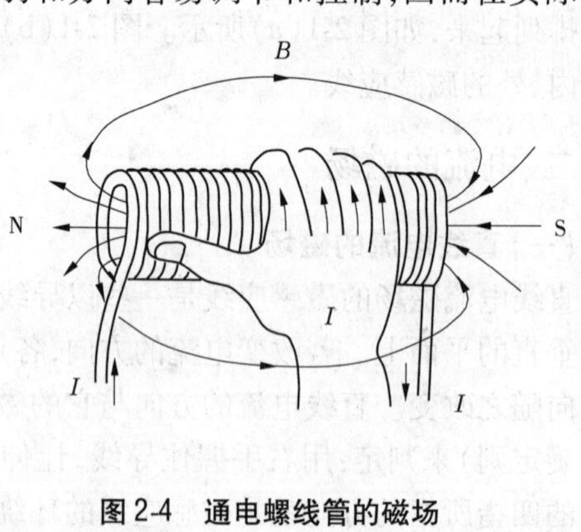

图 2-4　通电螺线管的磁场

第二节　磁场的基本物理量

一、磁感应强度 B

垂直穿过单位面积的磁感应线数就是磁感应强度，又称为磁通密度，它是描述空间某点磁场的强弱和方向的一个物理量，是一个矢量，其方向与该点磁感应线的切线方向一致，与产生该磁场的电流之间的方向关系符合右手螺旋定则。它的大小可用位于该点的通电导体所受磁场作用力 F（安培力）来衡量（$B=\frac{F}{IL}$）。若磁场内各点的磁感应强度大小相等、方向相同，则为匀强磁场。在我国法定计量单位中，磁感应强度的单位是特斯拉（T），简称特。

二、磁通 Φ

垂直穿过某一截面积 S 的磁感应线的总数就是通过该面积的磁通 Φ。在匀强磁场中，存在如下关系

$$\Phi = BS \quad 或 \quad B = \frac{\Phi}{S} \tag{2-1}$$

式中，磁通 Φ 的单位为韦伯（Wb），面积 S 的单位为平方米（m^2），如果不是匀强磁场，则 B 取平均值。

三、磁导率 μ

磁导率 μ 是用来衡量物质导磁能力的物理量，其单位是亨利每米（H/m）。实验测出，真空的磁导率 $\mu_0 = 4\pi \times 10^{-7}$ H/m。各种材料的磁导率常用真空磁导率 μ_0 的倍数表示，称为相对磁导率 μ_r，即

$$\mu_r = \mu/\mu_0 \tag{2-2}$$

使原来不具备磁性的物质具有磁性的过程叫做磁化，置于磁场中的物质在磁场作用下被磁化。处于磁化状态的物质（磁介质），也要激发一个附加磁场使磁介质中的磁场不同于真空中的磁场。设某一电流分布在真空中激发的磁感应强度为 B_0，那么在同一电流分布下，当磁场中放进了某种磁介质后，磁化了的磁介质激发附加磁感应强度 B'，这时磁场中任一点的磁感应强度 B 等于 B_0 和 B' 的矢量和，即

$$\vec{B} = \vec{B}_0 + \vec{B}' \tag{2-3}$$

由于磁介质有不同的磁化特性，它们磁化后所激发的附加磁场会有所不同，有一些磁介质磁化后使磁介质中的磁感应强度 B 稍大于 B_0，即 $B > B_0$，这类磁介质称为顺磁性物质，如锰、铬、铂等都属于顺磁性物质，顺磁性物质的相对磁导率 $\mu_r > 1$；另一些磁介质磁化后使磁介质中的磁感应强度 B 稍小于 B_0，即 $B < B_0$，这类磁介质称为反磁性物质，如铜、银、金、锌、铅等都属于反磁性物质，反磁性物质的相对磁导率 $\mu_r < 1$。顺磁性物质和反磁性物质的导磁能力都很弱，相对磁导率 μ_r 接近于1，且为一个常数，属于弱磁性材料。

此外还有另一类磁介质，它们磁化后所激发的附加磁感应强度 B'远大于 B_0，使得 $B \gg B_0$，这类能显著地增强磁场的物质称为铁磁性物质，如铁、钴、镍及其合金等。铁磁性物质的相对磁导率 $\mu_r \gg 1$，它们的导磁能力很强，磁导率可以是真空磁导率的数百、数千倍乃至数万倍，而且不是一个常数。

四、磁场强度 H

把磁介质放入磁场中，它将受到磁场的作用力而被磁化，并且产生附加磁场，该磁场的出现反过来又影响外磁场，从而引起了原有空间磁感应强度 B 的变化。不同的介质，对磁场的影响也不同，可见，磁感应强度与介质有关，所以 B 的计算比较麻烦。为了便于找出磁场与激发磁场的宏观电流之间的关系，引入了另一个物理量，即磁场强度 H。H 也是矢量，在各向同性介质中其方向处处与 B 的方向一致，故可写做

$$B = \mu H \quad 或 \quad H = \frac{B}{\mu} \tag{2-4}$$

磁场强度只与产生磁场的电流以及这些电流的分布情况有关，而与磁介质的磁导率无关，它的单位是安每米（A/m）。

第三节　电磁感应

一、电磁感应电流的产生

（1）实验一。在如图 2-5 所示的均匀磁场中放置一根导体 AB，导体两端连接一个电流表 P。当导体 AB 向前或者向后运动时，电流表的指针就发生了偏转，表明电路中有了电流；当导体 AB 静止或上下运动时，电流表指针就不发生偏转，表明电路中没有电流。可见导体垂直于磁力线运动（即切割磁力线）时，电路中就会有电流产生。

（2）实验二。如图 2-6 所示实验中，空心线圈两端连接电流表。当用一块条形磁铁快速插入线圈时，发现电流表的指针向某个方向偏转；当迅速拔出磁铁时，电流表指针则向反方向偏转。可见当闭合电路的磁通发生变化时，闭合电路就会有电流产生。

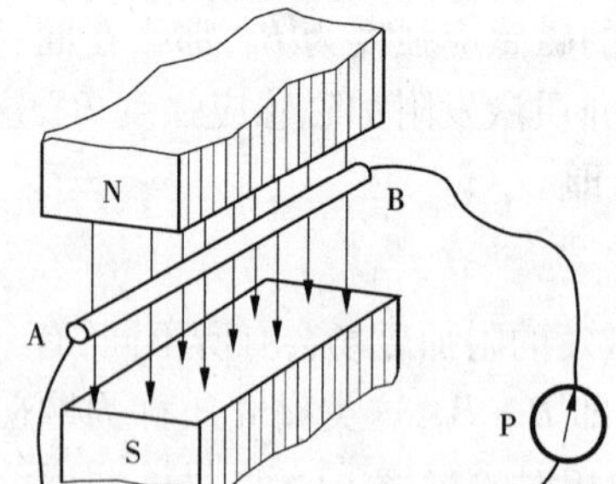

图 2-5　导体的电磁感应现象

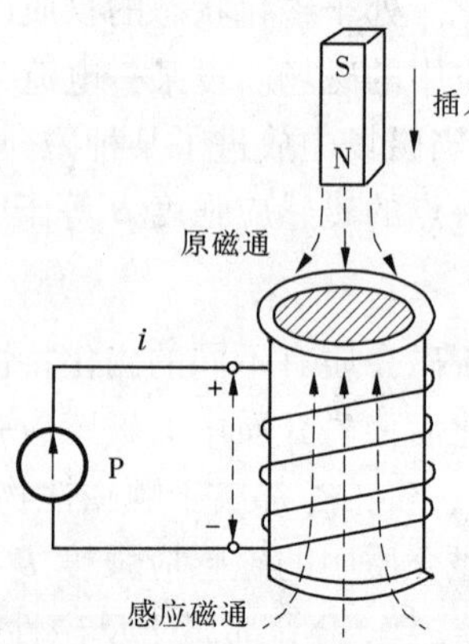

图 2-6　螺旋线圈的电磁感应现象

两个实验的现象不同,本质却是相同的。我们把这种由于磁通变化而在导体或线圈中产生感应电动势的现象称为电磁感应。由电磁感应产生的电动势称为感应电动势,由感应电动势产生的电流则称为感应电流。

二、电磁感应电动势

(一)电磁感应电动势的大小

如图 2-7 所示,一个矩形线圈 $abcd$,它处于磁感应强度为 B 的匀强磁场中,线圈平面和磁场垂直,矩形线圈的一边 ab 的长为 L,以速度 v 沿垂直于磁感应线方向向右运动,这时导线中产生的感应电动势为 E,由于导线是闭合的,所以导线中有感应电流 I,电流方向由 a 到 b。运动导线 ab 在磁场中将受到磁场力的作用,而

$$F = BIL \tag{2-5}$$

由左手定则可知,此力 F 将阻碍导线的运动。要使导线 ab 匀速地做切割磁感应线运动,就必须有一个跟磁场力大小相等,方向相反的外力 F_{out} 作用在导线上,来反抗磁场力 F 做功。外力做功把机械能转化为线圈中的电能,使线圈中产生感应电动势。

如果导线 ab 在 t 时间内运动的距离为 $L_{aa'}$(简写为 L),那么外力反抗磁场力所做的功为

$$W_1 = BILvt$$

而在 t 时间内感应电流所做的功为

$$W_2 = EIt$$

根据能量守恒定律 $W_1 = W_2$,因此有

$$BILvt - EIt$$

由此得到感应电动势的大小为

$$E = BLv \tag{2-6}$$

ab 导线两端感应电动势的方向为由 a 指向 b。

式(2-6)的适用条件是导线运动方向跟导线本身垂直,并且跟磁感应线方向也垂直。在这种情况下感应电动势的数值最大。如果导线运动方向与导线本身垂直,而与磁感应线方向成 α 角,如图 2-8 所示,那么导线的运动速度 v 分解为互相垂直的两个分量,而只有垂直于磁感线运动的分量才产生电动势,因此有

$$E = BLv\sin\alpha \tag{2-7}$$

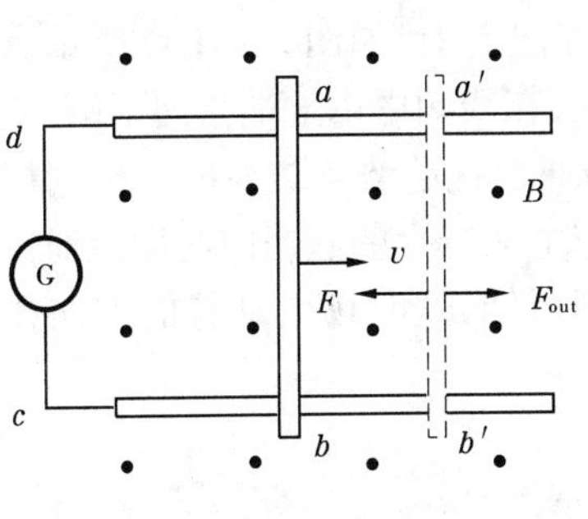

图 2-7　矩形线圈的部分切割磁力线

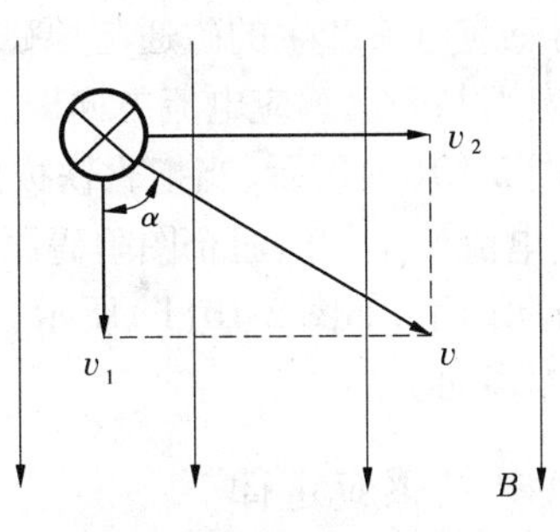

图 2-8　导线不垂直磁感应线方向运动

(二)电磁感应电动势的方向

切割磁感应线的直导体,其感应电动势方向用右手定则判断。具体判断方法如下:伸开右手,使大拇指与其余四指垂直,且在同一平面,让磁感应线垂直穿过手心,大拇指指向导体运动方向,则四指指向感应电流的方向,如图 2-9 所示。

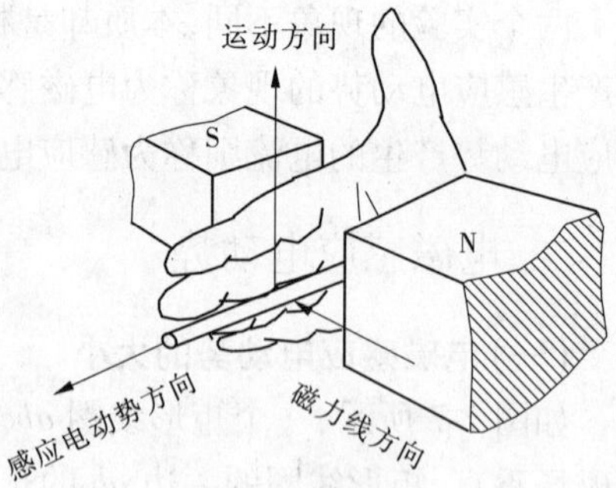

图 2-9　右手定则

【例 2-1】　在图 2-3 中,设均匀强磁场的磁感应强度 B 为 0.1 T,切割磁力线的导线长度 L 为 50 cm,向右匀速运动的速度 v 为 5 m/s,整个线框的电阻 R 为 0.5 Ω,求:①感应电动势的大小;②感应电流的大小和方向;③使导线向右匀速运动所需要的外力;④感应电流的功率。

解:(1)线圈中的感应电动势为

$$E = BLv = 0.1 \times 50 \times 10^{-2} \times 5 = 0.25\ (\text{V})$$

(2)线圈中的感应电流为

$$I = \frac{E}{R} = \frac{0.25}{0.5} = 0.5\ (\text{A})\quad (\text{用右手定则可以确定感应电流方向})$$

(3)外力的大小为

$$F = BIL = 0.1 \times 0.5 \times 50 \times 10^{-2} = 0.025\ (\text{N})\quad (\text{外力的方向指向右})$$

(4)感应电流的功率为

$$P = EI = 0.25 \times 0.5 = 0.125\ (\text{W})$$

综上所述,我们可以通过右手定则判断出导体中感应电流的方向,并根据公式 $E = BLv\sin\alpha$ 求出感应电动势的大小。

三、楞次定律

当线圈中磁通变化时,感应电流产生的磁通总是阻碍原磁通的变化。也就是说,当线圈中的原磁通增加时,感应电流就要产生与原磁通方向相反的感应磁通,感应磁通阻碍原磁通的增加;当线圈中的原磁通减小时,感应电流就要产生与原磁通方向相同的感应磁通,感应磁通阻碍原磁通的减小,这就是楞次定律。

例如,在图 2-10 中,原磁通如图所示(向下),当把磁铁插入线圈时,线圈中的磁通的变化趋势是增加的。根据楞次定律,感应电流所产生的磁通企图阻碍原磁通的增加。因此,所得感应电流产生的磁通与原磁通方向相反,其方向向上,如图 2-10(a)所示。再根据安培定则判断出感应电流方向即感应电动势的方向,在线圈中由上端指向下端。

如图 2-10(b)所示,当把磁铁拔出时,线圈中的磁通变化趋势是减少的。根据楞次定律,感应电流产生的磁通企图阻碍原磁通的减少,感应电流产生的磁通应与原磁通方向一致,其方向向下,如图 2-10(b)所示。再根据安培定则可知,这时候电动势的方向在线圈中由下端指向上端。

四、电磁感应定律

线圈中感应电动势的大小与线圈中磁通的变化率成正比。这一规律就叫做法拉第电

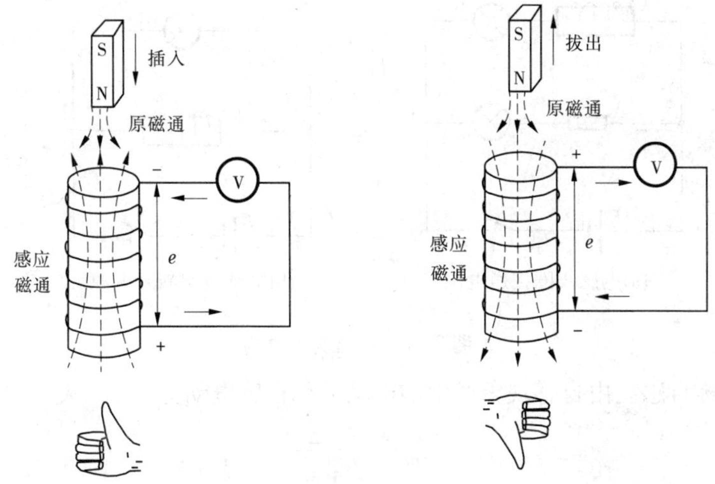

(a)磁铁插入　　(b)磁铁拔出

图 2-10　应用楞次定律判断感应电流方向

磁感应定律。

单匝线圈中的感应电动势为

$$e = -\frac{\Delta \Phi}{\Delta t} \tag{2-8}$$

N 匝线圈中的感应电动势为

$$e = -N\frac{\Delta \Phi}{\Delta t} \tag{2-9}$$

式中　e——在 Δt 时间内产生的感应电动势,V,负号表示阻碍;

$\Delta \Phi$——线圈中磁通变化量,Wb;

$\frac{\Delta \Phi}{\Delta t}$——线圈中磁通变化率;

Δt——磁通变化 $\Delta \Phi$ 所需要的时间,s。

五、自感

(一)自感现象

观察下面两个实验现象:

(1)实验一。在图 2-11(a)电路中,HL_1、HL_2 是两只完全相同的小灯泡,R 为电阻,L 是一个电感较大的铁芯线圈,并且选择线圈的电阻和 HL_2 支路的串联电阻 R 相等。通电后我们发现,当开关 S 闭合时,灯泡 HL_2 立即就亮了,而灯泡 HL_1 则是逐渐变亮的。

(2)实验二。在图 2-11(b)电路中,线圈 L 和灯泡 HL 并联接在直流电源上,当开关 S 闭合后,灯亮。但当开关 S 突然断开时,会发现灯泡并不是立即熄灭的,而是突然更亮了一下,然后才熄灭。

上述两个现象不同,本质却是相同的,都是由于线圈自身电流发生变化而引起感应电动势的。我们把这种由于流过线圈本身的电流发生变化而产生感应电动势的现象叫做自

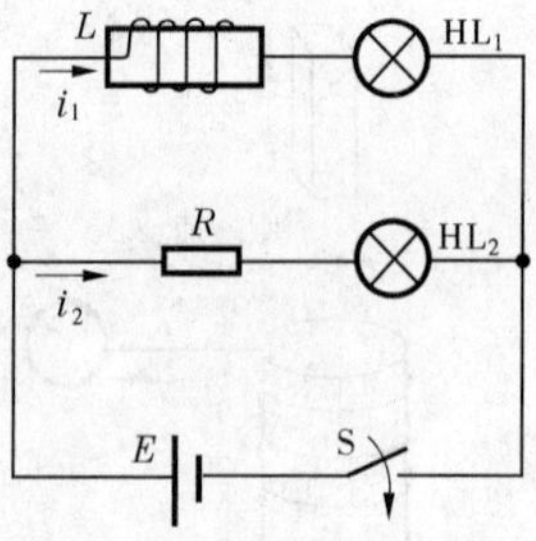

(a)电感线圈接通电源

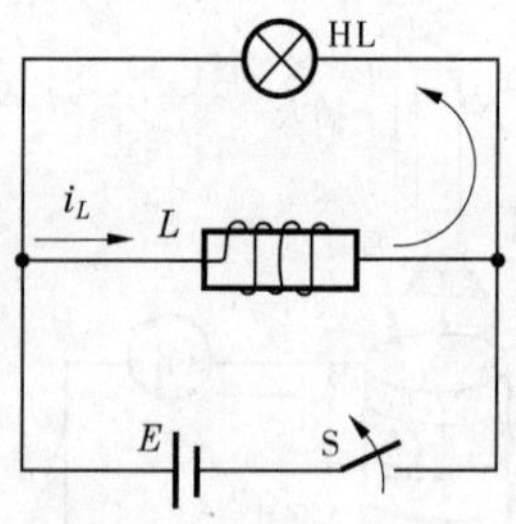

(b)电感线圈断开电源

图 2-11　自感实验电路

感应现象，简称自感。由自感现象产生的电动势称自感电动势，用 e_L 表示，其表达式为

$$e_L = -N\frac{\Delta\Phi}{\Delta t} \tag{2-10}$$

自感现象在电气设备和无线电技术中有广泛应用。如日光灯的镇流器、整流设备中的滤波电路等。

(二)自感系数

当一个空心线圈有自感电流通过后，这个电流产生的磁场使每匝线圈具有的磁通 Φ 叫做自感磁通。使 N 匝线圈具有的磁通叫自感磁链，用字母 ψ 表示，则

$$\psi = N\Phi \tag{2-11}$$

将线圈中通过单位电流所产生的自感磁链称为自感系数，也称自感量，简称电感。用 L 表示，即

$$L = \frac{\psi}{I} \tag{2-12}$$

式中，电感 L 的单位为亨，用 H 表示，表示 1 A 电流能产生 1 Wb 的自感磁链。

影响电感大小的因素：①线圈的匝数(线圈匝数越多，电感越大)及线圈的尺寸；②线圈中媒介质的磁导率 μ，铁磁性材料的磁导率 μ 不是一个常数，它随磁化电流的不同而变化。对于空心线圈来说，L 是常数，这种电感我们称为线性电感；而具有铁芯的线圈，其电感 L 不是一个定值，这种电感称为非线性电感。

在介绍自感电动势时，我们得到

$$e_L = -N\frac{\Delta\Phi}{\Delta t} \tag{2-13}$$

将 $\psi = N\Phi$ 代入得

$$e_L = -\frac{\Delta\psi}{\Delta t}$$

再将 $L = \psi/i$ 代入得线圈的自感电动势与线圈中电流的关系式

$$e_L = -L\frac{\Delta i}{\Delta t} \tag{2-14}$$

式中　L——线圈的电感量，H；

$\frac{\Delta i}{\Delta t}$——电流对时间的变化率，A/s；

式(2-14)表明,当线圈的电感量 L 一定时,线圈的电流变化越快,自感电动势就越大,反之则越小。若线圈电流不变,则没有自感电动势;在$\frac{\Delta i}{\Delta t}$一定的情况下,若线圈的电感量 L 越大,自感电动势越大,反之则越小。也就是说,线圈的自感电动势 e_L 与线圈的电感 L 和线圈中电流的变化率$\frac{\Delta i}{\Delta t}$的乘积成正比,其中负号表明自感电动势总是企图阻碍电流的变化。

(三)线圈中的磁场能

线圈中的磁场能与通过线圈电流最大值的平方成正比,与线圈的电感量成正比,即

$$W_L = \frac{1}{2}LI_m^2 \tag{2-15}$$

式中 W_L——磁场能量,J;

L——自感系数,H;

I_m——线圈电流最大值,A。

也就是说,电感线圈中通过的电流越大,磁场越强,磁场能量就越大,线圈中的电流不能发生突变。我们利用线圈就可以将电能转换成磁能。

六、互感

(一)互感现象

某一线圈中电流变化引起另一个相邻线圈产生感应电动势的现象叫互感现象。产生的感应电动势叫互感电动势。相邻线圈中互感电动势为

$$e_{21} = \frac{\Delta \psi_{21}}{\Delta t} \tag{2-16}$$

同理,本线圈中产生的互感动电势为

$$e_{12} = \frac{\Delta \psi_{12}}{\Delta t} \tag{2-17}$$

(二)互感系数

在两个耦合线圈中,互感磁链与产生该磁链的电流比值叫做互感系数,简称互感,用符号 M 表示,即

$$M = \frac{\psi_{21}}{i_1} = \frac{\psi_{12}}{i_2} \tag{2-18}$$

互感系数与两个线圈的结构、相互位置及其介质有关。

(三)互感线圈的同名端

绕向和感应电动势极性相同的两个线圈端互为同名端,反之互为异名端。一般用符号“·”或“*”表示同名端。如图 2-12 所示,图中 1 与 3、2 与 4 互为同名端。

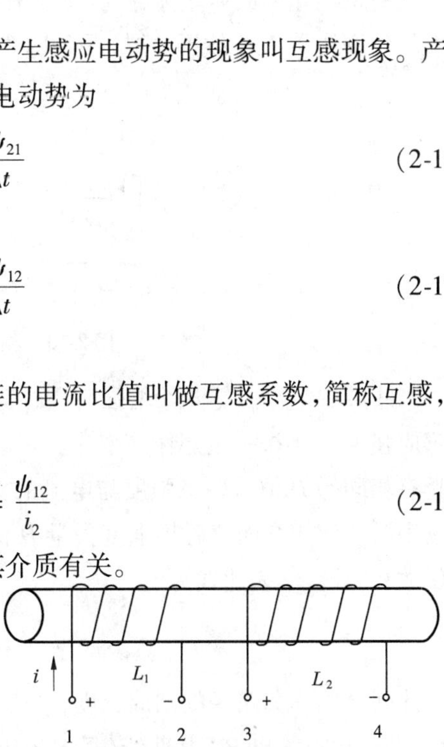

图 2-12 互感线圈的同名端

第四节　铁磁性物质及其磁化规律

一、铁磁性物质的磁化

铁磁性物质的磁导率很高，μ_r可以达 $10^2 \sim 10^4$ 数量级。在外磁场的作用下，其内部的磁感应强度大大增强，这种现象称为磁化。铁磁性物质的磁化现象与其内部的分子电流有关。所谓分子电流是指物质内部电子绕原子核旋转及电子本身自转所形成的回路电流，这个电流会产生磁场。同时，铁磁性物质内部的分子之间有一种相互作用力，使得若干个原子的磁场具有相同的方向，组成许多小磁体，具有磁性，这些小磁体称为磁畴。在没有外磁场作用时，这些磁畴的排列是不规则的，它们所产生磁场的平均值等于零，或者非常微弱，对外不显示磁性。在一定强度的外磁场作用下，这些磁畴将顺着外磁场的方向转动，做有规则排列，显示出很强的磁性，这就是铁磁性物质的磁化现象。

非磁性材料没有磁畴结构，所以不具有磁化特性。

二、磁化曲线

铁磁性物质的磁化特性常用磁化曲线（$B \sim H$ 曲线）表示。磁化曲线可由实验来测定。把尚未磁化的或完全去磁的（即没有剩磁的）铁磁性物质制成均匀圆环状的细铁芯，其上均匀密绕着 N 匝线圈，并按图 2-13 所示接入电路。

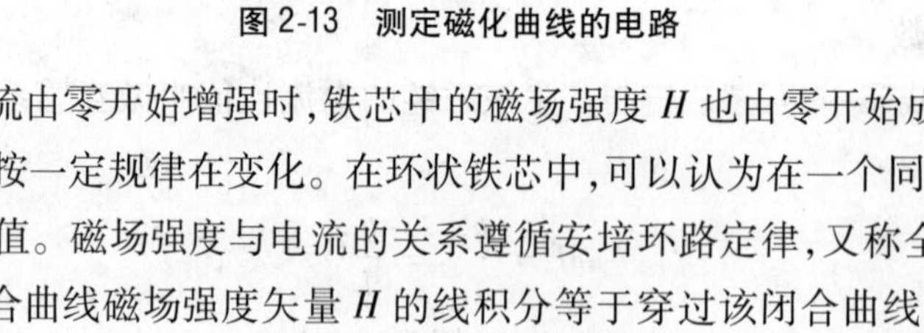

图 2-13　测定磁化曲线的电路

当线圈中电流由零开始增强时，铁芯中的磁场强度 H 也由零开始成比例地增加，而磁感应强度 B 则按一定规律在变化。在环状铁芯中，可以认为在一个同心圆的圆周上各点具有相同的 H 值。磁场强度与电流的关系遵循安培环路定律，又称全电流定律，即在磁场中沿任何闭合曲线磁场强度矢量 H 的线积分等于穿过该闭合曲线所围曲面的电流的代数和，其数学表达式为

$$\oint H\mathrm{d}l = Hl = \sum I = NI \tag{2-19}$$

此处，l 为积分路径的圆周长度，可按电流值计算出 H 值。在测得各对应于 H 值的 B 值后，即可逐点绘出 $B \sim H$ 曲线（见图 2-14），该曲线称为起始磁化曲线。

起始磁化曲线分为四段。初始段（Oa 段），外磁场由零开始增加，但外磁场较弱，只

能使相邻磁畴的磁壁发生移动。这将导致取向近于外磁场方向的磁畴体积扩张;取向背离外磁场方向的磁畴体积缩小。于是磁性增强,B 值上升,但增量很少,并且过程可逆。继续增强外磁场将迫使与外磁场方向相反或近于相反的磁畴陆续翻转,从而使它们的方向与外磁场方向趋于接近或者一致。此时磁性大增,B 值随 H 值的增加急剧上升(ab 段)。由于磁畴翻转时,相互之间要产生摩擦而消耗能量,故这一过程是不可逆的。进一步增加外磁场,磁畴将逐渐向外磁场方向旋转,磁感应强度 B 随之慢慢地增强(bc 段)。c 点以后,所有磁畴方向均与外磁场方向一致,进入了饱和状态。此后若再增大外磁场,磁感应强度基本不变,故 c 点称为饱和点,铁磁性材料的这种性质称为磁饱和性。铁磁性物质的磁导率 μ 不是常数,它随 H 变化的曲线如图 2-14 所示。

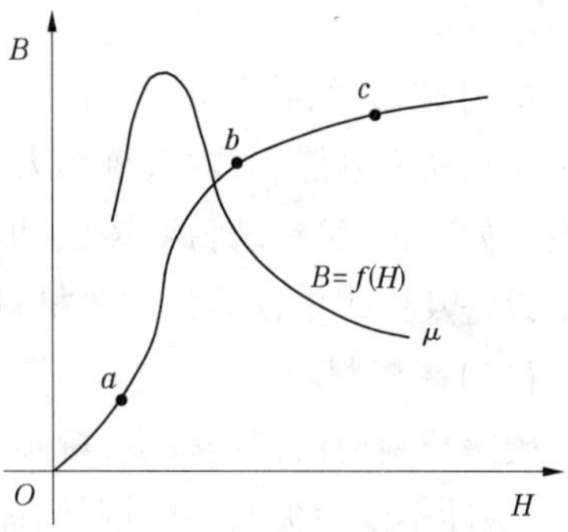

图 2-14　起始磁化曲线

三、磁滞回线

对于未经磁化的铁芯,若磁场强度 H 由零开始逐渐增加到最大值 H_m,磁感应强度 B 将沿着起始磁化曲线逐渐上升到 B_m,如图 2-15中 Oa 段所示。随后减小 H,由于磁畴翻转是不可逆的,磁感应强度 B 将不沿原曲线返回,而沿一条稍高于原始磁化曲线的 ab 曲线下降。当 H 下降至零时,B 不为零,而等于 B_r。这种磁感应强度的变化滞后于磁场强度变化的现象称为磁滞。B_r 称为剩磁感应强度,简称剩磁。为了消除剩磁,必须改变磁场方向。待 $H=-H_c$ 时,$B=0$,这一过程称为去磁,bc 段称为去磁曲线。H_c 是为了抵消剩磁所需要的反向磁场强度,称为矫顽力。各种铁磁材料都有一定的剩磁及矫顽力。继续增加反向磁场,B 值将反向上升,进行反向磁化,其过程按曲线 cd 进行;在反向磁化进行到 $H=-H_m$ 之后,反向 H 又开始减小,直至零。其后又增加正向 H 至 H_m,减少 H 至 $-H_m$。如此反复多次,便可获得一个近似对称于原点的封闭曲线,即铁磁性物质的磁滞回线。

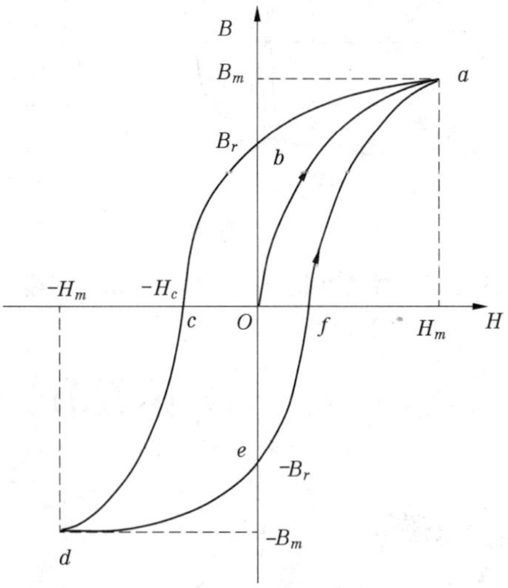

图 2-15　磁滞回线

四、铁磁性物质的分类

由于有不同的矫顽力和剩磁,不同种类的铁磁性材料,磁滞回线的形状不同。根据磁滞回线的形状,铁磁性材料可以分为软磁、硬磁和矩磁三种类型,它们在工程中有不同的应用。

(一) 软磁材料

软磁材料磁滞回线窄,矫顽力和剩磁小,比较容易磁化,但去掉外磁场后,磁性大部分消失。如硅钢、纯铁、铸钢、铸铁、坡莫合金和铁氧体等。它们是变压器、电机、电器等各类电工设备及仪表中铁芯的主要材料。

(二) 硬磁材料

硬磁材料磁滞回线较宽,矫顽力和剩磁大,需要较强的外磁场才能磁化,但去掉外磁场后,磁性不易消失。如钨钢、铝镍钴合金、碳钢等,常用于制造永久磁铁,磁电系仪表、小型直流电机中的永久铁芯等。软磁材料和硬磁材料的磁滞回线如图 2-16 所示。

(三) 矩磁材料

矩磁材料的磁滞回线近乎呈矩形,其特点是剩磁感应强度 B_r 和矫顽力 H_c 大,容易饱和,不易去磁,故适用于作记忆元件,例如磁盘等。其磁滞回线如图 2-17 所示。

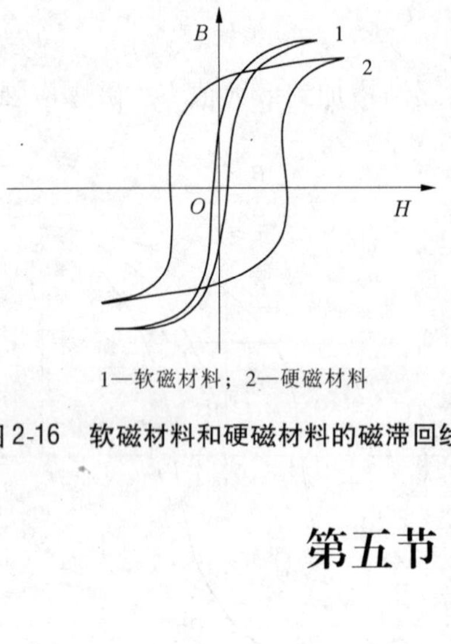

1—软磁材料;2—硬磁材料

图 2-16　软磁材料和硬磁材料的磁滞回线

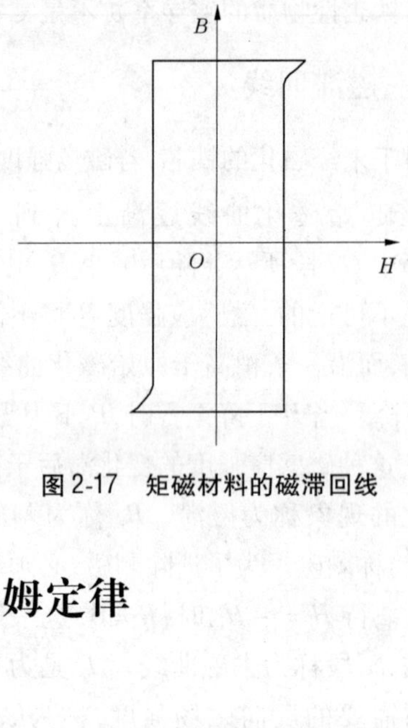

图 2-17　矩磁材料的磁滞回线

第五节　磁路欧姆定律

一、磁路

很多电工设备中需要较强的磁场或较大的磁通。由于铁磁性材料的磁导率远比非铁磁性材料的磁导率大,所以都将铁磁性物质做成闭合或近似闭合的环路,即所谓铁芯。

绕在铁芯上的线圈通以较小的电流(励磁电流),便能得到较强的磁场。由于铁磁性材料的导磁性能比非磁性材料好得多,因此当线圈中有电流流过时,产生的磁通绝大部分将集中在铁芯中,沿铁芯而闭合,这部分磁通称为主磁通,用字母 Φ 表示。只有很少的一部分磁通沿铁芯外的空间闭合,称为漏磁通,用 Φ_s 表示,如图 2-18(a)所示。由于漏磁通很小,在工程上常将其忽略不计;同时选定铁芯的几何中心闭合线作为主磁通的路径,如图 2-18(b)所示。

主磁通所通过的闭合路径称为磁路。根据需要，磁路也可以含有较短的空气隙（简称气隙），如图 2-19 所示。

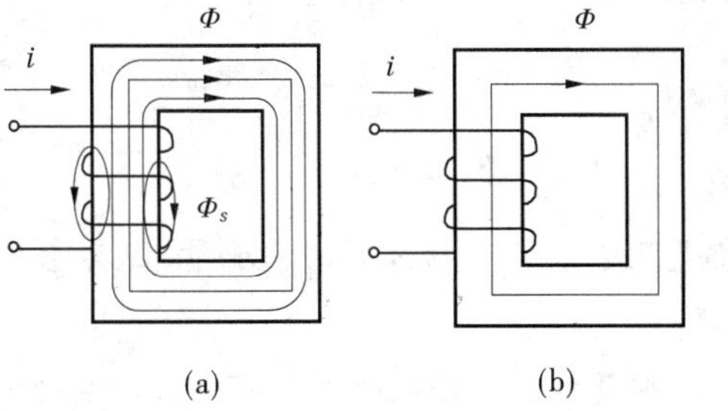

图 2-18　主磁通和漏磁通

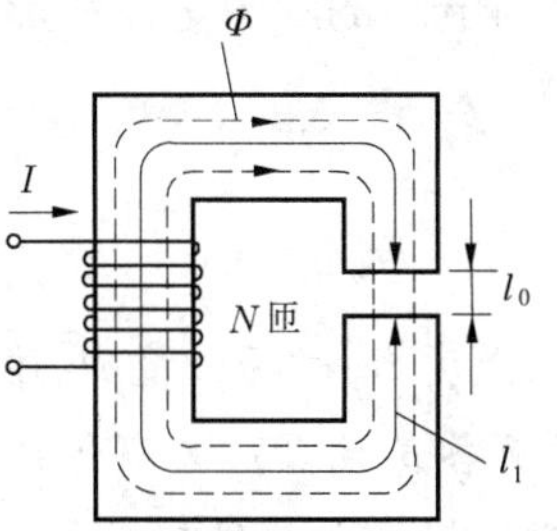

图 2-19　有气隙的磁路

根据电工设备的不同需要，磁路可以做成各种不同形状。图 2-20 给出磁电系仪表、继电器和变压器的磁路结构。磁路可以分为无分支磁路和有分支磁路，图 2-20(a)、(b)是无分支磁路，图 2-20(c)是有分支磁路。

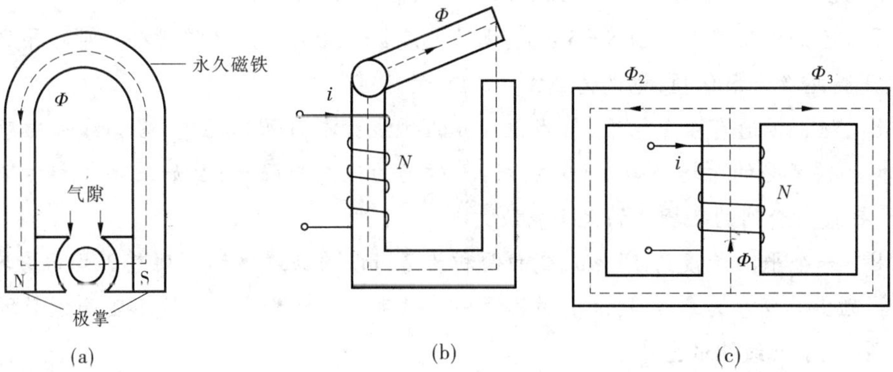

图 2-20　磁路

二、磁路欧姆定律

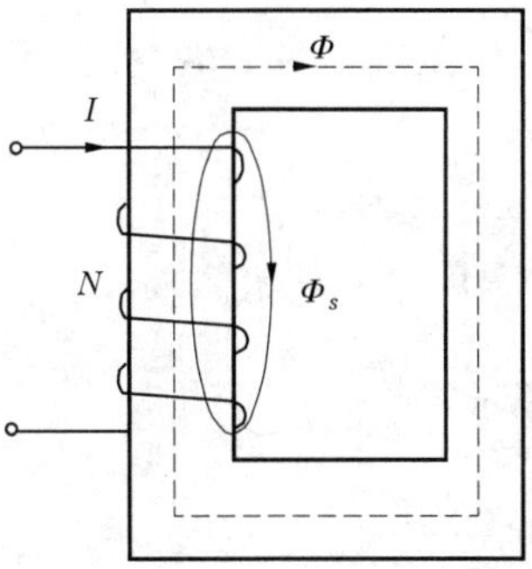

图 2-21　铁芯线圈

磁路的分析和计算与电路的分析和计算一样，也要用到基本定律，其中最基本的是磁路欧姆定律。

以图 2-21 所示无分支磁路为例，设磁路是由同一种铁磁性材料构成的，其截面面积为 S，平均长度为 l，线圈匝数为 N，通过的电流为 I。若平均长度远比截面的线型尺寸大得多，则可认为磁场均匀分布于截面上。于是有

$$\Phi = \frac{IN}{\frac{l}{\mu S}} = \frac{F}{R_m} \qquad (2\text{-}20)$$

式中　F——磁通势，由此而产生磁通，$F = IN$；

R_m——磁阻,是表示物质对磁通具有阻碍作用的物理量,$R_m = \dfrac{l}{\mu S}$。

式(2-20)与电路的欧姆定律在形式上相似,所以称为磁路欧姆定律。

习 题

2-1 感应强度 B,磁场强度 H,磁通 Φ 都是用来表示磁场强弱的物理量,但其意义不同。那么其意义各是什么？又有什么联系？

2-2 铁磁性材料与非铁磁性材料的根本区别是什么？铁磁性材料有哪几种特性？

2-3 铁磁性材料分哪几类？各有什么用途？

2-4 为什么铁磁性物质的磁导率 μ 不是常量？试解释 $B \sim H$ 曲线的变化规律。

2-5 磁路的几个定律的内容是什么？它们是建立在什么基础上的？

2-6 两个铁芯线圈,它们的铁芯材料、匝数及磁路平均长度都相同,但截面面积 $S_1 > S_2$。试问绕组中通过相等的直流电流时,哪个铁芯中的磁通及磁感应强度大？

2-7 已知磁路截面面积 $S = 5\ \text{cm}^2$,平均长度 $l = 100$ cm,设铁芯材料相对磁导率 $\mu_r =$ 1 000,线圈匝数为 500 匝,电流为 2 A,求磁路的磁通。

2-8 把一根通有 4 A 电流、长为 30 cm 的导线放在匀强磁场中,当导线和磁感应线垂直时,测得所受的磁场力是 0.06 N,求:①磁场的磁感应强度;②如果导线和磁场方向成 30°,导线所受到的磁场力的大小。

2-9 一个平均长度为 15 cm、截面面积为 2 cm^2 的铁氧体环形磁芯上均匀分布 500 匝线圈,测出其电感为 0.6 H,试求磁芯的相对磁导率。如果其他条件不变而匝数增加为 2 000 匝,试求此线圈的电感。

第三章　单相正弦交流电路

第一节　交流电路概述

一、单相交流电路的概念

电压和电流的大小和方向不随时间变化的电路称为直流电路。而大小和方向随时间作周期性变化的电动势、电压和电流分别称为交流电动势、交流电压和交流电流，统称为交流电。在交流电作用下的电路称为交流电路。电压及电流的大小和方向随时间按正弦规律变化的交流电路称为正弦交流电路。表达正弦交流电随时间变化规律的数学式称为解析式，如 $i = I_m \sin\omega t$（又称为三角函数式、正弦函数式、瞬时值表达式）。正弦交流电的变化情况用函数图形的形式表现出来，称为交流电的波形图，如图 3-1 所示，图中曲线表示在设定交流电流的参考方向从 a 流向 b 的情况下，在 $0 \sim t_1$ 内，电流波形为正值，其实际方向与参考方向一致，即电流实际方向是从 a 流向 b，其数值从 0 开始逐渐增加到最大值，又逐渐减小到 0。在 $t_1 \sim t_2$ 这段时间内，交流电为负值，表明交流电实际方向与参考方向相反，即电流实际方向从 b 到 a，其交流电数值从 0 逐渐增加到最大值，又逐渐减小到 0。

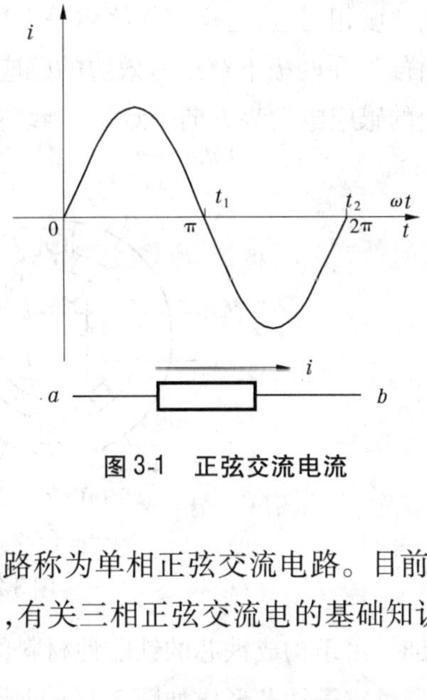

图 3-1　正弦交流电流

仅有一个正弦交流电动势作用于电路的交流电路称为单相正弦交流电路。目前，我国供电体系采用的是对称三相正弦交流电供电体系，有关三相正弦交流电的基础知识将在第四章介绍。

二、电力系统中交流体系和直流体系的发展

电力技术的发展是从直流电开始的，早期的直流输电是不需要经过换流的直流输电，即发电、输电和用电均为直流电，如 1882 年在德国建成的 57 km 向慕尼黑国际展览会送电的直流输电线路。随着三相交流发电机、感应电动机和变压器的迅速发展，发电和用电领域很快被交流电所取代。交流电可以用变压器变换电压，实现高压远距离输电和低压灵活供电：在输电时，通过变压器把低电压变为高电压，可实现远距离输电，并减小线路电流，从而减少线路的电能损失；低压供电，有利于保证人身安全、降低绝缘水平，但必须根

据不同用户需要灵活降低电压;可以通过硅整流技术将交流变为直流,满足某些需要直流电的用电设备。这些使交流输电和交流电网得到迅速的发展,并很快占据了统治地位。但在输电领域直流具有交流所不能取代的地方,随着电力电子技术、计算机技术和控制理论的迅速发展,高压直流输电技术日趋完善,在特定的条件(例如大功率远距离输电、海底电缆和交流系统间异步连接等)下,高压直流输电的优点超过交流输电。我国电网正不断发展,各地区之间的联网势在必行,采用交流、直流输电系统成为必然趋势。目前,我国三峡至上海 ±500 kV直流输电工程已投入运行,表明我国已经具备了 ±500 kV 直流输电设备自主制造能力,跻身于世界直流输电设备制造的先进行列。

三、正弦交流电动势的产生

正弦交流电动势通常是由交流发电机产生的。图 3-2(a)就是最简单的交流发电机结构示意图,它是由定子和转子两部分组成的。定子铁芯和转子铁芯均由高导磁的铁磁性材料硅钢片叠成,定子铁芯内表面的槽内嵌装着定子绕组(线圈),定子绕组的立体图如图 3-2(b)所示,绕组两有效边嵌放在定子铁芯槽内,其嵌放位置相差 180°,与转子两磁极间角度相对应,这样使得绕组一有效边处在磁极的 N 极下时,另一有效边处在 S 极下(这样,处在两极下绕组有效边的感应电动势在横剖面上方向相反,但在纵剖面上两个有效边的感应电动势方向一致)。当绕在转子铁芯上的励磁绕组(线圈)通入直流电后形成

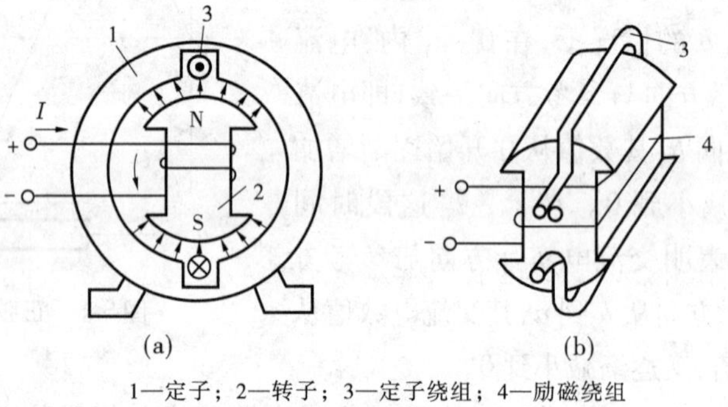

1—定子; 2—转子; 3—定子绕组; 4—励磁绕组

图 3-2　交流发电机示意图

磁极时,由于构成铁芯的铁磁性材料的磁导率很高,磁感应线经过定子和转子之间的空气隙,通过定子铁芯形成如图 3-3(a)所示的磁路。当交流发电机的转子转动,嵌放在定子铁芯槽内的定子绕组在磁场中的两个有效边将不断地切割磁感应线,根据电磁感应定律产生感应电动势 e',由于绕组是对称的,它两条边上的感应电动势在任意瞬间大小相等,并且其方向在绕组回路中是一致的,对应图 3-3(a)所示瞬间绕组中的感应电动势方向在绕组的纵剖面图上如图 3-3(b)所示,可见绕组两端的总电动势 $e = 2e'$。为了获得随时间呈现正弦规律变化的感应电动势,将转子上的磁极制成特定形状,如图 3-4(a)所示。根据电磁感应定律 $e' = Blv$,由于此式中磁感应强度 B 与绕组切割磁感线的有效长度 l 及绕组与磁极的相对运动速度 v 应保持相互垂直关系,在交流发电机转子匀速转动以及绕组

有效长度一定的情况下，我们主要考虑转子上磁极所产生的磁感应强度和绕组相对运动方向相垂直的垂直分量 $B_{\perp}$，则上式可表达为 $e'=B_{\perp}lv$。由图 3-3(a)可见，当定子绕组处于转子磁极的两极位置时，磁感应线与定子绕组的相对运动方向相垂直，即磁感应强度的垂直分量 $B_{\perp}$ 达到最大，用 $B_{\perp m}$ 表示。而处在两磁极轴线两侧处的 B 点和 Y 点处由于磁感应线与此处绕组的相对运动方向相平行，即此处绕组切割磁感应线的磁感应强度的垂直分量 $B_{\perp}$ 为 0，BY 平面与磁极所交平面 $O'—O'$ 称为中性面。处于其余位置的绕组其切割磁感应强度的垂直分量 $B_{\perp}$ 介于上述两者之间。如果规定 N 极下磁感应强度方向用正值表示，S 极下磁感应强度方向用负值表示，这样，图 3-3(a)中点 x 处的磁感应强度垂直分量 $B_{\perp}$ 随着角度 θ(点 x 处和转子转轴所成平面与中性面之间的夹角)顺时针方向转动一周时呈正弦规律分布，即

$$B_{\perp}=B_{\perp m}\sin\theta$$

如图 3-4(b)所示，则有

$$e=2e'=2B_{\perp m}lv\sin\theta=E_m\sin\theta$$

式中 l——绕组(线圈)边的有效长度，m；

v——绕组切割磁感线的速度，m/s；

e'——定子绕组中产生的感应电动势，V。

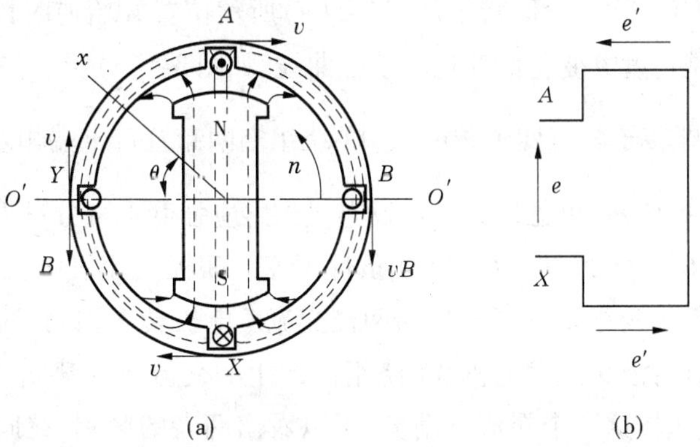

图 3-3　交流发电机磁感线分布情况及定子绕组纵剖面图

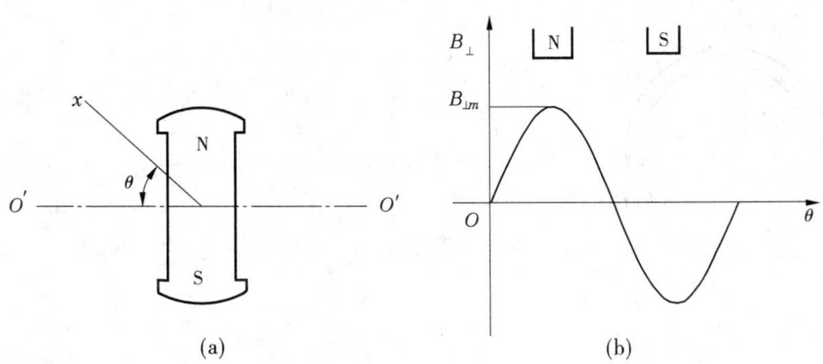

图 3-4　交流发电机的磁极形状及其表面磁感线垂直分量分布规律

由上式可得交流发电机中产生的感应电动势 e 随着转子转动角度 θ 的变化而变化，当转子匀速转动时，转动的角度与时间成正比，即交流电动势 e 随时间的变化而变化。

第二节　正弦交流电的三要素

交流电路中的电动势、电压和电流都是按正弦规律变化的，统称为正弦量。两个正弦量是否相同取决于三个要素：一是周期（或者频率、角频率），表示交流电变化的快慢；二是最大值，表示交流电变化的最大范围；三是初相位，表示变化的起始位置或者计时起点。确定了一个正弦交流电的三要素，就可以写出它的解析式、波形图，确定交流电在任一瞬间的大小和方向。

一、周期、频率和角频率

如图 3-5 所示，一个一对磁极（$P=1$）的交流发电机，当其转子逆时针转动时，交流发电机嵌放在定子铁芯上的绕组 AX 与转子（磁极）的相对运动方向 v 的关系如图 3-5(a) 所示；规定绕组上产生的感应电动势 e_1 的参考方向从绕组 X 端到 A 端，如图 3-5(b) 所示。若以转子转过的空间上的机械角度 θ 为横坐标，以相应位置上绕组 AX 内产生的感应电动势 e_1 的大小和方向为纵坐标，转子从图 3-5(a) 所示位置开始逆时针转动一周，可得感应电动势 e_1 随机械角度 θ 变化而变化的正弦曲线，如图 3-5(c) 所示。而如果交流发电机的磁极增加 1 倍（即转子具有四个磁极），AX 绕组空间布置首末端相差$\frac{\pi}{2}$，四极交流发电机磁路情况如图 3-6 所示，可见四极交流发电机磁感应强度垂直分量 $B_{\perp}$ 为 0 的中性面出现了两个，分别为 $O'—O'$ 和 $O''—O''$，其他条件不变。四极交流发电机在图 3-7 所示位置开始转子逆时针转动一周，其转子转速与两极交流发电机转速相同，其在 AX 绕组内产生的交流电动势 e_2 与两极交流发电机 AX 绕组内产生的交流电动势 e_1 的变化情况比较如图 3-8 所示。通过比较这两个交流电动势，可以看出两者的区别，在同样的时间内，交流电动势 e_1 变化了一个循环，正负值交替了一次，即方向交替了一次，而交流电动势 e_2 却变

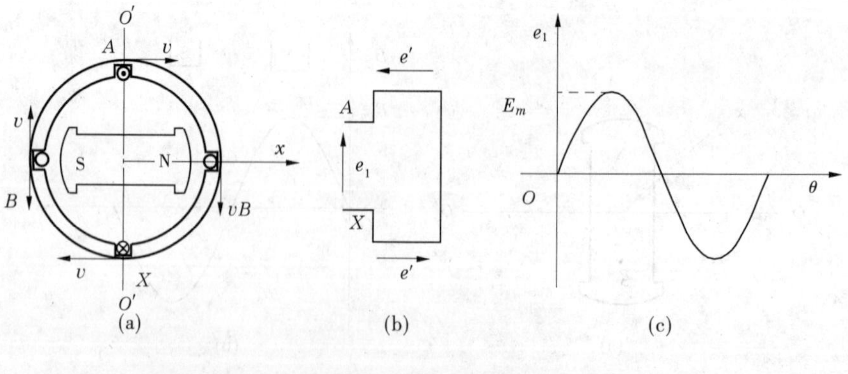

图 3-5　交流发电机产生正弦交流电动势的示意图

化了两个循环,即方向交替了两次,说明交流电动势 e_2 比交流电动势 e_1 变化快了 1 倍。由图 3-8 可知,交流电动势 e_1 变化一个循环的时间,比交流电动势 e_2 变化一个循环的时间大了1 倍,可以用来反应交流电变化的快慢。交流电变化一周(即一个循环)所需要的时间称为周期,用 T 表示,单位是秒(s)。周期 T 越大,交流电变化越慢;周期 T 越小,交流电变化越快。

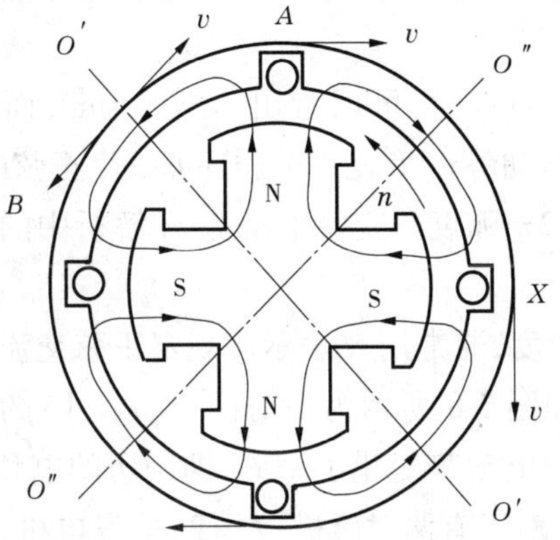

图 3-6　三相四极交流发电机磁路示意图

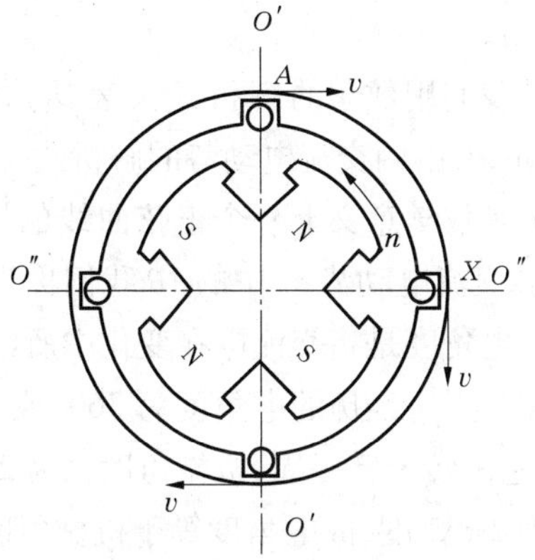

图 3-7　三相四极交流发电机产生正弦交流电动势的起始位置

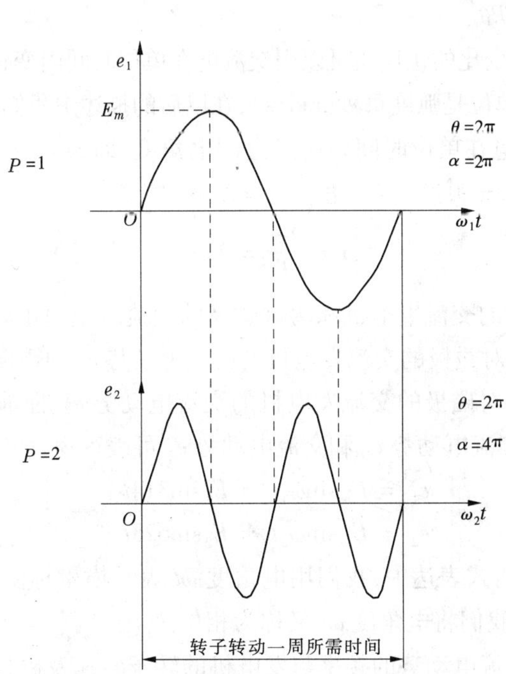

图 3-8　一对磁极和两对磁极的交流发电机在相同时间内产生的电动势

同样,交流电变化快慢也可以用单位时间内变化的循环次数表示,交流电在 1 s 内变化的循环次数(周数)称为频率,用 f 表示,单位是赫兹(Hz),简称赫。频率 f 越大,说明交流电变化越快；频率 f 越小，说明交流电变化越慢。

由上述定义可知，频率与周期互为倒数，即

$$f=\frac{1}{T} \tag{3-1}$$

频率常用单位还有千赫（kHz）和兆赫（MHz）。

我国供电系统中交流电的频率是 50 Hz（通常称为工频），世界上有些国家采用的为 60 Hz。

我们用数学的解析式去表达这两个交流电动势时，可以看出 $e_1=E_m\sin\theta$，而 $e_2=E_m\sin2\theta$，由两交流电动势的解析式可看出，交流电动势 e_2 变化一个循环即一个正弦曲线，并不是数学意义上一个正弦曲线的周期 360°或 2π 弧度。交流电动势 e_2 解析中的角度 2θ 和交流电动势 e_1 中的 1θ 我们称为电角度 α。

电角度是指交流电在变化中所经历的电气角度，通常用 α 表示。规定正弦交流电每变化一周所经历的电角度为 360°或 2π 弧度。如图 3-8 所示为一对磁极（$P=1$）的发电机，它的转子转一周，机械角度 θ 为 2π 弧度，感应电动势变化了一周，即经历的电角度 α 也为 2π 弧度，故电角度等于机械角度，即 $\alpha=\theta$。对于有两对磁极（$P=2$）的发电机，它的转子转了一周，转子转过的机械角度 $\theta=2\pi$ 弧度，可是定子绕组却切割了两对磁极的磁感应线，感应电动势变化了两周，即 $\alpha=2\times2\pi$ 弧度，亦即 $\alpha=2\theta$。依此类推，对于有 P 对磁极的发电机，则有 $\alpha=P\theta$。

由上述可知，交流电变化的快慢还可以用交流电在单位时间内变化的电角度来表示，称为电角频率，用 ω 表示，单位是弧度每秒（rad/s），在以后的描述中我们常常称为角频率。

因为角频率为交流电在单位时间内所经过的电角度，即 $\omega=\alpha/t$，而交流电在一个周期 T 内经过的电角度为 2π 弧度，所以角频率与频率的关系为

$$\omega=\frac{2\pi}{T}=2\pi f \tag{3-2}$$

例如，如果一对磁极的交流发电机和两对磁极的交流发电机的转子转动一周所需时间均为 0.02 s，则具有一对磁极的交流发电机的交流电动势 e_1 的周期为 0.02 s，其角频率 $\omega_1=314$ rad/s，而具有两对磁极的交流发电机的交流电动势 e_2 的周期则为 0.01 s，其角频率 $\omega_2=628$ rad/s，则交流电动势 e_1 和交流电动势 e_2 可表达为

$$e_1=E_m\sin\omega_1 t=E_1\sin314t$$
$$e_2=E_m\sin\omega_2 t=E_2\sin628t$$

在以后的交流电解析式表达中，我们用电角度 ωt 表示横坐标变化，不再用机械角度 θ 表示，而在以后表示中我们将电角度 ωt 又称为相位。

由上述分析可知，交流电动势的频率与发电机的转子转速及磁极对数有关。在 P 对磁极的发电机中，转子每转一周，电动势就变化 P 个循环（周）。如果转子每分钟旋转 n 周，则电动势每秒钟变化的频率为

$$f=\frac{Pn}{60} \tag{3-3}$$

火电厂和水电厂的交流发电机为了感应出相同频率的交流电，转速低的水轮发电机比转速高的汽轮发电机的磁极对数就要多些。

二、瞬时值与最大值

正弦交流电在任一瞬间的数值称为瞬时值，交流电动势、交流电压和交流电流分别用小写字母 e、u、i 表示；在随时间变化的过程中，最大的一个瞬时值称为最大值（或叫峰值、幅值），正弦交流电动势、电压和电流的最大值分别用 E_m、U_m 和 I_m 表示（在交流电路中通常随着时间变化的物理量用小写字母表示，而随着时间不变的物理量用大写字母表示）。

三、相位、初相位、相位差

一对磁极的交流发电机转子在图 3-5 所示的起始位置产生一个按正弦曲线规律变化的交流电动势，如果同样的交流发电机在图 3-9 所示位置起始则产生一个按余弦曲线规律变化的电动势，这是因为 AX 绕组在起始位置就产生的是磁感应强度在与绕组相对运动方向相垂直的分量的最大值，变换为正弦表示时为 $e=E_m\sin(\omega t+\frac{\pi}{2})$，其正弦曲线起始点距坐标原点的距离为$\frac{\pi}{2}$，它反映了图 3-9 所示交流电与图 3-5 所示交流电变化起始位置的不同。又如在交流发电机的定子上绕制两个完全相同的绕组 AX 和 BY，如图 3-10（a）所示。绕组与中性面的夹角分别为 ψ_1 和 ψ_2。当转子按逆时针方向匀速旋转时，由于这两个绕组是处在同一磁场内的，所以产生的正弦交流电动势的最大值和频率相等。由于两个绕组在同一瞬间与转子磁极中性面的夹角不同，处在磁场中不同的位置，所以感应电动势 e_A 较 e_B 先到达最大值或零值。若以图 3-10（a）所示位置为计时起点，则在任意时刻 t，此两电动势的瞬时值分别为

$$\left.\begin{aligned} e_A &= E_m\sin(\omega t+\psi_1) \\ e_B &= E_m\sin(\omega t+\psi_2) \end{aligned}\right\} \tag{3-4}$$

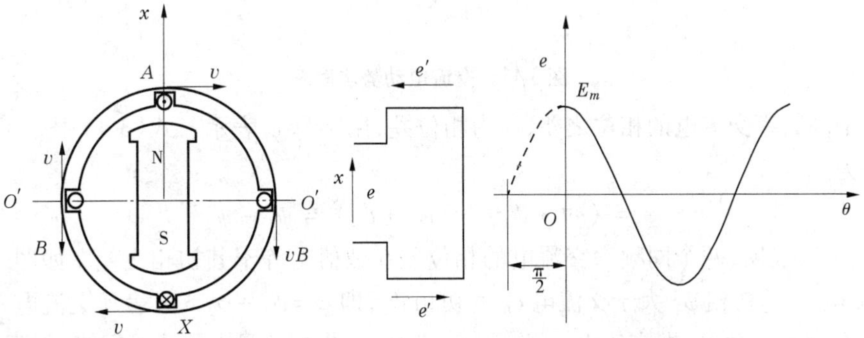

图 3-9　交流发电机产生余弦交流电动势示意图

交流电在任一瞬时所经历的电角度称为相位角或相位，如式（3-4）中 e_A 的相位为

$\omega t+\psi_1$，e_B 的相位为 $\omega t+\psi_2$。

在起始位置(即 $t=0$)的相位称为初相角或初相位,简称初相,用字母 ψ 表示。如以图 3-10(a)所示位置为计时起点,e_A 的初相是 ψ_1,e_B 的初相是 ψ_2。

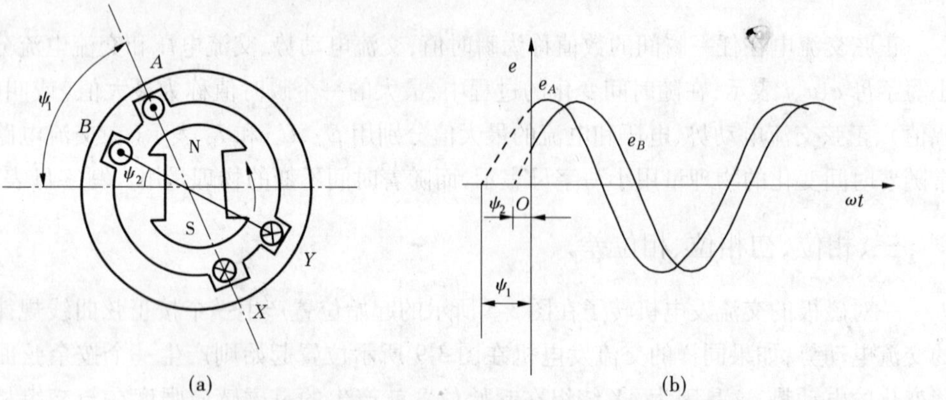

图 3-10　交流发电机中不同位置绕组及其产生的交流电动势

图 3-9 所示交流电的初相为$\dfrac{\pi}{2}$,而图 3-11 所示交流电的起始位置的瞬时值交于纵轴的负半轴,初相为 $-\dfrac{\pi}{6}$,即交流电的正弦曲线起始点在坐标原点左侧初相为正,右侧初相为负。

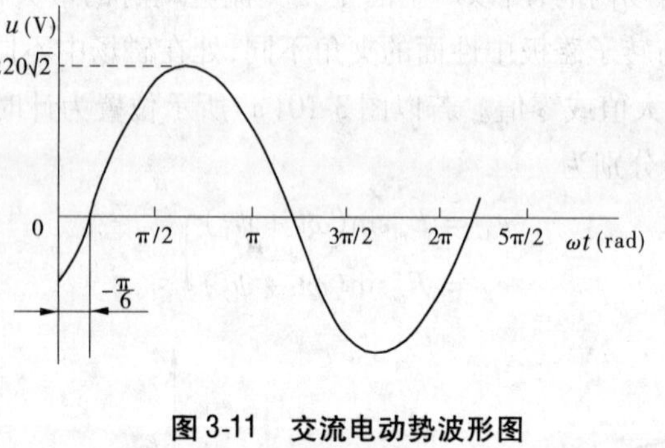

图 3-11　交流电动势波形图

两个同频率交流电的相位之差,称为相位差,用字母 φ 表示。式(3-4)中 e_A 和 e_B 的相位差为

$$\varphi=(\omega t+\psi_1)-(\omega t+\psi_2)=\psi_1-\psi_2 \tag{3-5}$$

式(3-5)表明,两个同频率交流电的相位差在数值上等于其初相之差。如图 3-10 所示,交流电 e_A 的初相 ψ_1 大于交流电 e_B 的初相 ψ_2,即 $\varphi=\psi_1-\psi_2>0$,表示交流电 e_A 总体超前交流电 e_B φ 角度,即交流电 e_A 总是比交流电 e_B 先到达最大值或者零值,也可以表述为交流电 e_B 滞后于交流电 e_A φ 角度;$\varphi=\psi_1-\psi_2<0$,则表示交流电 e_A 滞后交流电 e_B φ 角度,或者说交流电 e_B 超前于交流电 e_A φ 角度。

两个同频率正弦交流电的相位差为 0 时,称两交流电同相位,简称同相。两同频率正弦交流电的相位差为 ±180°或者 ±π 时,称两交流电反相位,简称反相。

交流电的瞬时值表达式可以用三要素来表示,即

$$\begin{aligned} e &= E_m \sin(\omega t + \psi_e) \\ i &= I_m \sin(\omega t + \psi_i) \\ u &= U_m \sin(\omega t + \psi_u) \end{aligned} \tag{3-6}$$

【例 3-1】 交流电动势为 $u = 220\sqrt{2}\sin(314t - \frac{\pi}{6})$ V,试求它的最大值、角频率和初相,并画出其波形图。

解: 正弦交流电动势的解析式为

$$u = U_m \sin(\omega t + \psi_u)$$

由 $u = 220\sqrt{2}\sin(314t - \frac{\pi}{6})$,可得:

最大值 $U_m = 220\sqrt{2}$ V

角频率 $\omega = 314$ rad/s

则 $f = \frac{\omega}{2\pi} = \frac{314}{2\times 3.14} = 50$ (Hz),$\psi = -\frac{\pi}{6}$。

波形图如图 3-11 所示。

四、正弦交流电的有效值

我们分析交流电的一个重要目的是要分析电路中能量转换的形式和大小,由于正弦交流电瞬时值的大小随时间变化,用于交流电的计量并不简便,因此我们从做功相同的角度出发,引入有效值的概念。若有两个同样的电阻元件,一个通入直流电流,一个通入交流电流,若在相同的时间内产生的热效应相同,说明两交流电做的功相同,那么我们用这个直流电的值代替交流电分析计算电能的大小,其结果相同,这个与交流电做功相同的直流电的值我们称为交流电的有效值。

交流电的有效值和交流电间的关系可以用数学方法推导得出,这个相同的时间我们选择交流电的一个周期 T。如上所述,交流电流 i 通过电阻 R 在一个周期 T 的时间内产生的热量为

$$Q_{\sim} = \int_0^T i^2 R \mathrm{d}t$$

直流电在相同的时间内产生的热量为

$$Q_{-} = I^2 RT$$

因 $Q_{\sim} = Q_{-}$,则有

$$\int_0^T i^2 R \mathrm{d}t = I^2 RT$$

$$I = \sqrt{\frac{1}{T}\int_0^T i^2 \mathrm{d}t}$$

设 $i=I_m\sin^2\omega t$，代入上式，即得

$$I=\sqrt{\frac{I_m^2}{T}\int_0^T\sin^2\omega t\mathrm{d}t}$$

其中
$$\int_0^T\sin^2\omega t\mathrm{d}t=\int_0^T\frac{1-\cos2\omega t}{2}\mathrm{d}t=\frac{T}{2}$$

所以
$$I=\sqrt{\frac{I_m^2}{T}\times\frac{T}{2}}=\frac{I_m}{\sqrt{2}}=0.707I_m$$

因此，正弦交流电流的有效值等于交流电流最大值的 $1/\sqrt{2}$ 倍或 0.707 倍。

同理，正弦交流电动势和交流电压的最大值与有效值关系式为

$$\left.\begin{aligned}E&=\frac{E_m}{\sqrt{2}}=0.707E_m\\U&=\frac{U_m}{\sqrt{2}}=0.707U_m\end{aligned}\right\}\tag{3-7}$$

通常情况下，交流电的大小是指它的有效值。交流电仪表读数，交流电机、变压器等各种用电设备铭牌上的额定电压、电流均指交流电的有效值，但涉及到用电设备的绝缘耐压水平时，要按交流电压的最大值考虑。

第三节　正弦交流电的相量表示法

在分析交流电路的过程中，我们常常要对电路中的各种物理量进行运算，例如求两并联支路的总电流或两元件串联的总电压，因此经常需要对两个（或几个）同频率正弦交流电进行加减运算。由本章第二节可知，正弦交流电的表示方法有解析式和波形图两种，两种方法用于瞬间状态分析比较直观，但计算却很烦琐，为了计算简便，我们引入交流电的第三种表示方法——相量表示法，相量表示法又包括相量的图形表示和相量的复数表示。

一、正弦交流电的相量表示

相量表示是用一旋转有向线段来表示正弦交流电的。如有一正弦交流电动势 $e=E_m\sin(\omega t+\psi)$，波形图如图 3-12 所示，过直角坐标系原点做一有向线段，其长度等于正弦交流电的最大值 E_m，其计时起点位置（$t=0$ 时）与横轴正向之间的夹角等于正弦交流电的初相角 ψ，并以正弦交流电的角频率 ω 作逆时针方向旋转。

正弦交流电动势的任何一个瞬时值都可用有向线段在直角坐标系中的不同位置来反映，旋转有向线段在纵轴上的投影就是交流电的瞬时值，有向线段与横轴正向的夹角是相应的相位。例如，在 $t=0$ 时刻，$e_0=E_m\sin\psi$；在 $t=t_1$ 时刻，$e_1=E_m\sin(\omega t_1+\psi)$ 等。但如果有向线段每个瞬时值都表示出来，则有向线段转动一周所表示出来的瞬时值繁复且无法区分最大值相同但其他要素不同的交流电。所以，为了简明起见，通常只用初始位置

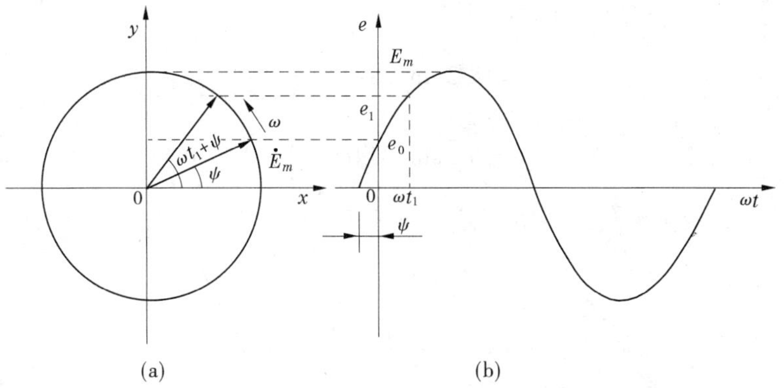

图 3-12　正弦交流电动势用旋转有向线段表示

($t=0$)的有向线段来表示一个正弦交流电，即：

(1)该有向线段的长度等于正弦交流电的最大值；

(2)该有向线段与横轴正方向间的夹角等于正弦交流电的初相；

(3)该有向线段以正弦交流电的角频率作逆时针方向旋转。

如图 3-12(a)所示的有向线段表示出了交流电的三要素，称为交流电的相量(虽然有大小有方向，但其不同于物理中的矢量，有些书中称为旋转矢量)表示，字母用最大值上加点表示，如 $\dot{E}_m$，标注于相量的箭头一端。

由于在后面的计算分析中常常使用有效值运算，所以相量的长度也常常用交流电的有效值表示(但此时相量在纵轴上的投影不再代表交流电的瞬时值，而是大小缩小了$\sqrt{2}$倍)，其字母表示为有效值上加点，如 $\dot{E}$。$\dot{E}_m$ 称为电动势的最大值相量(或幅值相量)，$\dot{E}$ 称为电动势的有效值相量。

在直角坐标系中用有向线段表示交流电可以简化表示，去掉纵轴，仅用一条水平线表示横轴，水平线右端的箭头也可省略，表示相量旋转的符号也可以省略，因为所有相量都在逆时针转动(在后面我们只分析同频率的正弦交流电)。这样，相量的表达就比较简洁，便于分析计算。如图 3-13 所示，表示初相的相量与横轴正向夹角沿横轴正向逆时针转动为正，顺时针转动为负。

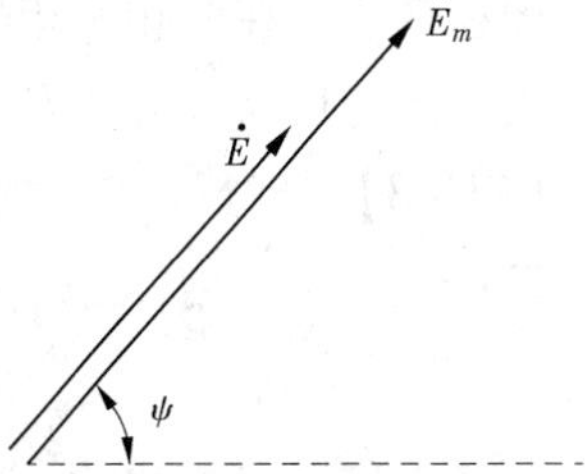

图 3-13　简化后的相量表示

为了分析计算方便，常常需要将频率相同的若干个正弦交流电的相量画在同一个图上，称为相量图，如图 3-14 所示。不同的正弦交流电的大小和相位关系在相量图上可以简洁地表达出来，在相量图中，有向线段的长度代表正弦交流电有效值的大小关系，两相量的夹角代表两正弦交流电的相位差。例如，在图 3-14 中，电压相量$\dot{U}$与电流相量$\dot{I}$的夹角为 φ 角度，表示交流电压 u 与交流电流 i 的相位差为 φ 角度，即电压相量$\dot{U}$比电流相量$\dot{I}$超前 φ 角度。

【例 3-2】 画出下列交流电的相量图。

$$i_1 = 8\sqrt{2}\sin(314t + \frac{\pi}{3})\ \text{A}$$

$$i_2 = 6\sqrt{2}\sin(314t - \frac{\pi}{6})\ \text{A}$$

解:交流电的相量图如图 3-15 所示。

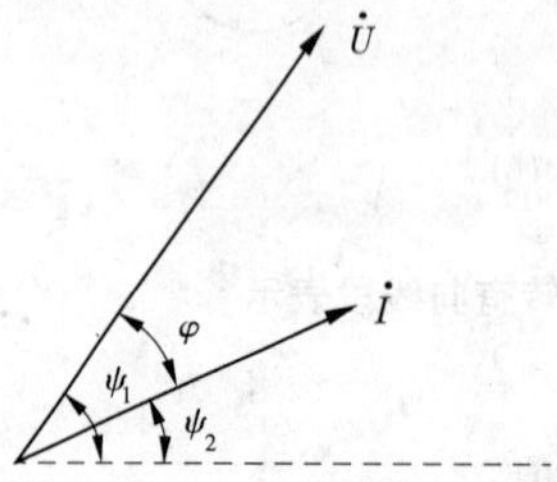

图 3-14 相量图

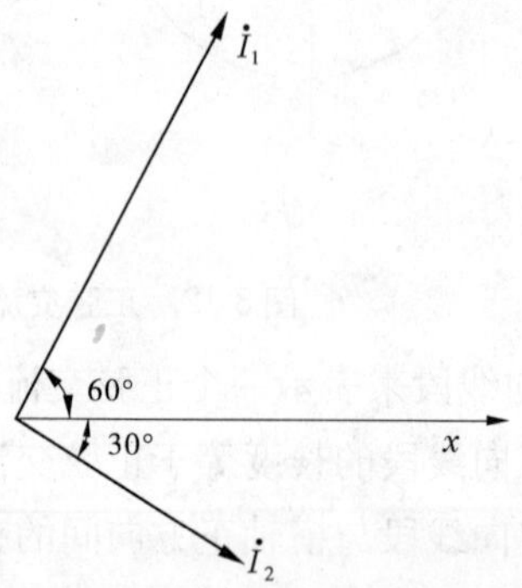

图 3-15 例题 3-2 的相量图

二、正弦交流电的运算

同频率正弦交流电的运算对应于相应的正弦交流电的相量运算。相量运算分为相量图表示的运算和复数表示的运算(在后面我们将介绍相量的复数表示方法以及相量复数表示时的运算方法)。

同频率的正弦量相加、减,其结果仍然是一个同频率的正弦量。用相量图计算两个同频率的正弦交流电的和或差,运算方法与力学的平行四边形法则或多边形法则相同,称为相量图运算法。在两相量相位差为特殊角时相量图运算法相对于复数表示更简便、直观。在本书中多运用这种方法对交流电路进行分析计算。

【例 3-3】 利用例 3-2 所给条件作相量图并求 $i = i_1 + i_2$,写出 i 的瞬时值表达式。

解:要求 $i = i_1 + i_2$,则对应于相量的运算表示为

$$\dot{I} = \dot{I}_1 + \dot{I}_2$$

如图 3-15 所示的相量,用两个相量作出平行四边形,其对角线即为两相量之和,也就是总电流的相量$\dot{I}$,用几何方法算出对角的长度即总电流的有效值为

$$I = \sqrt{I_1^2 + I_2^2} = \sqrt{8^2 + 6^2} = 10\ (\text{A})$$

其最大值为

$$I_m = \sqrt{2}I = 10\sqrt{2}\ (\text{A})$$

并计算出对角线与横轴的夹角即总电流的初相为

$$\psi = \arctan\frac{I_1\sin60^\circ - I_2\sin30^\circ}{I_1\cos60^\circ + I_2\cos30^\circ}$$

$$= \arctan\frac{8\times 0.866-6\times 0.5}{8\times 0.5+6\times 0.866}$$

$$= \arctan 0.427$$

$$= 23°$$

或者

$$\psi = 60° - \arctan\frac{I_2}{I_1} = 60° - \text{atctan}\,\frac{6}{8} = 60° - 37° = 23°$$

因同频率的正弦量相加、减，其结果仍然是一个同频率的正弦量，所以总电流角频率也为 314 rad/s，因此总电流$\dot{I}$的瞬时表达式为

$$i = 10\sqrt{2}\sin(314t + 23°)\ \text{A}$$

相量图如图 3-16 所示。

如果做正弦量相减的运算，如 $i = i_1 - i_2$，则对应的相量运算式表示为$\dot{I} = \dot{I}_1 - \dot{I}_2 = \dot{I}_1 + (-\dot{I}_2)$，其中 $-\dot{I}_2$ 是$\dot{I}_2$ 的反相量，即相量$\dot{I}_2$ 旋转 180°即为 $-\dot{I}_2$，再将其与相量$\dot{I}_1$用平行四边形法则进行运算。

三、正弦量的复数表示形式及运算

由上述可知，正弦量可以用直角坐标系中旋转的有向线段表示，同样也可以用复平面中的有向线段表示，也就是说可以用复数的形式表示相量。如图 3-17 所示，在复平面内有一相量$\dot{A}$(有向线段)，相量的有效值即有向线段的长度，也就是复数的模 r；相量的初相，即有向线段与实轴正向的夹角 ψ，也就是复数的幅角，用复数的指数形式可以表示为

$$\dot{A} = re^{j\psi} \tag{3-8}$$

也可以用复数的极坐标形式表示为

$$\dot{A} = r\angle\psi \tag{3-9}$$

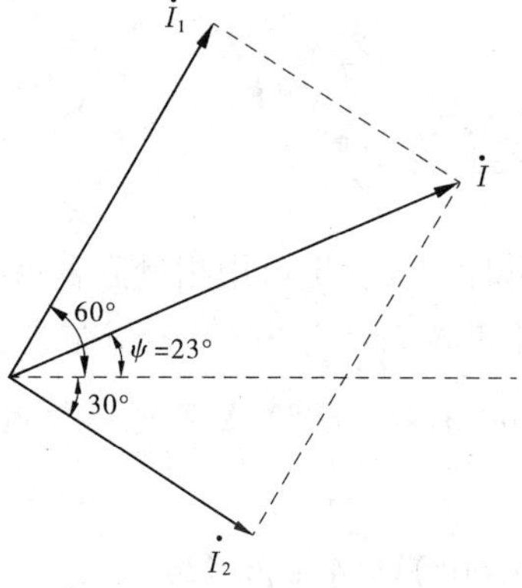

图 3-16　例 3-3 所示相量图

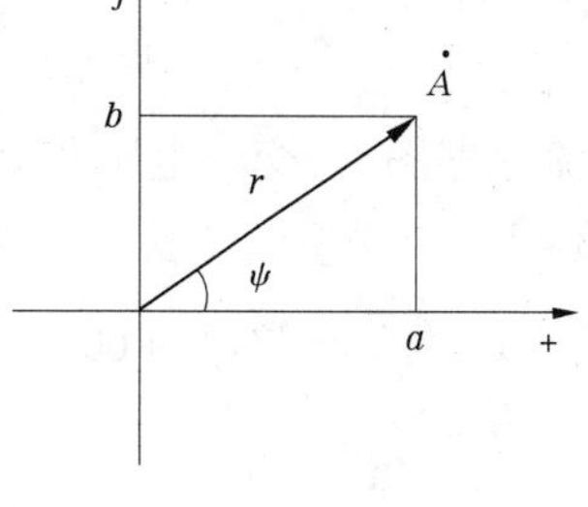

图 3-17　相量的复数表示

相量在复平面实轴上的投影即为实部 a，在虚轴上的投影即为虚部 b，因而还可以用

复数的代数形式表示为

$$\dot{A} = a + jb \tag{3-10}$$

相量表示的指数形式和代数形式相互转换可由几何关系得

$$\left.\begin{aligned} r &= \sqrt{a^2 + b^2} \\ \psi &= \arctan \frac{b}{a} \\ a &= r\cos\psi \\ b &= r\sin\psi \end{aligned}\right\} \tag{3-11}$$

在交流电路中,相量的加、减运算用代数形式比较简便,相量的乘、除运算用指数形式或极坐标形式比较简便。在指数形式和代数形式转换时要注意,相量的初相是指和横轴正向的夹角,式(3-11)中计算的是相量与横轴的夹角,运算时注意象限间角度的转换,已知

$$\dot{A} = a_1 + jb_1 = r_1 e^{j\psi_1}$$

$$\dot{B} = a_2 + jb_2 = r_2 e^{j\psi_2}$$

则代数形式加、减的运算法则为

$$\dot{A} \pm \dot{B} = (a_1 + jb_1) \pm (a_2 + jb_2) = (a_1 \pm a_2) + j(b_1 \pm b_2) \tag{3-12}$$

指数形式的乘、除运算法则为

$$\dot{A} \cdot \dot{B} = r_1 e^{j\psi_1} \cdot r_2 e^{j\psi_2} = r_1 r_2 e^{j(\psi_1 + \psi_2)} \tag{3-13}$$

$$\frac{\dot{A}}{\dot{B}} = \frac{r_1 e^{j\psi_1}}{r_2 e^{j\psi_2}} = \frac{r_1}{r_2} e^{j(\psi_1 - \psi_2)} \tag{3-14}$$

极坐标形式的乘、除运算法则为

$$\dot{A} = a_1 + jb_1 = r_1 \angle\psi_1$$

$$\dot{B} = a_2 + jb_2 = r_2 \angle\psi_2$$

$$\dot{A} \cdot \dot{B} = r_1 \angle\psi_1 \cdot r_2 \angle\psi_2 = r_1 r_2 \angle\psi_1 + \psi_2$$

$$\frac{\dot{A}}{\dot{B}} = \frac{r_1 \angle\psi_1}{r_2 \angle\psi_2} = \frac{r_1}{r_2} \angle\psi_1 - \psi_2$$

在交流电路图上,交流电压和交流电流可用瞬时值表示也可用相量值表示。

【例 3-4】 用相量的复数形式求例 3-3 中的总电流 i,并写出 i 的瞬时值表达式 1。

解: 由 $i_1 1 = 8\sqrt{2}\sin(314t + 60°)$ A 及 $i_2 = 6\sqrt{2}\sin(314t - 30°)$ A 可得有效值相量的复数形式分别为

$$\dot{I}_1 = 8e^{j60°} = 8 \times (\cos 60° + j\sin 60°) = 4 + j6.928$$

$$\dot{I}_2 = 6^{-j30°} = 6 \times [\cos(-30°) + j\sin(-30°)] = 5.196 - j3$$

总电流 i 的有效值相量为

$$\begin{aligned}\dot{I} &= \dot{I}_1 + \dot{I}_2 \\ &= 4 + j6.928 + 5.196 - j3 \\ &= 9.196 + j3.928 \\ &= 10e^{j23°}\end{aligned}$$

因而最大值为 $10\sqrt{2}$ A，且同频率的正弦量相加、减，其结果仍然是一个同频率的正弦量，所以总电流的瞬时值为

$$i = 10\sqrt{2}\sin(314t + 23°)\ \text{A}$$

该结果与例 3-3 相同。

四、复数运算的几何图形意义

复数乘、除运算有几个比较特殊的运算值在后面相量表示中比较常用，比如正的纯实数 a、正的纯虚数 j、负的纯虚数 $-j$ 分别与任一相量 $\dot{A}$ 相乘，即

$$a = a + j\cdot 0 = ae^{j0}$$

$$j = 0 + j\cdot 1 = 1e^{j\frac{\pi}{2}}$$

$$-j = 0 - j\cdot 1 = 1e^{-j\frac{\pi}{2}}$$

$$\dot{A} = r_1 e^{j\psi_1}$$

$$a\dot{A} = ae^{j0} r_1 e^{j\psi_1} = ar_1 e^{j\psi_1}$$

$$j\cdot\dot{A} = 1\cdot e^{j\frac{\pi}{2}} r_1 e^{j\psi_1} = r_1 e^{j(\psi_1 + \frac{\pi}{2})}$$

$$-j\cdot\dot{A} = 1\cdot e^{-j\frac{\pi}{2}} r_1 e^{j\psi_1} = r_1 e^{j(\psi_1 - \frac{\pi}{2})}$$

其相量图如图 3 18 所示，由图可知，一个相量与一个正的纯实数相乘，其角度不变，长度扩大实数倍；一个相量与一个正的纯虚数相乘，其相量逆时针旋转 $\frac{\pi}{2}$；一个相量与一个负的纯虚数相乘，其相量顺时针旋转 $\frac{\pi}{2}$，因而称 j 和 $-j$ 为旋转因子（或者说 $e^{j\frac{\pi}{2}}$ 和 $e^{-j\frac{\pi}{2}}$ 为旋转因子）。

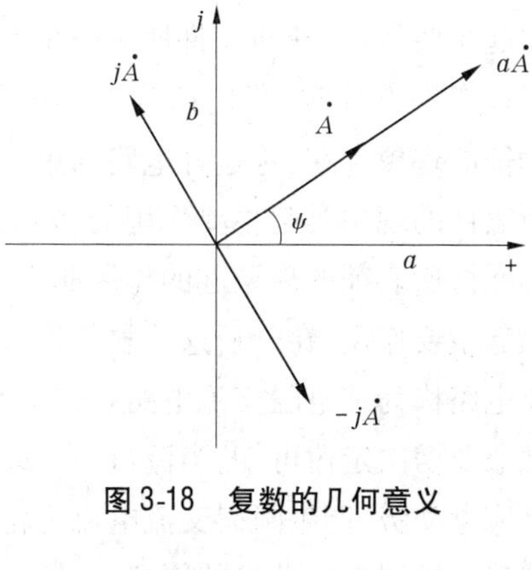

图 3-18　复数的几何意义

用相量关系式可以表达相量图上的相量之间的数值关系和相位关系，如果两相量完全重合，我们称这两相量相等，即两相量所表示的交流电完全相同。

【例 3-5】　写出图 3-19 所示相量的表达关系式。

解：如图 3-19(a) 所示，当 $U_R = IR$ 时，则有 $\dot{U}_R = \dot{I}R$。

如图 3-19(b) 所示，当 $U_L = IX_L$ 时，则有 $\dot{U}_L = j\dot{I}X_L$。

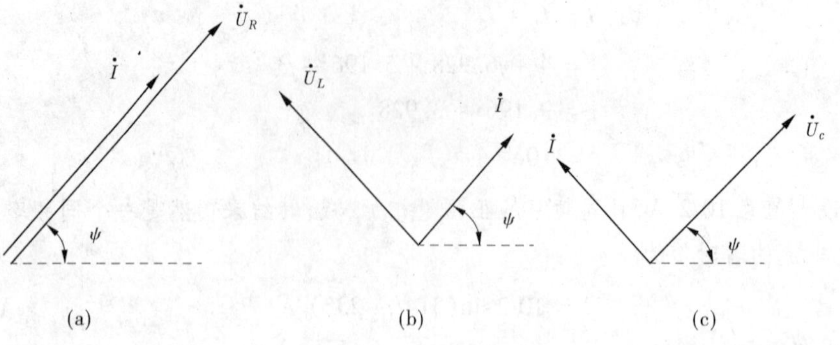

图 3-19 例 3-5 的相量图

如图 3-19(c)所示,当 $U_c = IX_c$ 时,则有 $\dot{U}_c = -j\dot{I}X_c$。

第四节 电阻、电感、电容串联的交流电路

交流电路中存在各种复杂的物理现象,这些现象经过分析可以由三种最基本的现象组成,即消耗电能的现象、线圈阻碍交流电流的现象、电容的充电放电现象,这三种基本物理现象我们用三种元件来表征,分别称为电阻元件、电感元件、电容元件,这三种元件的数值大小称为参数,分别用字母表示为 R、L、C,在电路中所用符号如图 3-20 所示。

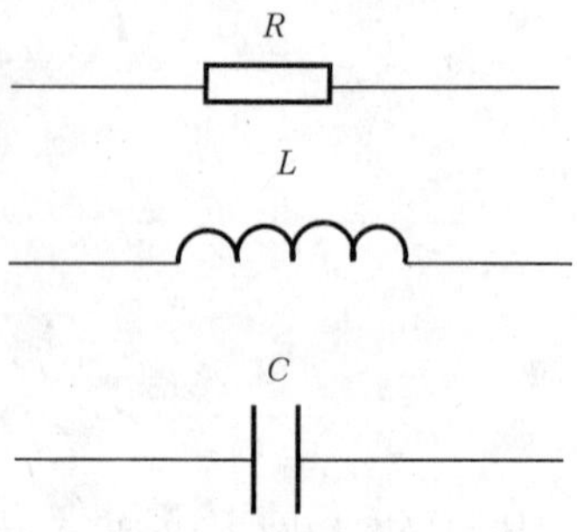

图 3-20 电阻、电感、电容元件符号

在实际电路中,三种元件所表征的现象都是同时存在的,但在分析电路时,有时其中一种元件所表征的现象起主要作用,其他元件所表征的现象作用很小,小到可以忽略不计时,我们认为电路中只有这一种元件所表征的现象存在,称这种电路为单一参数电路。在实际应用中,很多电气设备中电阻元件所表征的现象是起主要作用的,如电阻炉、白炽灯、各种发热元件等,而其中电感元件和电容元件所表征的现象起的作用非常小,就可以认为这些电气设备是电阻元件所表征的现象起主要作用,在分析这些电气设备时将其理想化为纯电阻元件,具有这些电气设备的交流电路称为纯电阻交流电路。在某些电气设备中,存在大量的线圈,由物理中的电磁感应现象及楞次定律可知,当流过一个线圈的电流大小和方向发生变化时,会在线圈两端产生感应电动势,产生阻碍交流电流变化的感应电流,这种现象通常用电感元件来表征,如空载时变压器和电动机的绕组、电抗器、交流接触器和继电器的线圈等,在忽略线圈本身的电阻影响时可以看成是只具有电感元件所表征现象的电路,称为纯电感交流电路。交流电路还存在有电力电容器和寄生电容等元件,根据物理中有关电容的知识可知,当电容元件两端电压大小和方向发生变化的时候,电容元件会在电路中产生充电电流和放电电流现象,这种现象我们用电容元件来表征,只有电容元件所表征的现象起主导作用的交流

电路称为纯电容交流电路。由浅入深,首先分析这三种单一参数电路(纯电阻交流电路、纯电感交流电路、纯电容交流电路)的基本规律,再分析比较复杂的交流电路。

分析交流电路的最终目的是要分析其中能量转换的形式及规模大小。由于交流电路的每一个瞬间状态我们可以看做是一个短暂的直流电路,所以在分析交流电路时,直流电路的定律及公式均适用于交流电路的瞬间状态。在交流电路分析中,主要分析每个元件两端的交流电压和交流电流的瞬时值关系,其电压电流关系又可分为数值关系和相位关系,继而分析功率关系,得出电路中能量转换的形式和规模大小。

一、纯电阻交流电路

(一)电压与电流的数值关系和相位关系

如图 3-21(a)所示交流电路,在电阻元件两端加上一个交流电压 u_R(下标 R 表示 R 元件),在电压的作用下有一个交流电流 i 流过电阻元件,假设电压 u_R 和电流 i 的参考方向为关联参考方向(参考方向一致)。令加在电阻元件两端电压 u_R 的表达式为

$$u_R = U_{Rm}\sin(\omega t + \psi_u)$$

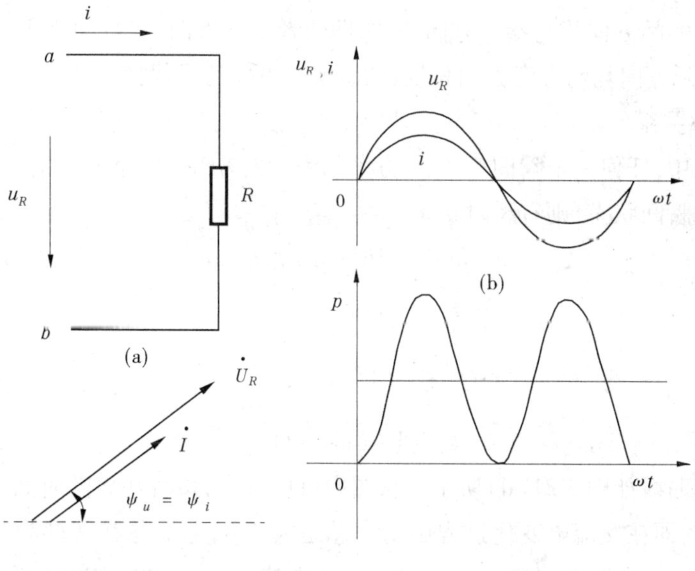

图 3-21 纯电阻交流电路的电路图、波形图、瞬时功率图、相量图

根据欧姆定律,电阻元件两端电压瞬时值和同一瞬间的电流瞬时值存在如下关系,即

$$i = \frac{u_R}{R} = \frac{U_{Rm}\sin(\omega t + \psi_u)}{R} = I_m\sin(\omega t + \psi_i)$$

由上式可知电流 i 和电压 U_R 的最大值为

$$I_m = \frac{U_{Rm}}{R} \quad 或 \quad U_{Rm} = I_m R$$

等式两端同除以$\sqrt{2}$,可得电压和电流的有效值关系

$$I = \frac{U_R}{R} \quad 或 \quad U_R = IR \tag{3-15}$$

式(3-15)反映了电阻元件两端电压和电流有效值的数值关系,形式上与直流电路的欧姆定律相同。

可以看出,电阻元件两端电压和电流的频率相同,即变化快慢相同。电压和电流的初相位相同,则电压和电流的相位差为

$$\varphi = \psi_u - \psi_i = 0 \tag{3-16}$$

式(3-16)反映了电阻元件两端电压 u_R 和电流 i 的相位关系。电压 u_R 和电流 i 的相量图如图 3-21(c)所示。由电压和电流的数值关系及相位关系,可得电压与电流的相量关系式为

$$\dot{U}_R = \dot{I}R \tag{3-17}$$

由于电压 u_R 和电流 i 的初相相同,在后面的分析中,我们为了计算和分析方便,电压和电流的初相均取为 0。电压 u_R 和电流 i 的波形图如图 3-21(b)所示。从波形图上可以看出电压和电流的每一瞬间的变化情况,始终同为正值或同为负值,同为正值,表明电压 u_R 和电流 i 的实际方向均与参考方向一致,即两者实际方向一致;同为负值,表明电压 u_R 和电流 i 的实际方向均与参考方向相反,两者实际方向还是保持一致。

(二)功率关系

交流电路中,任何一个瞬间产生的功率称为瞬时功率,直流电路的功率公式 $P = UI$ 应用到交流的瞬间状态,则有瞬时功率

$$\begin{aligned} p = u_R i &= U_{Rm}\sin\omega t \cdot I_m \sin\omega t \\ &= U_{Rm} I_m \sin^2 \omega t \\ &= \frac{U_{Rm} I_m}{2}(1 - \cos 2\omega t) \\ &= U_R I(1 - \cos 2\omega t) \end{aligned}$$

瞬时功率曲线如图 3-21(d)所示。从图中可以看出,瞬时功率随时间不断变化,但始终在横轴上方,即在交流电变化过程中功率总是大于 0,电能总在转换为其他形式的能。这是因为在交流电变化的过程中,因电压 u_R 和电流 i 同相,在交流电流变化的前半个周期,电压和电流为正值,即电压和电流的实际方向均与参考方向一致,则图中 a 点为实际的高电位端,b 点为实际的低电位端,电流的实际方向为从 a 点流向 b 点,即正电荷从高电位端向低电位端移动,电场力做正功;在交流电流变化的后半个周期,电压和电流为负值,表示其实际方向均与参考方向相反,则图中 b 点为实际的高电位端,a 点为实际的低电位端,电流实际方向从 b 点移向 a 点,即正电荷还是从高电位端向低电位端移动,电场力还是做正功。可见电阻元件两端电压和电流实际方向总是保持一致的,即正电荷总是从高电位端移向低电位端,电场力做正功,电能转化为其他能,也就是说电阻元件总是在消耗电能。因此,电阻元件是耗能元件。由于瞬时功率的大小不断变化,用于分析计算不

很方便，我们在以后分析中常常用其在交流电变化一个周期内的平均功率来反映其能量消耗的程度。平均功率用字母 P 表示，其大小为

$$
\begin{aligned}
P &= \frac{1}{T}\int_0^T p\mathrm{d}t = \frac{1}{T}\int_0^T U_R I(1 - \cos 2\omega t)\mathrm{d}t \\
&= \frac{1}{T}\int_0^T U_R I\mathrm{d}t - \frac{1}{T}\int_0^T U_R I\cos 2\omega t\mathrm{d}t \\
&= U_R I - 0 \\
&= U_R I
\end{aligned}
$$

上式反映了电阻元件在交流电变化一个周期内平均消耗的电功率，又称为有功功率，当电压单位为 V（伏特），电流单位为 A（安培）时，有功功率的单位用 W（瓦）表示。有些功率较大的电气设备也有用 kW（千瓦）表示的，1 kW = 10^3 W，这一点与直流电路相同。

根据电压和电流有效值的数值关系，功率还可以用下式计算，即

$$P = U_R I = I^2 R = \frac{U_R^2}{R} \tag{3-18}$$

（三）小结

综上所述，电阻元件在交流电路中具有如下特征：

（1）电压与电流数值关系为 $U_R = IR$。

（2）电压与电流同相位。

（3）电阻元件是耗能元件。

（4）电阻在一个周期内平均消耗的电功率为有功功率 $P = U_R I$。

二、纯电感交流电路

忽略线圈上的电阻不计，只考虑交流电流流过线圈时产生的电磁感应现象，可看做是纯电感元件交流电路。如图 3-22（a）所示交流电路，在一个电感元件两端加上交流电压 u_L，在电压的作用下有交流电流 i 流过电感元件，在电感元件的两端产生一个感应电动势 e_L，并且当感应电动势 e_L 和电流 i 采用如图 3-22（a）所示参考方向时，感应电动势 e_L 和电流 i 间关系为

$$e_L = -L\frac{\mathrm{d}i}{\mathrm{d}t} \tag{3-19}$$

式中 e_L——感应电动势，V；

i——流过电感元件的交流电流，A；

L——电感元件的自感系数，与电感元件的几何形状、材料、线圈匝数等因素有关，单位为亨利，用字母 H 表示，1 H = 1 × 10^6 μH。

（一）电压与电流的数值关系和相位关系

根据图 3-22（a）所示的电压和电流参考方向，由基尔霍夫定律，电感元件两端电压 u_L 和感应电动势 e_L 间有关系式

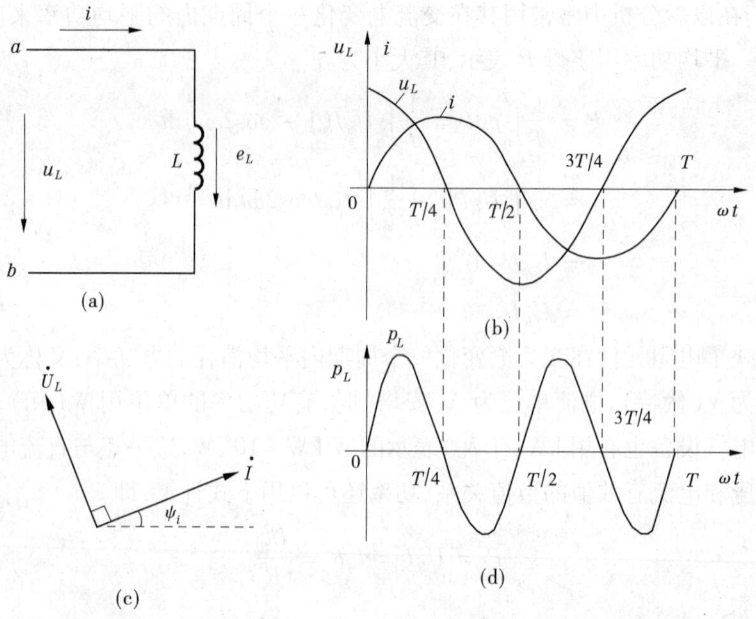

图 3-22　纯电感元件交流电路图、波形图、瞬时功率图、相量图

$$u_L + e_L = 0 \quad 或 \quad u_L = -e_L$$

假设流过电感元件的电流

$$i = I_m \sin(\omega t + \psi_i) \tag{3-20}$$

并将式(3-19)代入式(3-20),得

$$\begin{aligned} u_L = -e_L &= L\frac{\mathrm{d}i}{\mathrm{d}t} \\ &= L\frac{\mathrm{d}[I_m\sin(\omega t + \psi_i)]}{\mathrm{d}t} \\ &= I_m\omega L\sin(\omega t + \psi_i + \frac{\pi}{2}) \\ &= U_{Lm}\sin(\omega t + \psi_u) \end{aligned}$$

由上式可得电感元件两端电压最大值为

$$U_{Lm} = I_m\omega L$$

等式两端同除以$\sqrt{2}$,可得

$$U_L = I\omega L \quad 或 \quad I = \frac{U_L}{\omega L}$$

令 $X_L = \omega L$,则有

$$U_L = IX_L \quad 或 \quad I = \frac{U_L}{X_L} \tag{3-21}$$

由式(3-21)可见,纯电感交流电路中电感元件两端的电压有效值和电流有效值之间仍然符合欧姆定律,只是阻碍交流电流变化的量不是电阻而是感抗 X_L,其单位为欧姆

(Ω)。由 $X_L=\omega L$ 可知，感抗与频率 f 的大小有关，当交流电流变化较快，频率 f 比较大时，感抗的值也随之增加，反映了电感元件“阻交流”特性；当交流电变化比较慢，频率 f 比较小时，感抗的值随之减小，特别在直流电路中，频率 f 为 0 时，感抗的阻碍为 0，反映了电感元件“通直流”的特性，也就是说在直流电路中电感元件相当于一根导线。

由 u_L 和 i 的瞬时值表达式可以看出电感元件两端电压和电流的频率是相同的。电感元件两端电压和电流的相位差为

$$\varphi=\psi_u-\psi_i=(\psi_i+\frac{\pi}{2})-\psi_i=\frac{\pi}{2} \tag{3-22}$$

即电感元件两端电压超前流过电感元件的电流 $\frac{\pi}{2}$，相量图如图 3-22(c)所示。为了分析方便我们设电流初相为 0，则电压初相为 $\frac{\pi}{2}$，其波形图如图 3-22(b)所示。根据电压和电流的数值关系及相位关系可得电感元件两端电压和电流的相量关系为

$$\dot{U}_L=j\dot{I}X_L \tag{3-23}$$

(二)功率关系

由前述可知，电感元件两端电压超前流过电感元件的电流 $\frac{\pi}{2}$，设电流初相为 0 时，则纯电感交流电路的瞬时功率 p_L 为

$$\begin{aligned}p_L=u_Li&=U_{Lm}\sin(\omega t+\frac{\pi}{2})I_m\sin\omega t\\&=\frac{U_{Lm}I_m}{2}\sin2\omega t\\&=U_LI\sin2\omega t\end{aligned}$$

由上式可见，纯电感交流电路的瞬时功率呈正弦规律变化，其波形图如图 3-22(d)所示。其平均功率为

$$P=\frac{1}{T}\int_0^T p\mathrm{d}t=\frac{1}{T}\int_0^T U_LI\sin2\omega t\mathrm{d}t=0 \tag{3-24}$$

式(3-24)表明纯电感交流电路的有功功率为 0，也就是说电感元件不消耗电能，但由电感元件的电压和电流波形图 3-22(b)以及瞬时功率的波形图 3-22(d)可见，在交流电流变化的第一个 1/4 周期，电压与电流同为正值，表明电压和电流的实际方向均与参考方向一致，即 a 端为高电位，b 端为低电位，电流从 a 端流向 b 端，即正电荷从高电位端移向低电位端，电场力做正功，$p>0$，电能转换成磁能；在交流电流变化的第二个 1/4 周期，电压为负值，表明电压的实际方向与参考方向相反，即 b 端为高电位，a 端为低电位，电流为正值，表明电流的实际方向与参考方向仍然一致，电流从 a 端流向 b 端，即正电荷从电感元件低电位端流向高电位端，电场力做负功，$p<0$，磁能转换为电能；在交流电流变化的第三个 1/4 周期，电压和电流均为负值，表明电压和电流的实际方向均与参考方向相反，即 b 端为高电位，a 端为低电位，电流从 b 端流向 a 端，即正电荷从电感元件的高电位端移向

低电位端，电场力做正功，$p>0$，电能转换为磁能；在交流电流变化的第四个 1/4 周期，电压为正值，表明电压的实际方向与参考方向一致，即 a 端为高电位，b 端为低电位，电流为负值，表明电流的实际方向与参考方向相反，电流从 b 端流向 a 端，即正电荷从电感元件低电位端移向高电位端，电场力做负功，$p<0$，磁能转换为电能。上述分析说明，在纯电感交流电路中，瞬时功率时正时负，在第一个 1/4 周期和第三个 1/4 周期，电源发出电能输送给电感元件，转换成磁能储存在电感元件中，在第二个 1/4 周期和第四个 1/4 周期，电感元件又将磁能转换为电能返还给电源。电感元件并没有消耗电能，而是时而储存电能时而返还电能，所以称电感元件为储能元件。可见，在纯电感交流电路中产生了一种在电源和电感元件之间来回往返的功率形式，这种功率形式有别于有功功率，称为感性无功功率，用字母 Q_L 表示，其交换的规模用瞬时功率 p 的最大值表示

$$Q_L = U_L I \tag{3-25}$$

感性无功功率的单位用 var 表示，中文简称乏。有时也用 kvar，$1\ \text{kvar}=1\times10^3\ \text{var}$。

（三）小结

综上所述，电感元件在交流电路中具有如下特征：

（1）电压与电流数值关系为 $U_L=IX_L$。

（2）电压与电流相位关系为 $\varphi=\psi_u-\psi_i=\frac{\pi}{2}$，电压超前电流$\frac{\pi}{2}$。

（3）电感元件是储能元件。

（4）电感元件储能规模为感性无功功率 $Q_L=U_LI$，单位为 var。

【课堂思考】 在实际电路中，输电线路是有电阻的，在这种情况下，线路中的无功功率会对电网产生什么影响？

【例 3-6】 已知一线圈，其电阻忽略不计，线圈的自感系数 $L=35$ mH，接在电压为 $u=220\sqrt{2}\sin(314t+\frac{\pi}{4})$ V 的电路中，求电流 i 的瞬时值表达式及感性无功功率。

解法一： 感抗 $X_L=\omega L=314\times35\times10^{-3}=11\ (\Omega)$

电流有效值

$$I=\frac{U_L}{X_L}=\frac{220}{11}=20\ (\text{A})$$

因为有

$$\psi_u-\psi_i=\frac{\pi}{2}$$

所以

$$\psi_i=\frac{\pi}{4}-\frac{\pi}{2}=-\frac{\pi}{4}$$

则有

$$i=20\sqrt{2}\sin(314t-\frac{\pi}{4})\ \text{A}$$

感性无功功率为

$$Q_L = U_L I = 220\times20 = 4\ 400\ (\text{var})$$

解法二： 电压相量为

$$\dot{U}_L = 220e^{j\frac{\pi}{4}}$$

电流相量为

$$\dot{I}_L = \frac{\dot{U}_L}{jX_L} = \frac{220e^{j\frac{\pi}{4}}}{11e^{j\frac{\pi}{2}}} = 20e^{-j\frac{\pi}{4}}(A)$$

则有

$$i = 20\sqrt{2}\sin(314t - \frac{\pi}{4})\ A$$

其他结果同上,可自行作出相量图。

三、纯电容交流电路

如图 3-23 所示,忽略介质损耗不计的纯电容元件,两端加上交流电压 u_C,由于交流电压大小和方向不断变化,电容元件产生充电电流或放电电流。

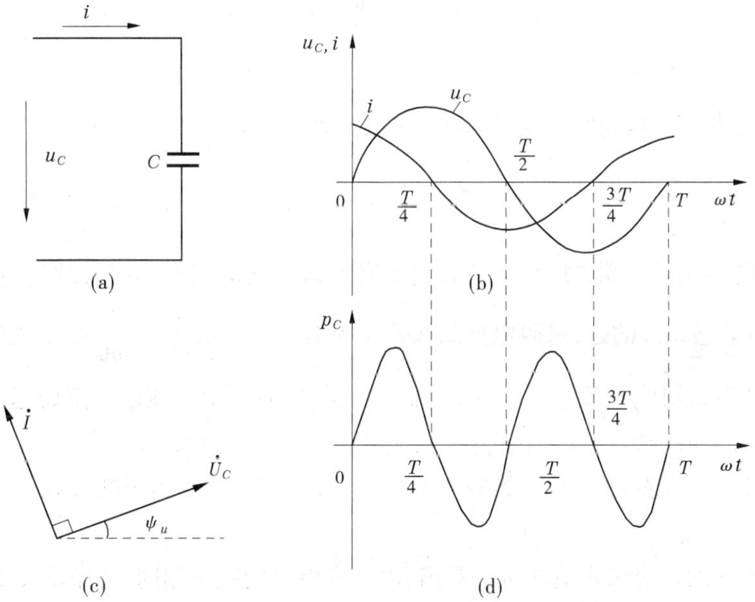

图 3-23　纯电容元件交流电路图、波形图、瞬时功率图、相量图

(一)电压与电流的数值关系和相位关系

当电容元件两端电压 u_C 与电流 i 参考方向一致时,电容元件两端电压和充、放电电流间存在关系式

$$i = \frac{dq}{dt} = C\frac{du_C}{dt} \tag{3-26}$$

式中　u_C——电容元件两端电压,V;

i——流过电容元件的充、放电电流,A;

C——电容系数,与电容元件的几何形状、大小、介质材料等有关,单位为 F(法拉),常用的单位还有 μF,1 F = 1 × 10^6 μF。

电容元件两端电压与电流参考方向如图 3-23(a)所示,假设加在电容两端的电压为

$$u_C = U_{Cm}\sin(\omega t + \psi_u) \tag{3-27}$$

代入式(3-26)可得

$$\begin{aligned} i &= \frac{\mathrm{d}q}{\mathrm{d}t} = C\frac{\mathrm{d}u_C}{\mathrm{d}t} = C\frac{\mathrm{d}[U_{Cm}\sin(\omega t + \psi_u)]}{\mathrm{d}t} \\ &= \omega C U_{Cm}\sin(\omega t + \psi_u + \frac{\pi}{2}) \\ &= I_m\sin(\omega t + \psi_i) \end{aligned}$$

由上式可得流过电容元件的电流最大值为

$$I_m = \omega C U_{Cm} \tag{3-28}$$

等式两端同除以$\sqrt{2}$,则有

$$I = \omega C U_C \quad \text{或} \quad I = \frac{U_C}{\frac{1}{\omega C}} \tag{3-29}$$

令 $X_C = \frac{1}{\omega C}$,X_C 称为容抗,单位为欧姆(Ω),则式(3-29)为

$$I = \frac{U_C}{X_C} \quad \text{或} \quad U_C = IX_C \tag{3-30}$$

可见,电容元件两端电压有效值和电流有效值之间形式上也符合欧姆定律。不同于电阻元件和电感元件的是,阻碍电流的物理量是容抗 X_C,由 $X_C = \frac{1}{\omega C}$可知,容抗的值和交流电的频率 f 成反比,交流电的频率 f 越高,X_C 的值越小,对交流电的阻碍越小,反映了电容元件的“通交流”特性;反之,交流电变化越慢,X_C 的值越大,尤其是频率 f 为 0 的直流电路,理论上 X_C 的值为无穷大,即在直流电路中,电容元件相当于断路状态,即反映了电容元件的“隔直流”特性。

由 u_C 和 i 的瞬时值表达式可以看出,电压和电流的频率相同,其相位关系为

$$\varphi = \psi_u - \psi_i = \psi_u - (\psi_u + \frac{\pi}{2}) = -\frac{\pi}{2} \tag{3-31}$$

即电容元件两端电压滞后电流$\frac{\pi}{2}$,其相量图如图 3-23(c)所示。由电容元件两端电压和电流的数值关系及相位关系可得电容元件两端电压和电流的相量关系式为

$$\dot{U}_C = -j\dot{I}X_C \tag{3-32}$$

在后面的分析中为了简明起见,采用交流电压 u_C 的初相为零,则电压和电流波形图如图 3-23(b)所示。

(二)功率关系

设交流电压 u_C 的初相为 0,根据图 3-23(b)所示波形图,纯电容电路的瞬时功率 p_C 为

$$p_C = u_C i = U_{Cm}\sin\omega t I_m \sin(\omega t + \frac{\pi}{2})$$
$$= U_{Cm} I_m \sin\omega t\cos\omega t$$
$$= U_C I\sin 2\omega t$$

瞬时功率的波形图如图3-23(d)所示,结合图3-23(b)所示电压和电流的波形图可见,电容元件的瞬时功率与电感元件的瞬时功率相似。由于电压和电流的相位相差$\frac{\pi}{2}$,在交流电变化的第一个1/4周期和第三个1/4周期,电压和电流同为正值或者同为负值,说明电压和电流的实际方向同时和参考方向相同或者相反,也就是说,电压和电流的实际方向是一致的,即正电荷从电压的高电位端流向低电位端,电场力做正功,$p>0$,电能转换为其他形式的能;在第二个1/4周期和第四个1/4周期,电压和电流则不再同为正值或者同为负值,而是一正一负,由于参考方向为关联参考方向,这表明电压和电流的实际方向总有一个与参考方向一致,另一个与参考方向相反,也就是说,电压和电流的实际方向是不一致的,即正电荷从电容元件的低电位端移向高电位端,电场力做负功,$p<0$,其他形式的能转换为电能。由图3-23(d)可见瞬时功率在交流电变化的一个周期内的平均功率为

$$P = \frac{1}{T}\int_0^T p\mathrm{d}t = \frac{1}{T}\int_0^T U_C I\sin 2\omega t\mathrm{d}t = 0 \tag{3-33}$$

由式(3-33)可知电容元件的平均功率为0,也就是说电容元件也不消耗电能,由上述分析可知电容元件也是储能元件。电容元件在交流电路中产生的这种与电源之间来回往返的功率形式,我们称为容性无功功率,用字母Q_C表示,其交换的规模也用其瞬时功率的最大值表示

$$Q_C = U_C I \tag{3-34}$$

Q_C的单位用var(乏)或者kvar(千乏)表示。

(三)小结

(1)电压与电流数值关系为$U_C = IX_C$。

(2)电压与电流相位关系为$\psi_u - \psi_i = -\frac{\pi}{2}$。

(3)电容元件是储能元件。

(4)电容元件储能规模为容性无功功率$Q_C = U_C I$,单位为var。

【例3-7】 有一电容器,介质损耗忽略不计,电容系数为$C=4.7\ \mu F$,看做纯电容元件电路,电路中流过电容元件的电流$i=0.2\sqrt{2}\sin(314t+\frac{\pi}{3})$ A,求电容元件两端电压u及容性无功功率Q_C。

解法一:由容抗 $X_C = \frac{1}{\omega C} = \frac{1}{314\times 4.7\times 10^{-6}} = 677.6\ (\Omega)$

则电容元件两端的电压为

$$U = IX_C = 0.2\times 677.6 = 135.5\ (\mathrm{V})$$

因为有 $\psi_u - \psi_i = -\frac{\pi}{2}$,所以电压初相为

$$\psi_u = \psi_i - \frac{\pi}{2} = \frac{\pi}{3} - \frac{\pi}{2} = -\frac{\pi}{6}$$

则有

$$u = 135.5\sqrt{2}\sin(314t - \frac{\pi}{6})\ (\mathrm{V})$$

容性无功功率为

$$Q_C = U_C I = 135.5 \times 0.2 = 27.1(\mathrm{var})$$

解法二:根据电流瞬时值表达式可知电流相量为 $\dot{I} = 0.2\mathrm{e}^{j\frac{\pi}{3}}$,则

$$\dot{U} = -j\dot{I}X_C = \mathrm{e}^{-j\frac{\pi}{2}}0.2\mathrm{e}^{j\frac{\pi}{3}}677.6 = 135.5\mathrm{e}^{-j\frac{\pi}{6}}(\mathrm{V})$$

则有

$$u = 135.5\sqrt{2}\sin(314t - \frac{\pi}{6})\ (\mathrm{V})$$

其他结果同上,可自行作出相量图。

四、无功功率

由上述分析可见,感性无功功率和容性无功功率的相同之处为都是一种在电源和负载间来回往返的功率形式。但由相量图可知,这两种无功功率也有不同之处,电感元件两端电压超前流过电感元件的电流 $\frac{\pi}{2}$,但电容元件两端电压却是滞后流过电容元件的电流 $\frac{\pi}{2}$。如果将两种元件置于同一电路中(见图3-24),将两元件串联,流过两元件的电流相同,但两元件上的电感电压和电容电压与电流的关系如图3-25所示。可见,在流过电流相同的情况下,两元件上的电压相差 π,即为反相关系,由图3-25及图3-26所示的电感元件与电容元件的瞬时功率可见,在电流 i 变化的第一个1/4周期,电感电压 u_L 和电流 i 同为正值,产生的

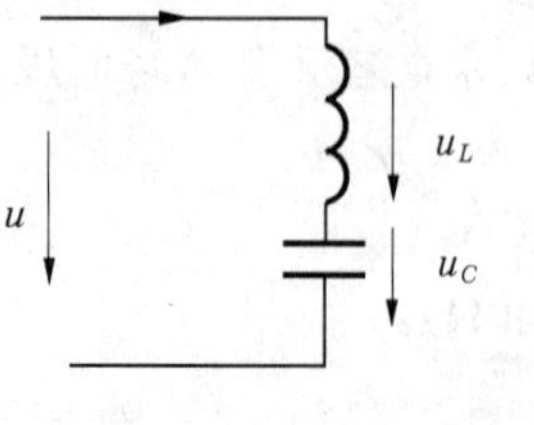

图3-24 电感电容串联

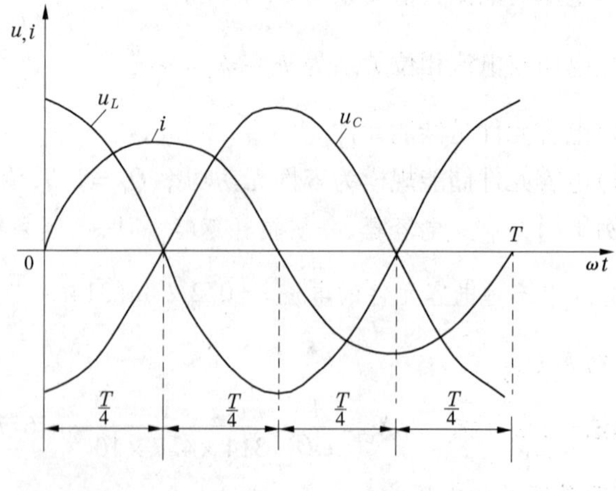

图3-25 电容与电感元件串联时电压、电流波形图

感性无功功率为正，即电场力在电感元件上做正功，电能转换为其他形式的能，或者说电感元件从电路中吸收了电能；与此同时，电容电压 u_C 为负值，电流 i 为正值，这样电容元件上产生的容性无功功率为负值，也就是说此时电场力在电容元件上做负功，其他形式的能转换为电能，或者说电容元件向电路中释放电能。第二个 1/4 周期

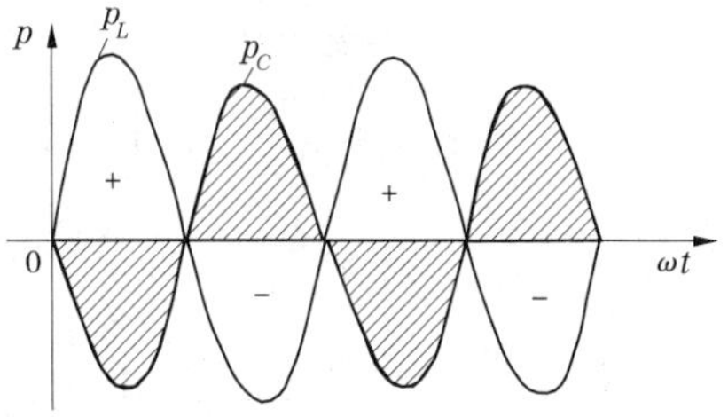

图 3-26　电容、电感元件所产生的瞬时功率

则正好相反，电容元件做正功而电感元件做负功，也就是说，电容元件从电路中吸收电能的时候电感元件正在向电路中释放电能。由上述分析可见，电容元件和电感元件所产生的无功功率在同一瞬间性质正好相反。例如，电感元件产生的感性无功功率为 80 var，电容元件产生的容性无功功率为 60 var，如果电感元件正在释放 80 var 的无功功率，同时电容元件在吸收其中的 60 var，即在两元件间进行 60 var 的无功功率交换，其余的 20 var 则和电源间进行交换。也就是说，电路中和电源进行交换的无功功率实际上是电感元件与电容元件交换后剩余的无功功率，也就是感性无功功率和容性无功功率的差值，即

$$Q = Q_L - Q_C \tag{3-35}$$

称为无功功率，单位也用 var 表示。

【课堂思考】　根据式(3-35)，如果希望削弱输电线路中的无功功率，可以用什么办法？在家用电表上的单位是 kWh，测的是用户的有功功率，而在供电的变电所内却安装有两种电表，一种是测有功功率的，另一种是测无功功率的，为什么？

五、电阻、电感、电容二种元件串联交流电路

在实际电气设备中，总是电阻、电感、电容三种元件同时存在的，根据不同电气设备的性质可以看做这三种元件的串联或者并联，或者混联等形式。比如，日光灯电路，灯管部分电能转换为光能，可以用电阻元件来表征，镇流器内部是由线圈组成的，忽略线圈电阻和寄生电容不计，可是看做是电感元件，就可以用电阻和电感的串联电路来表征日光灯电路。在这里我们只分析三种元件串联电路的特征，可以推广到任何形式的串联电路，这三种元件的串联电路又常常表达为 *RLC* 串联电路。

（一）电压与电流的数值关系和相位关系

RLC 串联电路如图 3-27(a)所示，在电路两端加一个交流电压 u，在交流电压 u 的作用下电路中有交流电流 i 通过，交流电压 u 和交流电流 i 的参考方向采用关联参考方向，假设流过电路的电流 i(为分析方便，取其初相为 0，不影响其结果)为

$$i = I_m \sin\omega t$$

当电流 i 流过电阻元件 R、电感元件 L、电容元件 C 时，分别在三个元件的两端产生 u_R、u_L、u_C，其参考方向如图 3-27(a)所示，同样也可以用相量来表示交流电路(见图 3-27(b))，依前面所分析的电阻元件、电感元件、电流元件的两端电压和电流的数值关系，有下列关系式

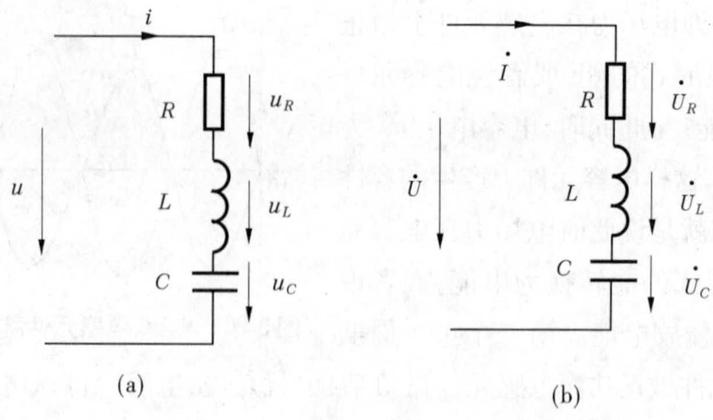

图 3-27　电阻、电感、电容串联电路图

$$U_R = IR \quad U_L = IX_L \quad U_C = IX_C$$

当 u、u_R、u_L、u_C 的参考方向如图 3-27(a)所示时,根据基尔霍夫定律可得

$$u = u_R + u_L + u_C \tag{3-36}$$

由式(3-36)可见电路两端总电压 u 和各元件上的分电压 u_R、u_L、u_C 的瞬时值间的关系,同理,总电压和各元件上电压的相量表达式之间也存在同样的关系,即

$$\dot{U} = \dot{U}_R + \dot{U}_L + \dot{U}_C$$

依据串联电路的特征,流过每个元件的电流都是同一个电流 i,依据元件两端电压和电流的相位关系,以电流相量 $\dot{I}$ 为参考,根据各元件两端电压与电流的相位关系(电阻元件两端电压 $\dot{U}_R$ 与流过电阻元件的电流 $\dot{I}$ 同相、电感元件两端电压 $\dot{U}_L$ 超前流过电感元件的电流 $\dot{I}$ $\frac{\pi}{2}$、电容元件两端电压 $\dot{U}_C$ 滞后流过电容元件的电流 $\dot{I}$ $\frac{\pi}{2}$),作相量图如图 3-28(a)所示(图中假设 $U_L > U_C$)。由图 3-28 可见,电阻电压、电感电压和电容电压以及总电压之间构成一个直角三角形,称为电压三角形。由此电压三角形几何关系可得串联电路两端总电压的大小为

$$\begin{aligned} U &= \sqrt{U_R^2 + (U_L - U_C)^2} = \sqrt{(RI)^2 + (IX_L - IX_C)^2} \\ &= I\sqrt{R^2 + (X_L - X_C)^2} \\ &= I|Z| \end{aligned} \tag{3-37}$$

(1)由式(3-37)可知,串联电路两端电压和电流之间仍然符合欧姆定律。

式(3-37)中,$|Z| = \sqrt{R^2 + (X_L - X_C)^2}$,称为阻抗,单位为欧姆(Ω),它反映了电路中所有元件阻碍交流电流变化的情况。此式可以推广到任意串联电路中:例如在纯电阻电路中,由于不存在电感和电容的阻碍作用,令感抗和容抗为 0,则可得电路的阻抗为电阻,代入式(3-37)可得纯电阻交流电路的欧姆定律关系式(3-15);在纯电感电路中,不存在电阻和电容的阻碍作用,令电阻和容抗为 0,则可得电路的阻抗为感抗,代入式(3-37)可得纯电感交流电路的欧姆定律关系式(3-21);在纯电容电路中,不存在电阻和电感的阻碍作用,令电阻和感抗为 0,则可得电路的阻抗为容抗,代入式(3-37)可得纯电容交流电路的

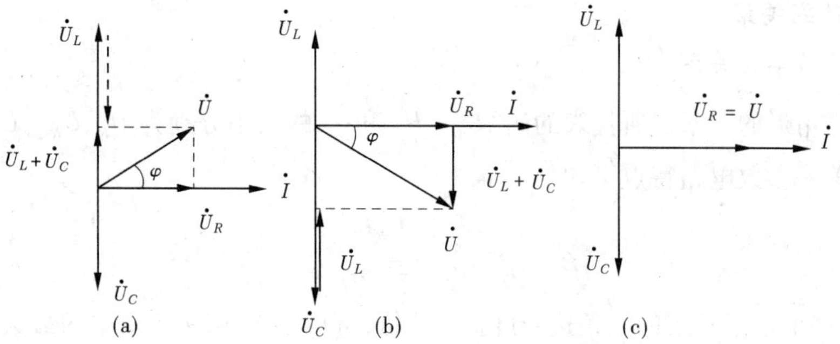

图 3-28　感性、容性、阻性电路的相量图

欧姆定律关系式(3-30)。如果是电阻和电感串联,则令容抗为 0 即可。由阻抗的表达式可看出,阻抗 $|Z|$、电阻 R、感抗 X_L 与容抗 X_C 的差值 X_L-X_C 之间也构成一个直角三角形,称为阻抗三角形,和电压三角形是相似关系,但阻抗三角形是代数关系的三角形。如图 3-29 中最小三角形所示。

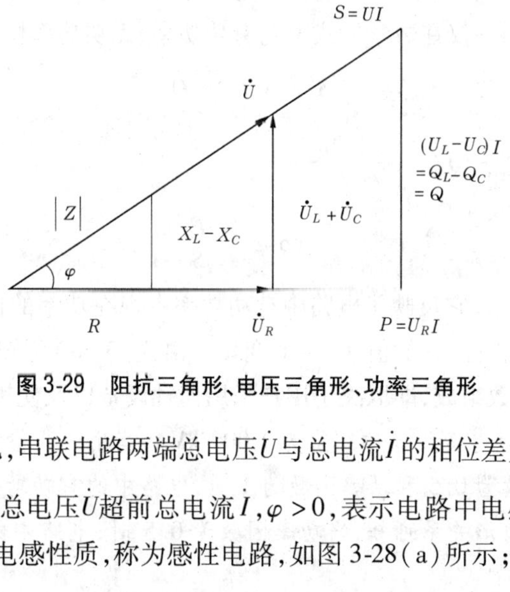

图 3-29　阻抗三角形、电压三角形、功率三角形

(2)由图 3-28 可见,串联电路两端总电压$\dot{U}$与总电流$\dot{I}$的相位差为 φ,它表示了电路的性质:① 若 $U_L>U_C$,则总电压$\dot{U}$超前总电流$\dot{I}$,$\varphi>0$,表示电路中电感的作用大于电容作用,电路对外整体呈现电感性质,称为感性电路,如图 3-28(a)所示;②若 $U_L<U_C$,则总电压$\dot{U}$滞后总电流$\dot{I}$,$\varphi<0$,表示电路中电容作用大于电感作用,电路对外整体呈现电容性质,称为容性电路,如图 3-28(b)所示;③ 若 $U_L=U_C$,则总电压$\dot{U}$与总电流$\dot{I}$同相,数学表示形式为 $\varphi=0$,表示电路中电感作用与电容作用相同,电路对外整体呈现电阻的性质,称为阻性电路,如图 3-28(c)所示。

总电压与电流相位差 φ 的大小在阻抗三角形中也可以计算,即

$$\varphi=\arctan\frac{X_L-X_C}{R} \tag{3-38}$$

式(3-38)反映了总电压与电流相位差 φ 的大小取决于用户用电设备中参数 R、L、C 的组成。φ 称为阻抗角或者功率因数角。

（二）功率关系

1. 三种功率的关系

电压三角形的三条边所代表的$\dot{U}_R$、$\dot{U}_L+\dot{U}_C$ 和$\dot{U}_C$ 的大小分别为 U_R、U_L-U_C 和 U_C，由前面三种单一参数电路特点可知

$$P = U_R I$$

$$Q = Q_L - Q_C = (U_L - U_C)I$$

因此，将电压三角形的三条边长度扩大 I 倍，可得如图 3-29 所示中的最大三角形，其两条直角边分别表示有功功率 P 和无功功率 Q，第三条边大小为 UI，令

$$S = UI \tag{3-39}$$

则 S 称为视在功率（有时也称为表观功率），单位为 VA，常用单位还有 kVA，且有 1 kVA = 1×10^3 VA。图 3-29 中最大的三角形反映了电路中功率间的数学关系，称为功率三角形，与前面的电压三角形、阻抗三角形均为相似关系。

视在功率 S 虽然具有功率的形式，但在电路中并不存在不同于有功功率和无功功率的第三种功率，视在功率仅在数学形式上与有功功率、无功功率构成直角三角形关系

$$S = \sqrt{P^2 + Q^2} \tag{3-40}$$

2. 功率因数

由功率三角形可知

$$\cos\varphi = \frac{P}{S} \tag{3-41}$$

$\cos\varphi$ 称为功率因数，它反映了电路中有功功率占视在功率的比例。功率因数在供电系统中是一个重要的指标，它的值在 0～1 变化。由式（3-38）可知，功率因数的大小取决于用户用电设备的参数组成，即取决于用户采用何种设备以及使用情况。

【例 3-8】 一台供电变压器的容量为 1 000 kVA，当用户大量使用电动机等感性负载时，求当电路功率因数为 0.5 和功率因数为 1 时，电路中的有功功率和无功功率的情况。

解：根据功率三角形关系可知，当功率因数为 0.5 时，电路中的有功功率及无功功率为

$$P = S\cos\varphi = 500\ (\text{kW})$$

$$Q = S\sin\varphi = 866\ (\text{kvar})$$

若用户的功率因数为 1 时，则电路中有功功率和无功功率分别为

$$P = S\cos\varphi = 1\ 000\ (\text{kW})$$

$$Q = S\sin\varphi = 0$$

由例 3-8 可知，视在功率表示在电源设备容量一定的情况下，所能提供的有功功率的极限值。功率因数反映了在电源容量一定的情况下有功功率所占的比例，其值越高，反映电源设备利用率越高，线路中的无功功率越小。

【课堂思考】 生活中很多常见的电气设备，如照明设备和电动机的容量标注的单位

是 kW，但并不是所有电气设备的标注容量均为有功功率，如变压器的标注容量单位是 kVA，电力电容器的容量单位是 kvar，请说出为什么。

【例 3-9】 已知 RLC 串联电路，其参数为：$R=30\ \Omega$，$L=254\ \text{mH}$，$C=80\ \mu\text{F}$，$u=220\sqrt{2}\times\sin(314t+\frac{\pi}{6})$ V。试计算：

(1)感抗、容抗和阻抗；

(2)电流有效值 I 及瞬时值 i；

(3)U_R、U_L、U_C、P 和 Q；

(4)作 $\dot{I}$、$\dot{U}_R$、$\dot{U}_L$、$\dot{U}_C$ 及 $\dot{U}$ 的相量图。

解：(1)感抗 $X_L=\omega L=314\times254\times10^{-3}=80\ (\Omega)$

容抗 $X_C=\dfrac{1}{\omega C}=\dfrac{1}{314\times80\times10^{-6}}=40\ (\Omega)$

阻抗 $|Z|=\sqrt{R^2+(X_L-X_C)^2}=\sqrt{30^2+(80-40)^2}=50\ (\Omega)$

(2)电流有效值 $I=\dfrac{U}{|Z|}=\dfrac{220}{50}=4.4\ (\text{A})$

阻抗角 $\varphi=\arctan\dfrac{X_L-X_C}{R}=\arctan\dfrac{80-40}{30}=53°>0$

电路呈感性，电压 $\dot{U}$ 超前电流 $\dot{I}$ 53°。

已知 $\varphi_u=30°$，由 $\varphi=\varphi_u-\varphi_i$，可得 $\varphi_i=\varphi_u-\varphi=30°-53°=-23°$，所以 $i=4.4\sqrt{2}\sin(314t-23°)$ A

(3)$U_R=IR=4.4\times30=132\ (\text{V})$

$U_L=IX_L=4.4\times80=352\ (\text{V})$

$U_C=IX_C=4.4\times40=176\ (\text{V})$

$P=UI\cos\varphi=220\times4.4\times\cos53°=583\ (\text{W})$

$Q=Q_L-Q_C=I(U_L-U_C)=4.4\times(352-176)=774.4\ (\text{var})$

(4)相量图如图 3-30 所示。

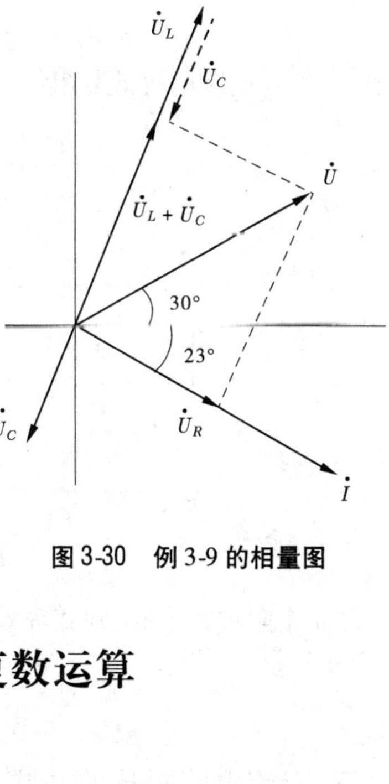

图 3-30 例 3-9 的相量图

第五节 交流电路的复数运算

一、电阻、电感、电容串联电路的复数运算

根据图 3-31 所示的参考方向，总电压和各元件两端电压的关系式为

$$\dot{U}=\dot{U}_R+\dot{U}_L+\dot{U}_C$$

由前面的三种单一参数电路特点可得

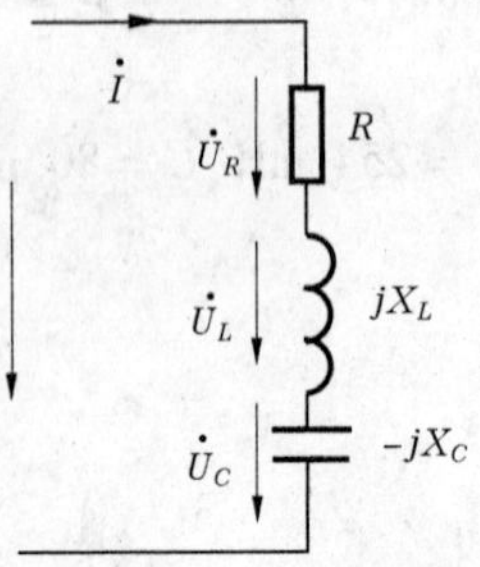

图 3-31　电阻、电感、电容串联电路的复数相量表示

$$\dot{U}_R = \dot{I}R \quad \dot{U}_L = j\dot{I}X_L \quad \dot{U}_C = j\dot{I}X_C$$

$$\dot{U} = \dot{I}R + j\dot{I}X_L - j\dot{I}X_C = \dot{I}[R + j(X_L - X_C)] = \dot{I}Z \tag{3-42}$$

由式(3-42)可见，串联电路的电压和电流相量间仍然符合欧姆定律形式。其中，$Z = R + j(X_L - X_C)$称为电路的复阻抗，单位也是欧姆。复阻抗的极坐标形式可表示为 $Z = |Z|\angle\varphi$，其中$|Z| = \sqrt{R^2 + (X_L - X_C)^2}$即前面讲过的阻抗，而 $\varphi = \arctan\dfrac{X_L - X_C}{R}$为阻抗角，反映电路的性质，也表示$\dot{U}$和$\dot{I}$的相位差。

二、交流电路阻抗的串联

交流电路阻抗的串联如图 3-32(a)所示，是两个复阻抗 Z_1 和 Z_2 串联的电路(在交流电路中仍然用电阻元件的符号表示复阻抗，只是字母标为 Z)，根据基尔霍夫定律，可得

$$\dot{U} = \dot{U}_1 + \dot{U}_2 = Z_1\dot{I} + Z_2\dot{I} = (Z_1 + Z_2)\dot{I} = Z\dot{I}$$

式中　Z——电路的等效复阻抗(如图 3-32(b)所示)，$Z = Z_1 + Z_2$。

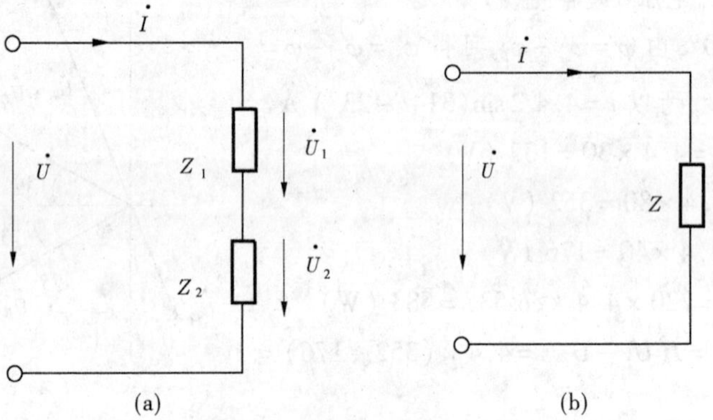

图 3-32　串联电路等效阻抗

若 n 个阻抗相串联，则其等效复阻抗的一般公式为

$$Z = \sum_{i=1}^{n} Z_i \tag{3-43}$$

三、交流电路阻抗的并联

图 3-33(a)是两个复阻抗的并联电路。根据基尔霍夫定律，有

$$\dot{I} = \dot{I}_1 + \dot{I}_2 = \frac{\dot{U}}{Z_1} + \frac{\dot{U}}{Z_2} = \dot{U}\left(\frac{1}{Z_1} + \frac{1}{Z_2}\right) = \frac{\dot{U}}{Z}$$

式中　Z——并联电路的等效复阻抗(如图 3-33(b)所示)，有

$$\frac{1}{Z}=\frac{1}{Z_1}+\frac{1}{Z_2}$$

或

$$Z=\frac{Z_1Z_2}{Z_1+Z_2}$$

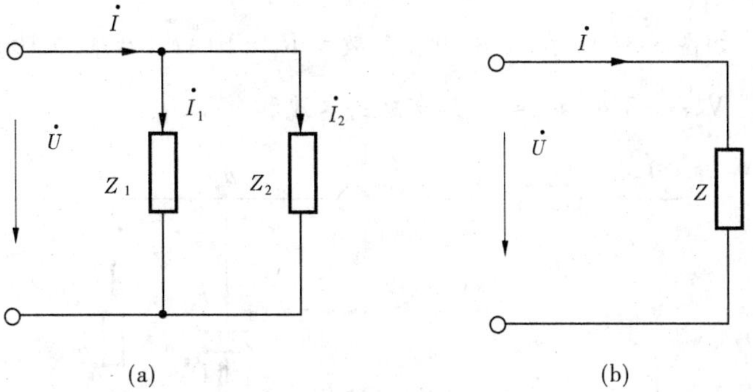

图 3-33　并联电路等效阻抗

若 n 个复阻抗相并联，则其一般公式为

$$Z=\frac{1}{\sum_{i=1}^{n}\frac{1}{Z_i}}$$

【例 3-10】　如图 3-32(a)所示，两复阻抗串联，接在电压 $u=220\sqrt{2}\sin(314t+45°)$ V 的电压上，两复阻抗分别为 $Z_1=(3+j4)\ \Omega$，$Z_2=(3-j12)\ \Omega$，试求：

(1)等效复阻抗；

(2)电流 i 的瞬时表达式；

(3)阻抗 Z_1 和 Z_2 上的电压 u_1 和 u_2 的瞬时表达式。

解：(1)等效复阻抗为

$$Z=Z_1+Z_2=6-j8=10\angle{-53.1°}\ (\Omega)$$

(2)总电流相量为

$$\dot{I}=\frac{\dot{U}}{Z}=\frac{220\angle{45°}}{10\angle{-53.1°}}=22\angle{98.1°}\ (\mathrm{A})$$

电流的瞬时值表达式为

$$i=22\sqrt{2}\sin(314t+98.1°)\ (\mathrm{A})$$

(3)u_1 和 u_2 的瞬时表达式为

$$Z_1=3+j4=5\angle{53.1°}\ (\Omega)$$

$$Z_2=3-j12=12.37\angle{-75.96°}\ (\Omega)$$

$$\dot{U}_1=\dot{I}Z_1=22\angle{98.1°}\times5\angle{53.1°}=110\angle{151.2°}\ (\mathrm{V})$$

$$\dot{U}_2=\dot{I}Z_2=22\angle{98.1°}\times12.37\angle{-75.96°}=272\angle{22.14°}\ (\mathrm{V})$$

$$u_1=110\sqrt{2}\sin(314t+151.2°)\ \mathrm{V}$$

$$u_2 = 272\sqrt{2}\sin(314t + 22.14°)\ \text{V}$$

对一般交流电路的计算，电路的计算方式与直流电路基本相似，只是在直流电路中因为只有电阻元件，其运算是实数运算，而交流电路中电压、电流以及复阻抗均为复数，其运算形式为复数形式。

【例 3-11】 如图 3-34 所示，电路中各参数为 $R_1 = 10\ \Omega$，$L = 10.5\ \text{H}$，$R_2 = 1\,000\ \Omega$，$C = 10\ \mu\text{F}$，$u = 100e^{j0°}\ \text{V}$，$\omega = 314\ \text{rad/s}$，求各支路的电流和电压 $\dot{U}_{ab}$。

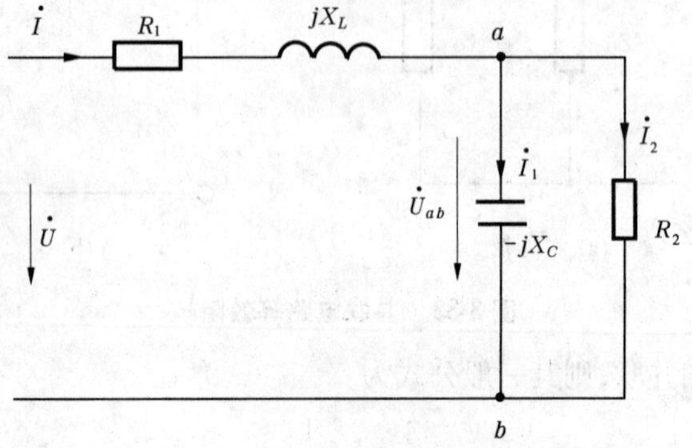

图 3-34 例 3-11 电路图

解： 设各支路电流相量为 $\dot{I}$、$\dot{I}_1$、$\dot{I}_2$，如图 3-34 所示，各阻抗的计算如下：

已知 $Z_{R1} = 10\ \Omega$，$Z_{R2} = 1\,000\ \Omega$，由 $L = 0.5\ \text{H}$，$C = 10\ \mu\text{F}$ 得

$$Z_L = j\omega L = jX_L = j157\ (\Omega)$$

$$Z_C = -j\frac{1}{\omega C} = -jX_C = -j318.47\ (\Omega)$$

由图 3-34 可知，Z_{R2} 与 Z_C 的并联等效阻抗为 Z_{12}，则有

$$Z_{12} = \frac{Z_{R2}Z_C}{Z_{R2} + Z_C} = \frac{1\,000 \times (-j318.47)}{1\,000 - j318.47} = 303.45\ \underline{/-72.33°}\ (\Omega) = (92.11 - j289.13)\ \Omega$$

因此总等效阻抗为

$$Z = Z_{12} + Z_{R1} + Z_L = 92.11 - j289.13 + 10 + j157 = 102.11 - j132.13$$
$$= 166.99\ \underline{/-52.30°}\ (\Omega)$$

可算得各支路电流和电压 $\dot{U}_{ab}$ 为

$$\dot{I} = \frac{\dot{U}}{Z} = 0.60\ \underline{/52.3°}\ (\text{A})$$

$$\dot{U}_{ab} = Z_{12}\dot{I} = 182.07\ \underline{/-20.03°}\ (\text{V})$$

$$\dot{I}_1 = \frac{\dot{U}_{ab}}{Z_C} = 0.57\ \underline{/69.97°}\ (\text{A})$$

$$\dot{I}_2 = \frac{\dot{U}_{ab}}{Z_{R2}} = 0.18\ \underline{/-20.03°}\ (\text{A})$$

第六节　功率因数的提高

所谓提高功率因数,就是要使功率因数 $\cos\varphi$ 接近于 1。

一、提高功率因数的意义

在实际应用中, 功率因数的大小取决于负载的性质,由于电网中大量地使用异步电动机、交流接触器和变压器等电感性负载,从而使得功率因数小于 1,也就是说,因为这些电感元件的存在,在电源和负载间产生了感性无功功率,而功率因数的大小关系到电源设备容量的利用率和供电能耗大小的问题。功率因数过小会产生不能充分利用供电设备的容量和增加供电线路的功率损耗的问题。

(一)电源设备的充分利用和功率因数的关系

由功率三角形关系 $S_N = U_N I_N$ 中可知,电源设备的额定电压与额定电流决定了总的视在功率,在设备容量 S_N 为定值的情况下,功率因数角 φ 反映了线路中有功功率和无功功率的分配情况。也就是说,同样的电源,由于负载的功率因数不同,线路中输送的有功功率和无功功率相差很大,功率因数越小,电源提供的有功功率就越小,电源的利用率越低。

例如:视在功率为 1 000 kVA 的线路,当负载的功率因数 $\cos\varphi = 1$ 和 $\cos\varphi = 0.6$ 时,线路中的有功功率和无功功率可以通过功率三角形中的关系计算得出。

当功率因数 $\cos\varphi = 1$ 时有:

有功功率　　$P - S_N\cos\varphi = 1\ 000 \times 1 = 1\ 000$ (kW)

无功功率　　$Q = S_N\sin\varphi = 1\ 000 \times 0 = 0$ (kvar)

当功率因数 $\cos\varphi = 0.6$ 时, 有:

有功功率　　$P = S_N\cos\varphi = 1\ 000 \times 0.6 = 600$ (kW)

无功功率　　$Q = S_N\sin\varphi = 1\ 000 \times 0.8 = 800$ (kvar)

可见,如果能够提高负载的功率因数,就可以提高电源输出的有功功率,从而提高电源的设备利用率。

(二)供电线路的损耗和功率因数的关系

负载电流 $I = \dfrac{P}{U\cos\varphi}$,在输送功率和电压一定时功率因数 $\cos\varphi$ 越高,线路中流过的电流 I 越小,供电线路上的功率损耗也随之减小。例如有一额定电压为 220 V、有功功率为 10 kW 的负载,若负载为电阻,则从电源取用的电流为

$$I = \frac{P}{U\cos\varphi} = \frac{10 \times 10^3}{220 \times 1} = 45.5 \text{ (A)}$$

如果是电感性负载,$\cos\varphi = 0.6$,则电流为

$$I = \frac{P}{U\cos\varphi} = \frac{10 \times 10^3}{220 \times 0.6} = 75.8 \text{ (A)}$$

可见,在阻抗为 R 的供电线路上的损耗为 $P = I^2R$,会由于功率因数的减小而使线路上的电流增加,从而使得供电线路的损耗增加。

二、提高功率因数的办法

提高功率因数可以从提高自然功率因数和人工补偿两方面考虑,提高自然功率因数即提高负载本身的功率因数,可以从选择适宜的电动机、合理安排生产、减少电动机的空载或者轻载运行等方法来减少无功功率,从而提高功率因数。

在充分考虑提高自然功率因数的情况下,功率因数仍达不到要求时,需装设人工补偿装置,产生容性无功功率对线路中的感性无功功率抵消,即补偿。补偿装置主要采用并联电容来提高功率因数,在工厂中,人工补偿装置的位置有高压集中补偿、低压集中补偿、单独就地补偿三种方式:高压集中补偿是将无功补偿装置集中装设在变电所的母线上,这种补偿方式初期投资少,便于集中维护,但其补偿效果较后两种补偿方式差;单独就地补偿,又称个别补偿,是将无功补偿装置分散地装设在各个用电设备附近,补偿范围最大,效果也好,但是这种补偿方式总设备投资较大;低压集中补偿是将无功补偿装置装设在车间变电所的低压母线上,在工厂中普遍应用。此外,还有用同步电动机调整励磁状态呈现容性来补偿无功,但由于种种原因,现在已经逐步淘汰。近年来还出现了静止型无功补偿装置(SVC),已广泛应用于电力系统的无功补偿。

三、无功补偿容量的确定

电容器分为普通电容器和电力电容器,两者在型号上有一些区别。普通电容器的系列代号用 C 表示,其电容量用 F(法拉)的不同数量级表示,例如 CZM 表示油浸电容器,电容范围是 0.1 F ~ 16 MF,其额定工作电压是 250 ~ 1 600 V。电力电容器的系列代号由 B 表示,其标称容量用无功功率的单位 kvar 表示,如 BW0.4 - 12 - 3 表示并联电容器,额定电压为 0.4 kV,额定容量为 12 kvar,三相,在一般气候条件下使用。所以,采用并联电容的方法提高电路中的功率因数时,计算公式的选取根据不同的电容器有所区别。

(一)选用普通电容器时的计算

$$C = \frac{P}{\omega U^2}(\tan\varphi_1 - \tan\varphi_2) \tag{3-44}$$

式中 P——电路中负载的有功功率,W;

ω——电路的角频率,rad/s;

U——所在电路的电压等级,V;

C——需要补偿无功功率所需的电容量,F;

φ_1 和 φ_2——安装电容前的负载功率因数 $\cos\varphi_1$ 的功率因数角和安装电容后的负载功率因数 $\cos\varphi_2$ 的功率因数角。

(二)选用电力电容器时的计算

$$Q = P(\tan\arccos\varphi_1 - \tan\arccos\varphi_2) \tag{3-45}$$

式中　Q——所需无功补偿容量，kvar；

P——补偿线路负载的容量，kW；

$\cos\varphi_1$ 和 $\cos\varphi_2$——补偿电容前和补偿电容后的负载功率因数。

补偿装置电容器的选用不仅要考虑性能参数，还应考虑它的体积、种类、重量、价格等因素，以及电路要求、使用环境与应用场合。具体情况可以参阅相关电工手册。

习　题

3-1　一正弦交流电的频率为 50 Hz，如图 3-35 所示。试写出电流瞬时值表达式。

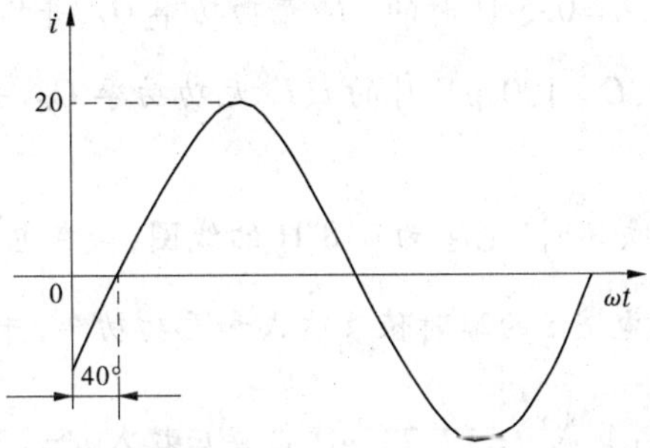

图 3-35　习题 3-1 的波形图

3-2　已知一交流电压 $u=310\sin(314t+\frac{\pi}{4})$ V，试求其最大值、频率、周期、角频率、初相角。

3-3　将下列相量的复数形式化为指数形式和极坐标形式：

(1) $3+j4$；　(2) $3-j4$；　(3) $-3+j4$；　(4) $-3-j4$

3-4　已知下列正弦交流电 $u=100\sin(\omega t+60°)$ V，$i=50\sin(\omega t+30°)$ A，试求 u 与 i 的相位差以及其超前或者滞后的关系。

3-5　指出下列式子中的错误，并改正。

(1) $u=\sin(\omega t+\frac{\pi}{4})=e^{j\frac{\pi}{4}}$ V；

(2) $U=10e^{j0°}$ A；

(3) $\dot{I}=8e^{j\frac{\pi}{3}}=8\sin(\omega t+\frac{\pi}{3})$ A；

(4) $\dot{I}=-6-j8=10$。

3-6　已知两交流电流 $i_1=100\sqrt{2}\sin(\omega t+\frac{\pi}{4})$，$i_2=10\sqrt{2}\sin(\omega t-\frac{\pi}{6})$。试求：

(1) 各电流的幅值相量式和有效值相量式；

(2) $i=i_1+i_2$ 的瞬时值表达式；

(3) 作出相量图。

3-7　已知电压瞬时值表达式：$u_A = 220\sqrt{2}\sin\omega t$ V，$u_B = 220\sqrt{2}\sin(\omega t - \frac{2}{3}\pi)$ V；$u_C = 220\sqrt{2}\sin(\omega t + \frac{2}{3}\pi)$ V。试求：$u_A - u_B$，$u_B - u_C$，$u_C - u_A$ 以及 $u_A + u_B + u_C$，要求用相量图法运算。

3-8　某电容器的耐压(最大值)为400 V，若把它接到交流380 V的电源中使用，是否安全？为什么？

3-9　一交流电路中的元件，已知 $u = 220\sqrt{2}\sin 314t$ V，试求：

(1)当元件为纯电阻，$R = 10\ \Omega$ 时的 i、$\dot{I}$ 的有功功率 P，并作出电压和电流的相量图。

(2)当元件为纯电感，$L = 0.5$ H 时的 i、$\dot{I}$、无功功率 Q_L，并作出电压和电流的相量图。

(3)当元件为纯电容，$C = 100\ \mu$F 时的 i、$\dot{I}$、无功功率 Q_C，并作出电压和电流的相量图。

3-10　一只电阻可略去不计，电感为0.8 H的线圈，接在电压 $u = \sqrt{2} \times 220\sin(314t - \frac{\pi}{4})$ V 的电源上。求线圈电流 i 的瞬时值表达式和无功功率，并画出 u 和 i 的相量图。

3-11　电阻 $R = 3\ \Omega$ 与电感 $L = 12.73$ mH 串联后接入 $u = 220\sqrt{2}\sin(314t + \frac{\pi}{6})$ V 的电源上，求电路中的电流及有功功率和无功功率。

3-12　有一线圈，将它接入直流电路时，测得线圈中通过的电流为8 A，线圈两端电压为24 V。将它接入频率为50 Hz的交流电路时，测得线圈中通过的电流为12 A，加在线圈两端的电压有效值为120 V。试求线圈的电阻和电感。

3-13　图3-36(a)~(c)所示正弦交流电路中，电压表1、2、3的读数都是100 V。试分别求出每个电路中电压表4的读数。

3-14　图3-37(a)~(c)所示正弦交流电路中，电流表1、2的读数都是5 A。试分别求出每个电路中电流表3的读数。

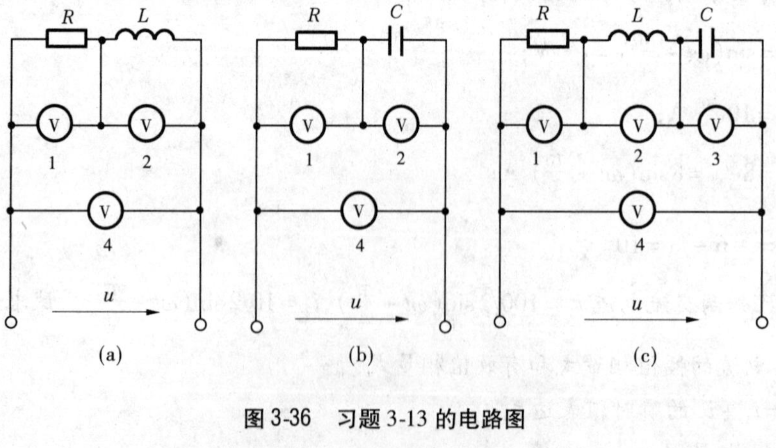

图3-36　习题3-13的电路图

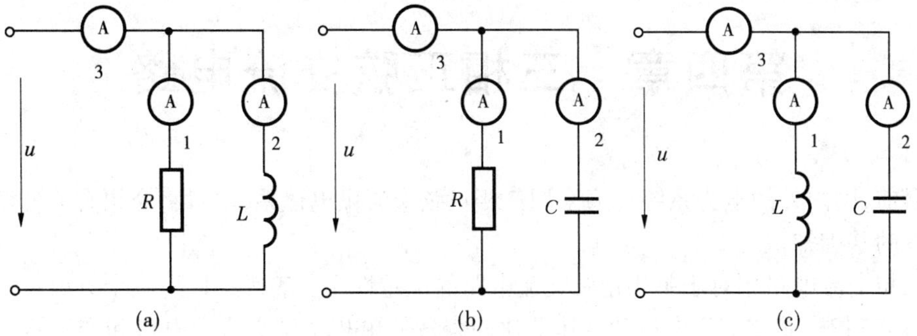

图 3-37　习题 3-14 的电路图

3-15　将电阻 $R=15\ \Omega$、电感 $L=0.5$ H 的元件与 $C=20\ \mu F$ 的电容器串联后，接在电压 $U=220$ V、频率 $f=50$ Hz 的交流电路中。试求电路中的电流 I、有功功率 P、无功功率 Q、视在功率 S 和功率因数 $\cos\varphi$。

3-16　如图 3-38 所示，设电源频率为 50 Hz，电路中电流为 7 A，$U_R=120$ V、$U_L=240$ V、$U_C=160$ V。试求：

(1) 电源电压 U；

(2) 电路参数 R、L、C；

(3) 电流与电压相位差。

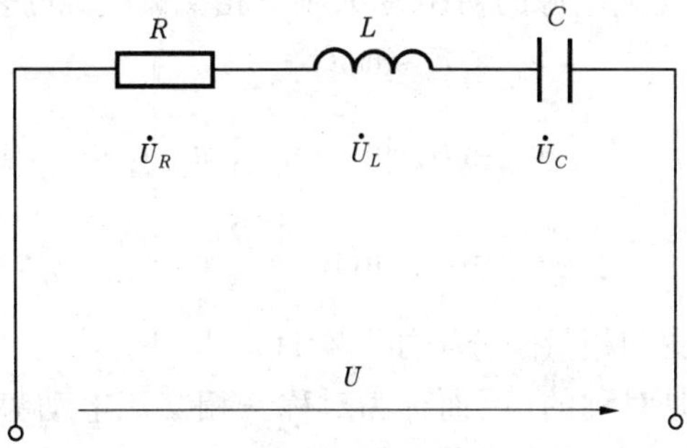

图 3-38　习题 3-16 电路图

3-17　有一感性负载，其有功功率 $P=1.1$ kW，接在电压 $U=220$ V、频率 $f=50$ Hz 的电路中，通过电流 $I=10$ A。试求电路的功率因数 $\cos\varphi$。若在此负载两端并联一电容器，其 $C=79.5\ \mu F$，问此时电路的功率因数为多大？

3-18　在电压 $U=220$ V、频率 $f=50$ Hz 的电路中，接入一感性负载，有功功率 $P=6$ kW，功率因数 $\cos\varphi=0.65$。为了将电路的功率因数提高到 0.9，需并联多大容量的电容器？

3-19　已知日光灯的规格为 220 V、40 W、0.66 A，为了提高功率因数，并联一只 $C=4\ \mu F$的电容器。求并联电容器前后电路的功率因数（电源频率为 50 Hz）。

第四章　三相正弦交流电路

目前,国内外的电力系统普遍采用三相正弦交流供电体系,本章将介绍有关三相正弦交流电的基础知识。

三相交流电路相对于单相正弦交流电路的优越性主要表现在以下三个方面:

(1)三相正弦交流发电机和变压器比同容量的单相正弦交流发电机和变压器节省材料、体积小,有利于制造大容量发电机组;

(2)在输电方面,在输电电压、输送功率和线路损耗相同的条件下,三相正弦交流输电线路比单相正弦交流输电线路节省有色金属,可以大大降低电网成本;

(3)三相正弦交流异步电动机较单相正弦交流电动机性能更良好、运行更可靠,可拖动转矩更大的生产机械。

三相交流电路,严格来说应该是对称三相正弦交流电路。三个正弦交流电源同时作用于电路的称为三相正弦交流电路,以三个大小相等(有效值相同)、频率相同、相位互差 $\frac{2}{3}\pi$ 的正弦交流电动势作为电源的供电电路,称为对称三相正弦交流电路(下文简称为三相交流电路)。组成三相电路的每一单相电路称为一相,为了区别三相,分别称为 A 相、B 相和 C 相。如果以 A 相交流电源的初相为 0,则三相交流电源的表达式为:

$$\left.\begin{aligned} e_A &= E_m \sin\omega t \\ e_B &= E_m \sin(\omega t - \frac{2}{3}\pi) \\ e_C &= E_m \sin(\omega t + \frac{2}{3}\pi) \end{aligned}\right\} \tag{4-1}$$

三相电动势的波形图和相量图分别如图 4-1(a)和(b)所示。由其相量图可知其三相交流电动势的相量图形是对称的(因而称为对称三相交流电动势)。三相电动势到达正的 最大值的先后次序称为三相电动势的相序。如图4-1所示的交流电动势,它所产生的

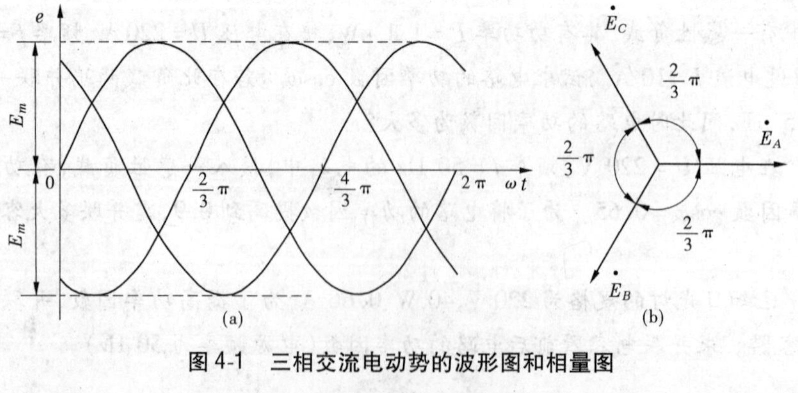

图 4-1　三相交流电动势的波形图和相量图

三相交流电的相序是 $A—B—C$，这样的相序称为正相序，简称为正序。如果上述发电机的转子反方向旋转，则其相序为 $A—C—B$ 即 $C—B—A$，称为负相序，简称为负序（逆序）。通常发电厂和电网的相序采用正序，发电厂或者变电所在配电母线（裸线）涂上黄、绿、红三种颜色，以区分 A 相、B 相和 C 相。在发电厂机组并网发电、变压器并联运行时，相序是很重要的。

三相交流电路的分析计算：在三相交流电路中没有专用于三相电路的计算公式，仍然采用单相交流电路的分析方法和公式，如果能找到三相负载每一相的电压，并计算出每一相负载的相电流，进而计算出每一相的电功率，加在一起即三相电路总的电功率。

第一节　三相交流电源的连接

三相交流电动势通常都是由三相交流发电机产生的，三相交流发电机的示意图如图 4-2 所示。三相交流发电机的构造基本上和单相交流发电机相同，不过在定子上装了三个独立而相同的绕组，称为三相绕组。三相绕组对称地放置在定子铁芯内圆周上的凹槽中，三相绕组的始端分别用 A、B、C 表示，三相绕组的末端分别用 X、Y、Z 表示。各相绕组始端与始端的空间位置相隔开 $\frac{2}{3}\pi$，末端与末端相隔开 $\frac{2}{3}\pi$。图 4-2 中转子上的线圈通入直流电流产生磁场，形成磁极。与单相交流发电机一样，磁感应强度与定子上绕组的相对运动方向的垂直分量在气隙中沿转子表面也是按正弦规律分布的。当转子逆时针方向作匀速旋转时，三个绕组中就分别感应出三个频率相同、最大值相同、相位差互为 $\frac{2}{3}\pi$ 的正弦交流电动势，和单相交流电动势一样，若选定各相电动势的参考方向是从各个绕组的末端到始端，转子（磁极）从图 4-2 所示位置开始转动，则在三个绕组中分别产生如式（4-1）所示电动势。

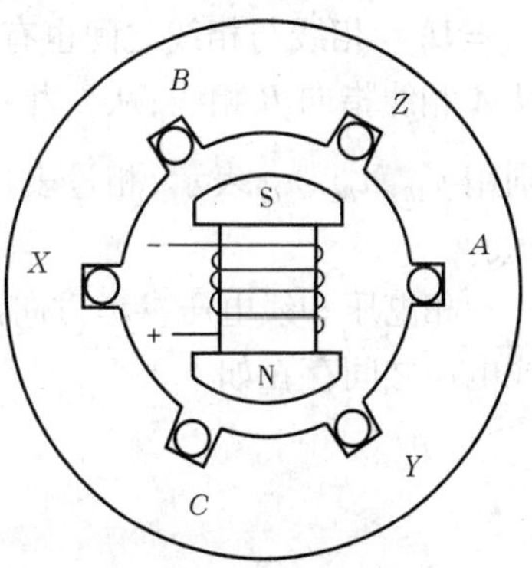

图 4-2　三相交流发电机示意图

三相交流电源须连接成一定的方式向负载供电以构成三相交流电路。连接的方法分为星形（Y 形）和三角形（△形）两种。

一、电源的星形连接

将产生三相交流电动势的三相绕组的末端 X、Y、Z 连接在一起，如图 4-3 所示，这个连接点称为中性点 N（或者中点），由中性点引出线接向负载称为中性线或者中线（俗称零线），如果接地则称为地线。从三相绕组的首端引出的三根线称为相线（又称端线，俗称火线），为了区分，分别称为 A 相线、B 相线、C 相线。

相线与中线之间的电压称为相电压（phase voltage），相电压的参考方向习惯于从相线指向中线，相电压的瞬时值分别用 u_A、u_B、u_C 表示，相量表达分别为 $\dot{U}_A$、$\dot{U}_B$、$\dot{U}_C$，其有效值用 U_A、U_B、U_C 表示。由图 4-3 所示电路特点可知，相电压即各相电源首端与末端之间的

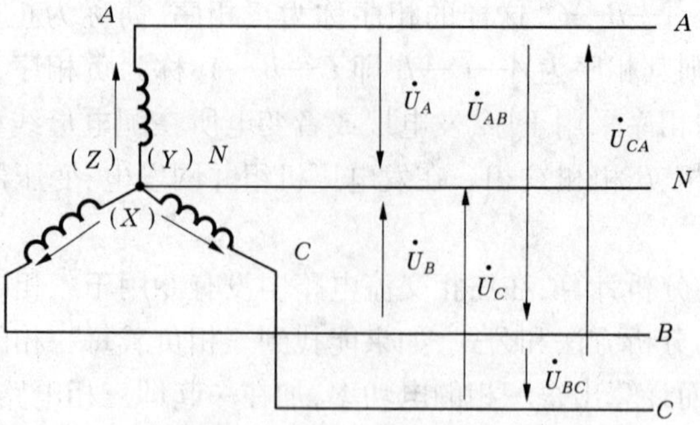

图 4-3　三相电源星形接法

电压,也就是各相绕组中感应的电动势。由于各相电动势对称(大小相等,相位互差$\frac{2}{3}\pi$),因此各相电压也对称,由于对称,有时在只表示大小的时候,常常用 U_p 表示,即 $U_p = U_A = U_B = U_C$。相线与相线之间也有电压,称为线电压(line voltage),线电压的参考方向习惯于从 A 相线指向 B 相线,从 B 相线指向 C 相线,从 C 相线指向 A 相线。线电压的瞬时值分别用 u_{AB}、u_{BC}、u_{CA}表示,相量表达分别为 $\dot{U}_{AB}$、$\dot{U}_{BC}$、$\dot{U}_{CA}$,其有效值则分别用 U_{AB}、U_{BC}、U_{CA}表示。

相电压和线电压参考方向如图 4-3 所示,根据基尔霍夫定律可知,任意瞬间相电压和线电压之间存在如下关系

$$\left.\begin{aligned} u_{AB} &= u_A - u_B \\ u_{BC} &= u_B - u_C \\ u_{CA} &= u_C - u_A \end{aligned}\right\} \tag{4-2}$$

式(4-2)表明,线电压的瞬时值等于相关的两个相电压的瞬时值之差,也可以用相量表示为

$$\left.\begin{aligned} \dot{U}_{AB} &= \dot{U}_A - \dot{U}_B \\ \dot{U}_{BC} &= \dot{U}_B - \dot{U}_C \\ \dot{U}_{CA} &= \dot{U}_C - \dot{U}_A \end{aligned}\right\} \tag{4-3}$$

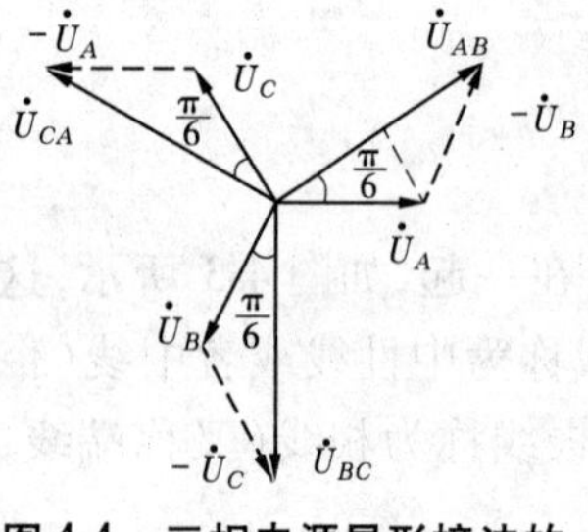

图 4-4　三相电源星形接法的电压相量图

相量图如图 4-4 所示,根据式(4-3)所示关系,由相量图运算可得线电压也是对称的,并且线电压分别超前相应的相电压$\frac{\pi}{6}$(线电压 $\dot{U}_{AB}$超前相电压 $\dot{U}_A$ $\frac{\pi}{6}$,线电压 $\dot{U}_{BC}$超前相电压 $\dot{U}_B$ $\frac{\pi}{6}$,线电压 $\dot{U}_{CA}$超前相电压 $\dot{U}_C$ $\frac{\pi}{6}$)。线电压的大小由图 4-4 中的几何关系可得:

$$U_{AB} = 2U_A\cos\frac{\pi}{6} = \sqrt{3}\,U_A$$

同理可得　　$U_{BC} = \sqrt{3}\,U_B \quad U_{CA} = \sqrt{3}\,U_C$

由上述可知,线电压的大小是相电压的$\sqrt{3}$倍。由于线电压对称,仅仅表示大小时通常用 U_l 表示,则电源星形接法的线电压和相电压关系可表示为

$$U_l = \sqrt{3} U_p \tag{4-4}$$

结论:三相电源接成星形时,它的相电压是对称的,线电压也是对称的,并且线电压是相电压大小的$\sqrt{3}$倍。

采用如图 4-3 所示电路向负载供电时,称为三相四线制供电方式。三相四线制供电可以向负载提供两种电压(相电压与线电压)。我们日常生活用电就是三相四线制,线电压为 380 V,相电压为 220 V。若只三根相线连接负载供电(无中线),称为三相三线制,三相三线制供电方式只提供给负载一种电压,即线电压。

在三相电路中(包括三相的电气设备),如无特别说明,通常都是指的线电压。例如,高压输电线路的电压等级 10 kV、35 kV、110 kV、220 kV 等均指线电压。

我们日常生活用电因为兼有照明和动力用电,采用三相四线制,其中零线(中线)并不是从发电厂接出,而是由给某一区域供电的三相变压器(通常为 Y,yn0 型变压器)的低压侧中点接出,电厂的发电机的中性点常常根据电网运行需要进行中性点接地(电力系统分为中性点接地系统和中性点不接地系统),接地时就称为地线。

二、电源的三角形连接

将每相电源首尾依次相接,构成一个闭合的三角形,称为电源的三角形连接方式(即将发电机中绕组 X 接 B、Y 接 C、Z 接 A)。由三个连接点 A、B、C 引出三根端线(即相线)向负载供电,如图 4-5 所示。当电源采用三角形接法时,只能有一种供电方式就是三相三线制供电方式。

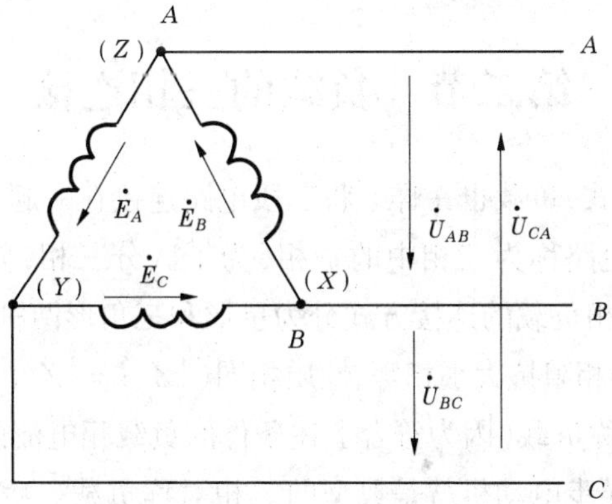

图 4-5　三相电源三角形接法

由图 4-5 所示电路特点可知,三相电源三角形连接时,线电压就是相应的相电动势,也就是相应的电源的相电压,即

$$\dot{U}_{AB} = \dot{E}_A = \dot{U}_A, \dot{U}_{BC} = \dot{E}_B = \dot{U}_B, \dot{U}_{CA} = \dot{E}_C = \dot{U}_C$$

其有效值关系一般表示为

$$U_l = U_p \tag{4-5}$$

结论:由上述分析可知,电源接成三角形时,相电压是对称的,线电压也是对称的。相量图如图 4-6 所示。

虽然在三相绕组的闭合回路中有三相电动势,但由于三相电动势是对称的,根据基尔霍夫定律,其瞬时值的和为 0(也就是三相电动势的相量和为 0),即

$$e_A + e_B + e_C = 0 \tag{4-6}$$

$$\dot{E}_A + \dot{E}_B + \dot{E}_C = 0 \tag{4-7}$$

式(4-6)说明在三相电源正常工作时,三角形闭合回路中的总电动势为 0。但如果将其中一相电源接反了,则三相电动势不再对称,三个电动势之和则不为 0,在电路中产生两倍于电动势的电压,如图 4-7 所示(图中 C 相电源首尾接反),此时三相绕组的阻抗不能忽略不计,在闭合三角形中将会产生很大的环流,使电源烧毁。因此,发电机在三角形接法闭合前必须检查清楚再投入运行。

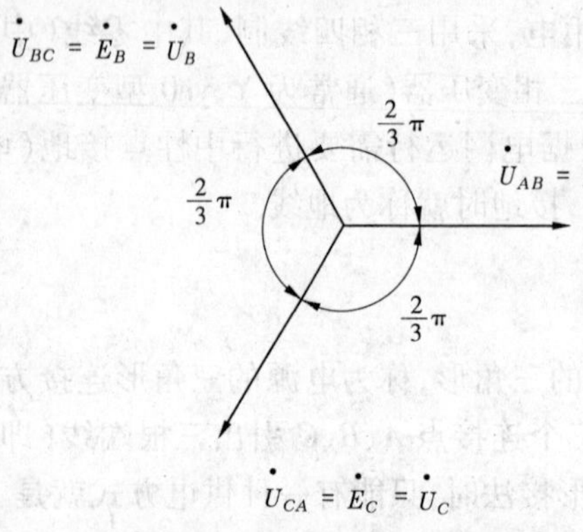

图 4-6　三相电源三角形接法电压相量图

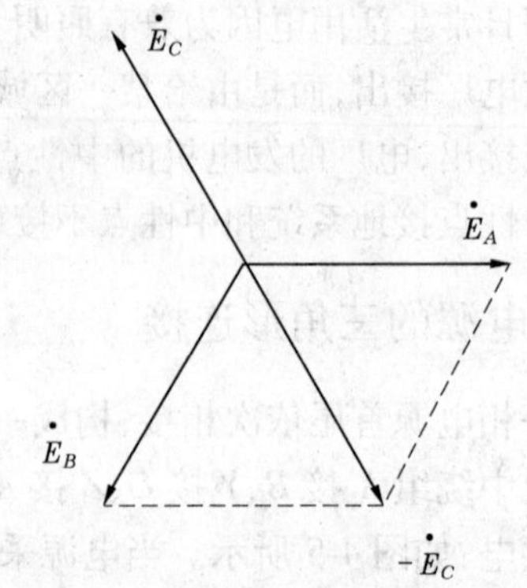

图 4-7　三角形一相接反时的相量图

第二节　负载的三相连接

电源有两种连接方式,负载也一样。将三段电路连接在一起,接在三相电源上称为三相负载,其中的每一段电路称为三相中的一相(为了区分三相,分别称为 U 相负载、V 相负载和 W 相负载)。三相负载的连接方式分为星形和三角形两种。负载也分为对称与不对称两种,当三相负载各相阻抗大小相等、性质相同($|Z_U| = |Z_V| = |Z_W| = |Z|$,$\varphi_U = \varphi_V = \varphi_W = \varphi$)时,称为三相对称负载(因为符合上述条件的负载相电流的相量图形是对称的,因而称为对称负载,三相异步电动机就是典型的三相对称负载。后面将讲述负载相电流的概念);上述的条件只要有一个不符合,即称为不对称负载(三相负载的相电流的相量图形将不再对称),如三相照明负载。

一、负载的星形连接

如图 4-8 所示,三个单相负载的首端分别用 U_1、V_1、W_1 表示,三个末端分别用 U_2、V_2、W_2 表示,将三个单相负载的末端连成一点,这个点称为负载中点,用字母 N'表示。N'点

与电源的中点相接,接线即中线。负载的另外三个端点与电源相线相接,与电源 A 相线相接的就称为 A 相负载,同理与电源 B 相线相接的就称 B 相负载,与 C 相线相接的就称 C 相负载。若负载不对称,必须为三相四线制;若负载对称可接为三相三线制(下面通过分析和计算说明原因)。

每相负载上的电压称为负载相电压,分别用 $\dot{U}_U$、$\dot{U}_V$、$\dot{U}_W$ 表示;流过每相负载的电流称为相电流,分别用 $\dot{I}_U$、$\dot{I}_V$、$\dot{I}_W$ 表示;流过各相线的电流称为线电流,分别用 $\dot{I}_A$、$\dot{I}_B$、$\dot{I}_C$ 表示;流过中线的电流称为中线电流,用 $\dot{I}_N$ 表示。上述相量的参考方向如图 4-8 所示。显然,负载星形连接时线电流就是相应的相电流($\dot{I}_A=\dot{I}_U,\dot{I}_B=\dot{I}_V,\dot{I}_C=\dot{I}_W$)。

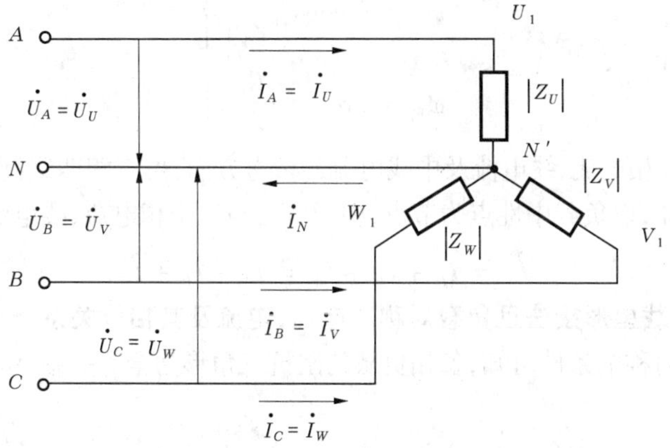

图 4-8　三相负载的星形接法

(一)三相负载星形接法且三相负载不对称时电压、电流及其相位关系

三相负载不对称,负载接为三相四线制,如图 4-8 所示。忽略电路中线路的阻抗(相线和中线的阻抗),由电路特点可知,负载各相的相电压即相应的电源各相的相电压($\dot{U}_A=\dot{U}_U,\dot{U}_B=\dot{U}_V,\dot{U}_C=\dot{U}_W$),负载的线电压即电源的线电压,表示方法与电源线电压表示方法相同。由于电源的相电压、线电压对称,也就是说负载的相电压、线电压也对称,且负载的线电压的大小是负载的相电压的$\sqrt{3}$倍;在相位关系上,线电压超前于相应的相电压$\frac{\pi}{6}$。也就是说负载接成三相四线制的星形接法,其线电压、相电压的相量图与电源星形接法的相量图相同。

各相负载阻抗分别为$|Z_U|$、$|Z_V|$、$|Z_W|$,在负载线电压、相电压和负载线电流、相电流参考方向如图 4-8 所示情况下,相电流的计算可采用第三章的欧姆定律 $I=\frac{U}{|Z|}$计算,此式在单相交流电路中表示一段电路两端电压和流过这段电路的电流之间的关系,根据其含义,即在三相电路中表示各相负载的相电压和相电流之间关系符合欧姆定律,因此三相电路各相电流的计算公式为

$$
\left.\begin{aligned}
I_U &= \frac{U_U}{|Z_U|} = \frac{U_l}{\sqrt{3}\,|Z_U|} \\
I_V &= \frac{U_V}{|Z_V|} = \frac{U_l}{\sqrt{3}\,|Z_V|} \\
I_W &= \frac{U_W}{|Z_W|} = \frac{U_l}{\sqrt{3}\,|Z_W|}
\end{aligned}\right\} \tag{4-8}
$$

相电流与各相电压的相位差可用各相的阻抗三角形的几何关系得出,即

$$
\left.\begin{aligned}
\varphi_U &= \arccos\frac{R_U}{|Z_U|} \\
\varphi_V &= \arccos\frac{R_V}{|Z_V|} \\
\varphi_W &= \arccos\frac{R_W}{|Z_W|}
\end{aligned}\right\} \tag{4-9}
$$

以图 4-8 所设相电流、线电流及中线电流的参考方向,由三相四线制的电路特点和基尔霍夫节点电流定律,以负载中性点为节点,中线电流与三个相电流、线电流的关系式为

$$
\dot{I}_N = \dot{I}_U + \dot{I}_V + \dot{I}_W = \dot{I}_A + \dot{I}_B + \dot{I}_C \tag{4-10}
$$

(二)三相负载星形接法且负载对称时电压、电流及其相位关系

由三相负载对称的条件可知,各相负载的阻抗三角形为全等关系,由式(4-8)和式(4-9)可得

$$
I_U = I_V = I_W = I_A = I_B = I_C
$$

即

$$
I_l = I_p
$$

且有

$$
\varphi_A = \varphi_B = \varphi_C = \arccos\frac{R}{|Z|}
$$

此时三个相电流大小相等,各相电流与对应相电压相位差相等,即相电流的相量图形对称,三相电流的相量图如图 4-9 所示。由第三章的相量运算可知,对称相量的相量和为 0。因而对称负载的中线电流为

$$
\dot{I}_N = \dot{I}_A + \dot{I}_B + \dot{I}_C = 0
$$

可知负载对称时中线电流为 0,可以取消中线,即三相三线制电路。也就是说负载对称时可以采用三相三线制,其与不对称负载接为三相四线制的计算方法相同,也可只算其中一相,其他各相可以通过对称性得出。

【例 4-1】 线电压为 380 V 的三相四线制电路中,A 相和 B 相负载为 48.4 Ω 的电阻;C 相负载为 80.67 Ω。求三相相电流、中线电流及各线电流。

解: 因为

$$
U_p = \frac{U_l}{\sqrt{3}} = \frac{380}{\sqrt{3}} = 220\ (\text{V})
$$

各相电流

$$
I_U = I_V = \frac{U_p}{R_U} = \frac{220}{48.4} = 4.55\ (\text{A})
$$

$$I_W = \frac{U_p}{R_W} = \frac{220}{80.67} = 2.73\ (\mathrm{A})$$

因为是星形接法，相应的线电流即相电流，则有

$$\dot{I}_A = \dot{I}_U, \dot{I}_B = \dot{I}_V, \dot{I}_C = \dot{I}_W$$

作各相电压及各相(线)电流的相量图，如图4-9所示。由相量运算得中线电流为

$$\dot{I}_N = \dot{I}_A + \dot{I}_B + \dot{I}_C$$

而
$$\dot{I}_A + \dot{I}_B = \dot{I}_{AB}$$

由图4-9的几何关系可得出

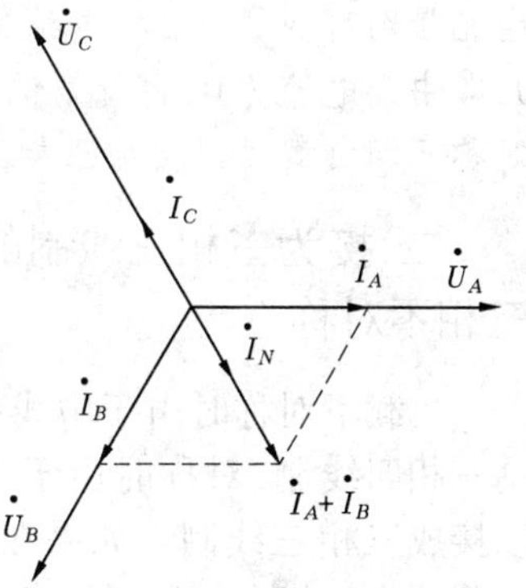

图4-9　例4-1的相量图

$$I_{AB} = I_A = I_B = 4.55\ (\mathrm{A})$$

$$I_N = I_{AB} - I_C = 4.55 - 2.73 = 1.82\ (\mathrm{A})$$

由结果可知，当三相负载不对称时，中线上有电流，且负载不对称的程度越大，中线电流就越大，因此不对称负载必须接中线，即三相四线制。

【例4-2】　有一星形连接的对称负载，如图4-10所示，每相的电阻R为6 Ω，感抗X_L为8 Ω，接于线电压为380 V的三相四线制电源上。求每相电流是多少？并作出相量图。

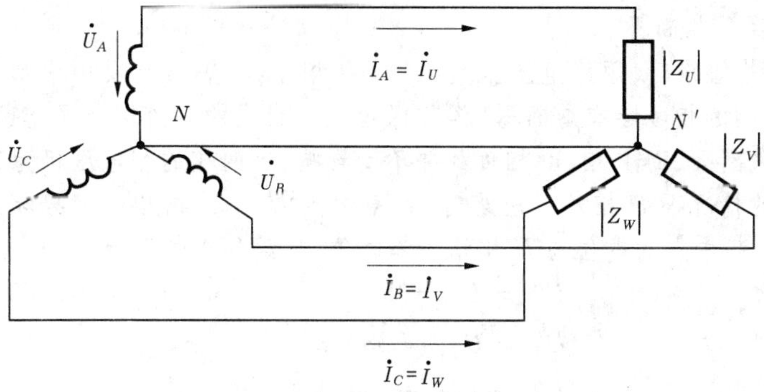

图4-10　例4-2的负载电路图

解:每相阻抗$|Z| = \sqrt{R^2 + X_L^2} = \sqrt{6^2 + 8^2} = 10\ (\Omega)$

根据对称负载星形接法的特点，有：

相电压
$$U_p = \frac{U_l}{\sqrt{3}} = \frac{380}{\sqrt{3}} = 220\ (\mathrm{V})$$

相电流
$$I_p = \frac{U_p}{|Z|} = \frac{220}{10} = 22\ (\mathrm{A})$$

相电压与相电流的相量差为

$$\varphi = \arctan\frac{X_L}{R} = \arctan\frac{8}{6} = 53.1°$$

由对称性可知各相电压相差120°，各相电流相差120°，可作相量图如图4-11所示。

由相量图可见，三相相电流对称，其相量和为0，即中线电流为0，也就是说可以去掉中线，即对称三相负载可以接为三相三线制。

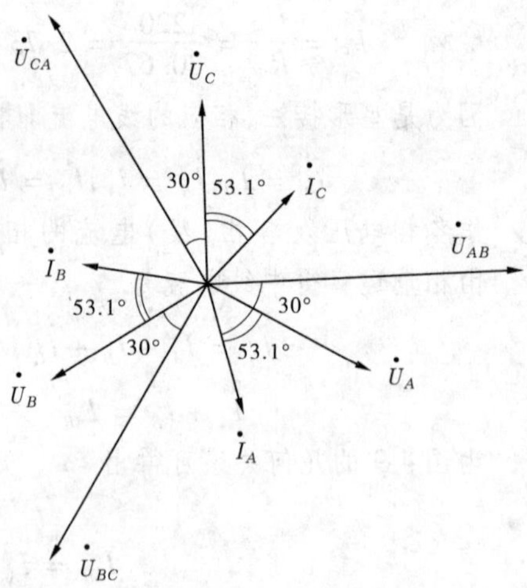

图 4-11　例 4-2 的相量图

二、接为三相三线制的负载星形接法三相不对称

负载不对称时由于中线有电流，所以应该是三相四线制，对称时由于中线没有电流，可以接成三相三线制。如果在负载不对称时将负载接成三相三线制星形负载，则各相电压不再保持对称，各相电压大小会发生改变，具体数值在本书中不做计算。下面用例子来说明中线的作用。

【例 4-3】　以例 4-1 的条件，求在下列情况下各相负载上的电压。

(1) 有中线而 U 相短路时；

(2) 中线断开后 U 相短路时；

(3) 有中线时 U 相断开；

(4) 中线断开后 U 相断开。

解：(1) U 相负载短路时，短路电流很大，经过 U 相相线、短路点及中线形成回路，因为在实际接线中 U 相的相线装有熔断器(俗称保险丝)，过大的电流熔断了熔断器中的熔丝，从而使 U 相相线断开，而 V 相、W 相负载并不受影响，这两相的相电压仍为 220 V。

(2) 中线断开的情况下 U 相发生短路时，负载中点 N 与 U 相相线直接相连，此时由于中线断开，所以负载中点的电位与 U 相相线等电位，负载各相电压为

$$U'_U = U_U = 0$$

$$U'_V = U'_{UV} = 380\ \text{V}$$

$$U'_W = U'_{WU} = 380\ \text{V}$$

此时，V 相和 W 相负载上所加的电压都上升为线电压，将影响电气设备的使用寿命。

(3) 由电路可看出，V 相和 W 相不受影响，其相电压仍为 220 V。

(4) 中线断开后，U 相断开，可以看到由于中线和 U 相相线都不控制负载中点，三相电路变成单相电路，即 V 相和 W 相负载串联后接在线电压为 $U_{VW}=380$ V 的电源上，因此 V 相和 W 相负载的电流相同，其有效值为

$$I_V = I_W = \frac{U_{VW}}{R_V + R_W} = \frac{380}{48.4 + 80.67} = 2.94\ (\text{A})$$

而

$$I_U = 0$$

V 相和 W 相负载的电压有效值分别为

$$U_V = I_V R_V = 2.94 \times 48.4 \approx 142.3\ (\text{V})$$

$$U_W = I_W R_W = 2.94 \times 80.67 \approx 237.2\ (\text{V})$$

可见，V 相负载的相电压和 W 相负载的相电压分别出现了低于额定电压和高于额定电压的情况，同样对电气设备或供电质量造成不利影响。

因此可以得出结论：

(1)在电源电压对称、负载不对称的三相四线制电路中，负载电流不对称，中线上有电流(略去相线阻抗压降)，负载的相电压还是对称的，因而能保证负载的正常运行。

(2)负载不对称的三相三线制电路中，负载的相电压不对称。当负载相电压不对称时，势必引起有的相电压过高，有的相电压过低，负载不能正常运行。因此对于不对称的星形负载，必须接中线，以保证三相负载的相电压对称。

(3)中线的作用是保持星形连接的不对称负载的相电压对称。因为中线不能断开，所以中线上不允许装熔断器和开关。

三、三相负载的三角形连接

将三相负载首尾依次相接(如图4-12所示)，三个连接点分别连接电源的三根相线，由电路特点可得知，每一相负载两端所承受的电压(负载相电压)即相应的电源线电压

$$U_l = U_p$$

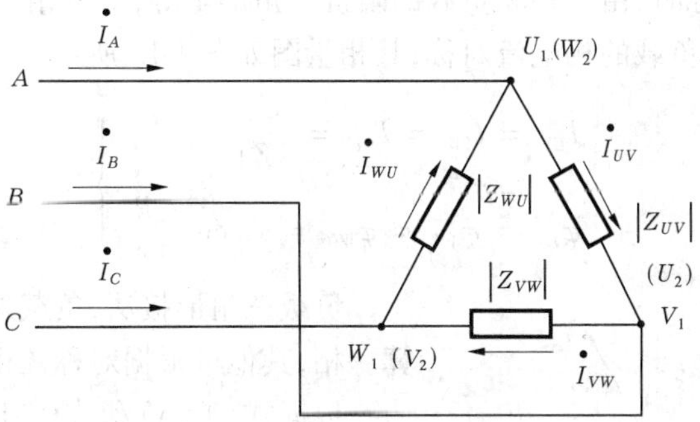

图4-12　三相负载的三角形接法

负载三角形连接时只能有一种供电方式，即三相三线制，由于电源线电压总是保持对称，所以三相负载无论是否对称，其上的相电压都是对称的。负载接成星形还是三角形取决于能否保证负载正常工作，即加在每相负载上的实际相电压是否与负载所要求的相电压相等。如果每相负载所承受的相电压为220 V，当电源线电压为380 V时，负载要接成星形；当电源线电压为220 V时，负载要接成三角形，这样才能保证负载正常工作(两端电压总是220 V)。

负载三角形连接时，每相负载的相电流分别用$\dot{I}_{UV}$、$\dot{I}_{VW}$、$\dot{I}_{WU}$表示，参考方向如图4-12所示，线电流的表示和参考方向与星形接法相同。负载三角形连接时的计算与星形基本相同，只是此时每相负载的相电压是电源的线电压，如图4-12所示，计算式如下

$$\left.\begin{aligned} I_{UV} &= \frac{U_A}{|Z_{UV}|} \\ I_{VW} &= \frac{U_B}{|Z_{VW}|} \\ I_{WU} &= \frac{U_C}{|Z_{WU}|} \end{aligned}\right\} \qquad (4\text{-}11)$$

各相负载的相电压与相电流之间的相位差为

$$\left.\begin{aligned}\varphi_{UV} &= \arccos\frac{R_{UV}}{|Z_{UV}|}\\ \varphi_{VW} &= \arccos\frac{R_{VW}}{|Z_{VW}|}\\ \varphi_{WU} &= \arccos\frac{R_{WU}}{|Z_{WU}|}\end{aligned}\right\} \tag{4-12}$$

负载三角形连接时线、相电流的参考方向如图 4-12 所示,根据基尔霍夫节点电流定律可得

$$\left.\begin{aligned}\dot{I}_A &= \dot{I}_{UV} - \dot{I}_{WU}\\ \dot{I}_B &= \dot{I}_{VW} - \dot{I}_{UV}\\ \dot{I}_C &= \dot{I}_{WU} - \dot{I}_{VW}\end{aligned}\right\} \tag{4-13}$$

当三相负载对称时,由于各相负载的阻抗三角形全等,即各相阻抗相同,性质相同,且电压对称,因而各相负载的相电流对称,其相量图如图 4-13 所示。

$$\left.\begin{aligned}\dot{I}_{UV} = \dot{I}_{VW} = \dot{I}_{WU} &= \frac{U_p}{|Z|}\\ \varphi_{UV} = \varphi_{VW} = \varphi_{WU} &= \arccos\frac{R}{|Z|}\end{aligned}\right\} \tag{4-14}$$

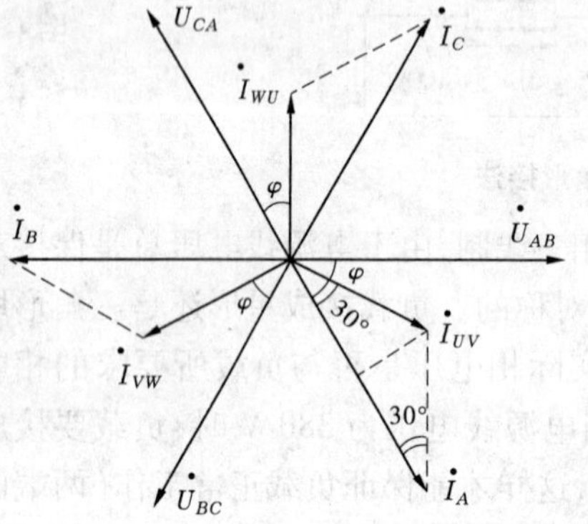

图 4-13　三相负载三角形接法的电流相量图

负载三角形接法,负载对称时,三相也可只计算一相,其他可根据对称性得出。

根据式(4-13)和式(4-14),由图 4-13 可见对称负载时线电流、相电流的关系为

$$I_A = 2I_{UV}\cos 30° = \sqrt{3}I_{UV}$$

同理可得出

$$I_B = \sqrt{3}I_{VW}$$

$$I_C = \sqrt{3}I_{WU}$$

即

$$I_l = \sqrt{3}I_p \tag{4-15}$$

结论:负载三角形连接时,负载的相电压就是电源的线电压;负载对称时,其相电流对称,线电流对称,且线电流是相电流的$\sqrt{3}$倍,且线电流落后相应的相电流 30°,如图 4-13 所示。但如果三相负载不对称、电源电压依然保持对称、负载的相电压对称,则三相阻抗不对称、三相相电流不对称、三相线电流不对称。线电流与相电流之间的大小关系也未必是$\sqrt{3}$倍的关系。

【例 4-4】　三相交流电路的线电压为 220 V、每相电阻为 6 Ω,若感抗为 8 Ω 的三相对称负载的每相额定电压为 220 V,则负载应如何连接?求相电流及线电流,并作相量图。

解:由已知可得,电源的线电压等于负载的相电压,所以应接成三角形。负载接为星

形时,每相的相电压为$\frac{220}{\sqrt{3}}=127\ (\mathrm{V})$,低于每相额定电压,不能使负载正常工作,所以不能接成星形。

每相的阻抗为

$$|Z| = \sqrt{R^2 + X_L^2} = \sqrt{6^2 + 8^2} = 10\ (\Omega)$$

所以

$$I_p = \frac{U_p}{|Z|} = \frac{220}{10} = 22\ (\mathrm{A})$$

$$I_l = \sqrt{3} I_p = \sqrt{3} \times 22 = 38\ (\mathrm{A})$$

相电压和相电流的相位差为

$$\varphi = \arccos \frac{R}{|Z|} = \arccos \frac{6}{10} = 53.1^\circ$$

在图4-13所示的相量图中,$\varphi=53.1^\circ$,即为此例题的相量图。

第三节 三相负载的功率

一、不对称负载功率的计算

三相负载接于三相电源上,无论负载采用何种方式连接、负载是否对称,三相负载的有功功率等于各相有功功率之和,无功功率亦如此。

$$P = P_U + P_V + P_W = U_U I_U \cos\varphi_U + U_V I_V \cos\varphi_V + U_W I_W \cos\varphi_W$$

二、对称负载的功率计算

如果三相负载对称,由前述分析可知,无论负载是星形连接还是三角形连接,各相负载的相电流相等、线电流相等、阻抗角(功率因数角)相等,因而各相的有功功率相等,总有功功率为

$$P = 3P_p = 3U_p I_p \cos\varphi_p \tag{4-16}$$

但式(4-16)在实际应用中并不实用,因为在实际进行负载电压、电流的测量时,相电压、相电流不容易测得,容易测得的是负载的线电压和线电流,因而更多时候是用线电压和线电流来计算三相功率,因此需要将式(4-16)做一些变换:

当负载是星形连接时,有

$$U_l = \sqrt{3} U_p, \quad I_l = I_p$$

当负载是三角形连接时,有

$$U_l = U_p, I_l = \sqrt{3} I_p$$

则式(4-16)可变换为

$$P = \sqrt{3} U_l I_l \cos\varphi \tag{4-17}$$

同理,三相负载的无功功率为

$$Q = Q_U + Q_V + Q_W = U_U I_U \sin\varphi_U + U_V I_V \sin\varphi_V + U_W I_W \sin\varphi_W$$

当负载对称时，可得

$$Q = \sqrt{3}U_l I_l \sin\varphi \tag{4-18}$$

但三相负载总的视在功率并不是三相视在功率的和，而是与三相总的有功功率以及三相总的无功功率间具有直角三角关系，即

$$S = \sqrt{P^2 + Q^2} \tag{4-19}$$

因而当负载对称时，三相负载总的视在功率为

$$S = \sqrt{3}U_l I_l \tag{4-20}$$

式(4-17)和式(4-20)在后面将要学习的三相变压器和三相异步电动机中会经常用到。

【例 4-5】 在 380 V 的三相电源上，接有对称星形连接的负载，每相电阻 4 Ω，感抗 3 Ω。求负载的三相有功功率。

解：因为是星形接法且为对称负载，所以负载的相电压为

$$U_p = \frac{380}{\sqrt{3}} = 220\ (\text{V})$$

每相负载阻抗 $\quad |Z| = \sqrt{R^2 + X_L^2} + \sqrt{4^2 + 3^2} = 5\ (\Omega)$

每相电流 $\quad I_p = \frac{U_p}{|Z|} = \frac{220}{5} = 44\ (\text{A})$

线电流 $\quad I_l = I_p = 44\ (\text{A})$

负载功率因数为 $\quad \cos\varphi = \frac{R}{|Z|} = \frac{4}{5} = 0.8$

负载三相有功功率 $\quad P = \sqrt{3}U_l I_l \cos\varphi = \sqrt{3} \times 380 \times 44 \times 0.8 = 23\ 167\ (\text{W})$

【例 4-6】 有一台三相感应电动机，每相电阻为 29 Ω，感抗为 21.8 Ω，每相绕组的额定电压为 220 V。试求下述两种情况的相电流、线电流以及从电源吸取的有功功率、无功功率和视在功率，并比较计算结果。

(1)电动机绕组星形连接，接在线电压为 380 V 的三相电源上；

(2)电动机绕组三角形连接，也接在线电压为 380 V 的三相电源上。

解：(1)绕组星形连接时相电流与线电流相等，即

$$I_l = I_p = \frac{U_p}{|Z|} = \frac{U_l}{\sqrt{3}\ \sqrt{R^2 + X_L^2}} = \frac{380}{\sqrt{3} \times \sqrt{29^2 + 21.8^2}} = 6.1\ (\text{A})$$

功率因数 $\quad \cos\varphi = \frac{R}{|Z|} = \frac{29}{\sqrt{29^2 + 21.8^2}} = 0.8$

有功功率 $\quad P = \sqrt{3}U_l I_l \cos\varphi = \sqrt{3} \times 380 \times 6.1 \times 0.8 = 3.2\ (\text{kW})$

无功功率 $\quad Q = P\tan\varphi = 3.2 \times 0.75 = 2.4\ (\text{kvar})$

视在功率 $\quad S = \frac{P}{\cos\varphi} = \frac{3.2}{0.8} = 4\ (\text{kVA})$

(2)绕组三角形连接时电流

$$I_p = \frac{U_p}{|Z|} = \frac{380}{\sqrt{29^2 + 21.8^2}} = 10.5\ (\text{A})$$

线电流 $$I_l = \sqrt{3} I_p = \sqrt{3} \times 10.5 = 18\ (\text{A})$$

功率因数 $$\cos\varphi = \frac{R}{|Z|} = \frac{29}{\sqrt{29^2 + 21.8^2}} = 0.8$$

有功功率 $$P = \sqrt{3} U_l I_l \cos\varphi = \sqrt{3} \times 380 \times 18 \times 0.8 = 9.5\ (\text{kW})$$

无功功率 $$Q = P\tan\varphi = 9.5 \times 0.75 = 7.1\ (\text{kvar})$$

视在功率 $$S = \frac{P}{\cos\varphi} = \frac{9.5}{0.8} = 11.9\ (\text{kVA})$$

比较以上两种接法的计算结果可知：当电源电压不变时，电动机三角形接法和星形接法的相电流相差$\sqrt{3}$倍、线电流相差3倍、功率相差3倍。这台电动机额定情况下每相绕组允许的额定电流是6.1 A，若接为三角形时相电流达到10.5 A。显然，这使电动机处于过载情况下运行，从而使得电动机过热，影响电动机的使用寿命，甚至损坏电动机。

习　题

4-1　在对称三相发电机中，每组绕组产生的电动势为6.3 kV，当发电机绕组分别为星形接法和三角形接法时，线电压分别是多少？

4-2　对称三相电源接成星形，已知相电压 $u_A = 220\sqrt{2}\sin(314t + \frac{\pi}{6})$ V。试根据对称性写出其他各相电压以及线电压的三角函数式，并作出相量图。

4-3　图4-12所示对称三相负载，$i_A = 10\sqrt{2}\sin(314t + \frac{\pi}{6})$ A。根据对称性求其余各线电流及相电流的三角函数式并作相量图。

4-4　负载作星形连接时，何时采用四线制？何时采用三线制？中线为什么不能加装熔断器或开关？

4-5　某三相对称负载，每相绕组的额定电压为220 V，当三相电源线电压为380 V时负载应作什么连接？当三相电源线电压为220 V时三相负载又如何连接？

4-6　对称三相负载星形接法，每相负载电阻 $R = 6\ \Omega$，感抗 $X_L = 8\ \Omega$，电源线电压为380 V。求负载上的相电压及电路的线电流，并作出相量图。

4-7　有一台三相电动机绕组为星形连接，由电压表和电流表得知其线电压为380 V，线电流为10 A，电网的输入功率为5 kW。试求每相绕组的电阻和感抗。

4-8　将一批额定电压为220 V、功率为100 W的电灯，接在线电压为380 V的三相四线制电路上。设 A 相接20盏、B 相接20盏、C 相接10盏。导线阻抗忽略不计，试求各相电源、线电流和中线电流。

4-9　对称三相感性负载在线电压为380 V的三相电源作用下，通过的线电流为21 V，输入功率为5 kW。试求负载的功率因数。

4-10　在线电压为380 V的三相四线制电路中，设 A 相为纯电阻，B 相为纯电感，C 相为纯电容,它们的阻抗值均为22 Ω。试求各相电流、线电流以及中线电流,三相电路的总功率,并作出电压、电流的相量图。

4-11　某三相对称负载三角形接法,接于线电压为380 V的线路上,测得线电流为21 A,并测得其输入功率为8 kW,求负载的相电流、功率因数和每相的阻抗值。

4-12　一座三层楼,其照明接线如图4-14所示,请指出其中错误之处,并说明原因。

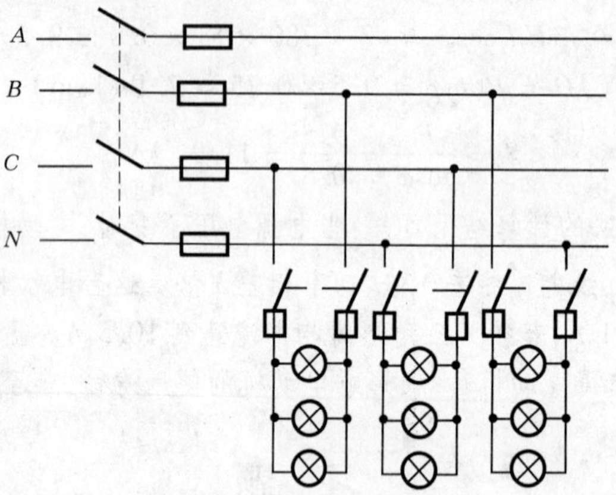

图4-14　习题4-12电路图

第五章　变压器

变压器是一种静止的电机。它利用电磁感应原理，把一种等级的交流电压、电流转换成同频率的另一种等级的电压、电流，以供生产、生活使用。

变压器是电力系统的重要设备，在国民经济其他部门也获得了广泛应用。本章主要研究一般用途的电力变压器。首先简要地介绍变压器的工作原理和结构，然后着重分析变压器的运行原理、三相变压器的连接组别和变压器的并联运行等，最后对三绕组变压器、自耦变压器和分裂变压器作简要的介绍。

第一节　变压器的工作原理及分类

一、工作原理

变压器是利用电磁感应原理工作的。如图 5-1 所示，以单相变压器为例，变压器的主要部件是一个闭合铁芯和套在铁芯上的两个绕组。这两个绕组具有不同的匝数且互相绝缘，两绕组间只有磁的耦合而没有电的联系。其中，绕组 1 接交流电源，称为原绕组、一次绕组或一次侧，它是电能的输入侧；绕组 2 接负载，称为副绕组、二次绕组或二次侧，它是电能的输出侧。

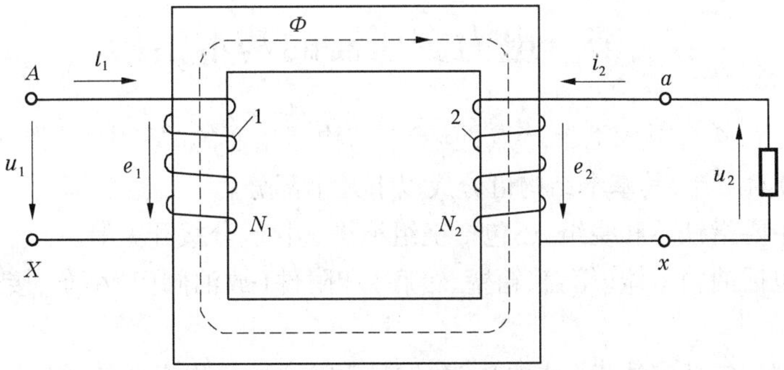

图 5-1　变压器工作原理示意图

当一次侧接交流电源时，绕组中便有交流电流 i_1 流过，并在铁芯中产生与外加电压频率相同的磁动势 F，该磁动势产生沿铁芯闭合的交变主磁通 Φ。这个交变磁通同时交链着一、二次侧。根据电磁感应定律，交变磁通分别在一、二次侧中感应出同频率的电动势 e_1 和 e_2，e_1、e_2 的计算式分别为

$$e_1 = -N_1 \frac{d\phi}{dt}$$

$$e_2 = -N_2 \frac{d\phi}{dt}$$

式中　N_1——一次侧绕组匝数；

N_2——二次侧绕组匝数。

由于感应电动势的大小与绕组的匝数成正比，因此改变一、二次侧的匝数即可改变二次侧的电压大小，这就是变压器的变压原理。二次侧有了电动势，便可以向负载输出电能，实现了不同电压等级电能的传递。

二、变压器的分类

变压器有不同的使用条件、安装场所，不同的电压等级和容量级别，不同的结构形式和冷却方式，所以应按不同原则进行分类。

(1)按相数分为：①单相变压器；②三相变压器；③多相变压器。

(2)按冷却方式分为：①干式(自冷)变压器；②油浸自冷变压器；③油浸水冷或风冷变压器；④气体(SF_6)冷却变压器。

(3)按绕组结构分为：①单绕组变压器；②双绕组变压器；③三绕组变压器；④多绕组变压器。

(4)按铁芯结构分为：①芯式铁芯变压器；②壳式铁芯变压器；③C 型、T 型及环形铁芯变压器。

(5)按防潮方式分为：①开启式变压器；②密封式变压器；③全密封式变压器。

(6)按用途分为：①电力变压器；②电炉变压器；③整流变压器；④调压变压器；⑤各种小型电源变压器；⑥各种特殊用途变压器，如实验变压器、焊接变压器等。

(7)按调压方式分为无载调压变压器和有载调压变压器两类。

(8)按中性点绝缘分为全绝缘变压器和半绝缘变压器两类。

第二节　电力变压器的基本结构

变压器种类繁多，结构又各有特点，但基本结构是相通的。其中，油浸式变压器在电力系统中使用最为广泛，其基本结构可分成以下几个部分。

(1)器身：主要指铁芯和绕组，还包括绕组绝缘、引线、分接开关等。

(2)油箱：包括油箱本体(箱盖、箱壁、箱底)和附件(放油阀门、小车、接地螺栓、铭牌等)。

(3)保护装置：包括储油柜(油枕)、油位计、防爆管(又称安全气道)或压力释放阀、吸湿器(又称呼吸器)、净油器、测温原件、气体继电器等。

(4)冷却装置：主要指散热器等。

(5)出线装置：主要指高压套管、低压套管等。

图 5-2 是油浸式电力变压器结构示意图，下面对其主要部件逐一介绍。

一、铁芯

铁芯是变压器的主磁路，又是它的机械骨架，由铁芯柱和铁轭两部分构成。铁芯柱上套绕组，铁轭将铁芯柱连接起来形成闭合磁路。

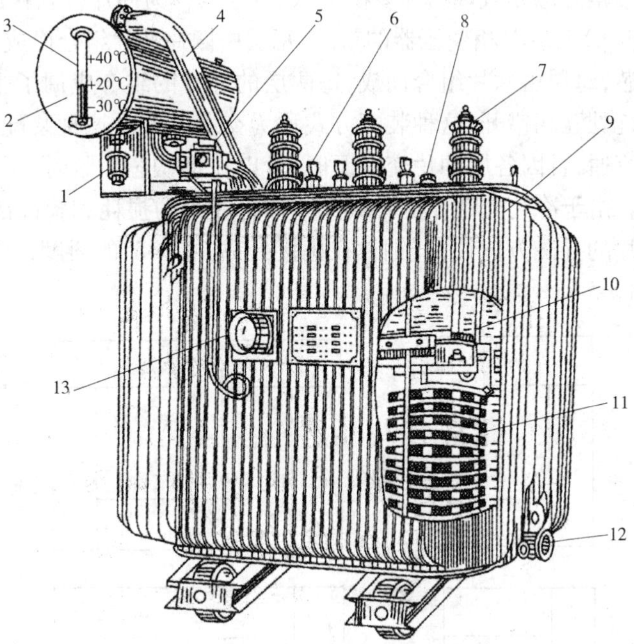

1—吸湿器;2—储油柜;3—油位计;4—安全气道;5—气体继电器;6—低压套管;7—高压套管;
8—分接开关;9—油箱;10—铁芯;11—绕组及绝缘;12—放油阀门;13—信号式温度计

图 5-2　油浸式电力变压器结构示意图

由于变压器铁芯中的磁通为一交变磁通,为了减小涡流损耗,变压器的铁芯用硅钢片(带)剪切成一定尺寸的铁芯片,按一定方式叠压而成,硅钢片的厚度为 0.35 mm 或 0.5 mm,两面分别涂以厚 0.01 ~ 0.13 mm 的绝缘涂膜。硅钢片有热轧和冷轧两种。冷轧硅钢片又分为有取向和无取向两类,通常变压器铁芯采用有取向的冷轧硅钢片。这种硅钢片沿辗轧方向有较高的导磁性能和较小的损耗。

变压器的铁芯平面如图 5-3 所示,图 5-3(a)为单相变压器,图 5-3(b)为三相变压器。

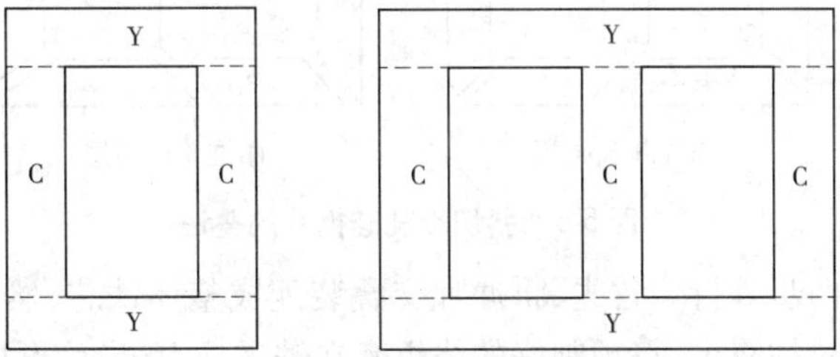

(a)单相变压器　　(b)三相变压器

图 5-3　变压器的铁芯平面

铁芯结构可分为两部分,C 为套线圈的部分,称为铁芯柱。Y 为闭合磁路部分,称为铁轭。单相变压器有两个铁芯柱,三相变压器有三个铁芯柱。

按照绕组在铁芯中的布置方式,变压器又分为芯式和壳式两种。本节内容主要对芯式变压器进行分析。

组成铁芯的硅钢片应先裁成所需要的形状和尺寸，称为冲片，然后按交叠方式把冲片组合起来。图 5-4(a)表示单相变压器的铁芯，每层由四片冲片组合而成。图 5-4(b)表示三相变压器的铁芯，每层由六片组合而成，每两层的冲片的组合应用了不同的排列方法，使各层磁路的接缝处互相错开，这种装配方式称为交叠装配。这种装配可以避免涡流在钢片与钢片之间流通，且因各层冲片交错镶嵌，所以在把铁芯压紧时，可应用较少的紧固件从而简化结构。由于冷轧硅钢片沿着辗轧方向有较小的损耗和较高的导磁系数，为充分利用这种硅钢片的导磁方向性，硅钢片在搭接处都冲成 45°的斜度，即铁芯采用全接缝叠装法叠装，如图 5-5 所示。

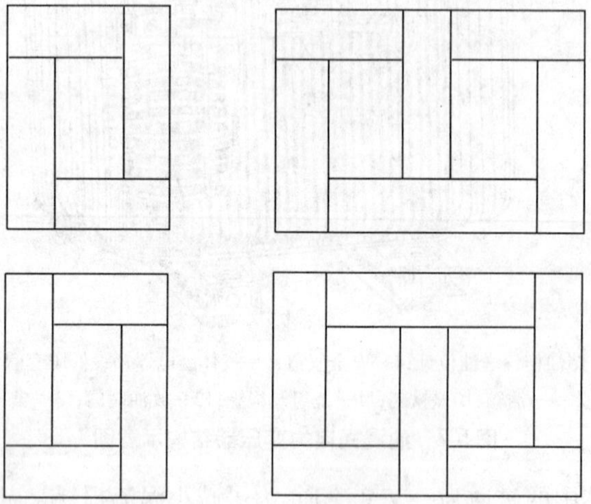

(a)单相变压器　　(b)三相变压器

图 5-4　变压器铁芯的交叠装配

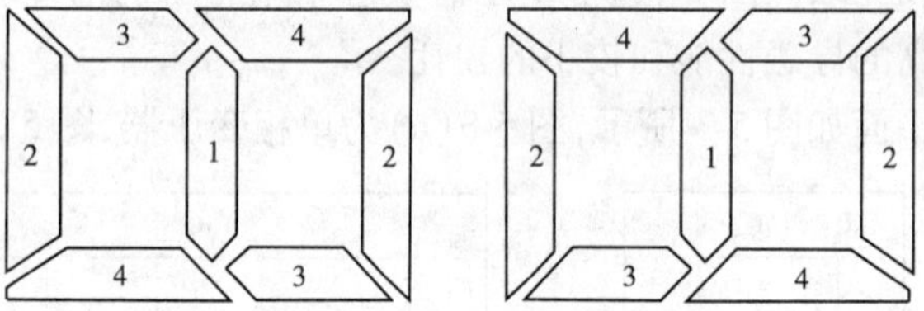

(a)1,3,5,…层　　(b)2,4,6,…层

图 5-5　斜切冷轧硅钢片的叠法

装配时通常分两步进行。首先，将冲片交叠装配成整体铁芯，然后将下铁轭夹紧，抽去上铁轭冲片使铁芯柱露出，将预制好的绕组套在铁芯柱上，最后再把抽出的上铁轭冲片镶入。

只有当变压器的容量很小时，铁芯柱的截面才采用正方形。当变压器的容量较大时，为了使空间利用更为充分，可将铁芯截面分为两级或更多级，如图 5-6 所示。变压器容量愈大，铁芯截面面积愈大，所用的级数也愈多。例如，当铁芯柱的外接直径为 100 mm 时，常用 4 级铁芯柱；外接直径为 150 mm 时，可用 5 级铁芯柱；而当外接直径达 1 000 mm 时，则铁芯截面的级数可达 17 级。

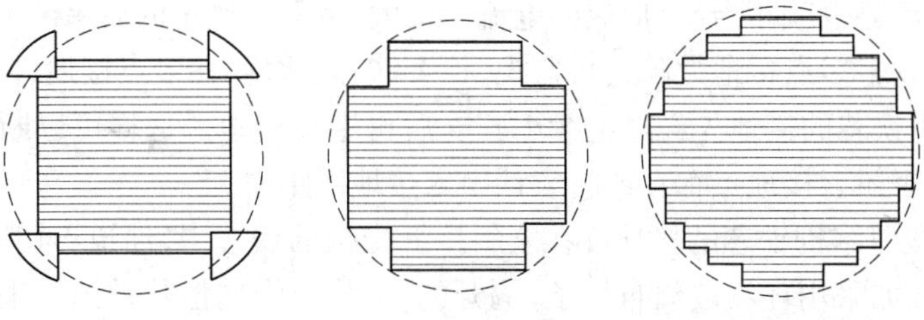

(a)正方形铁芯　(b)两级铁芯　(c)多级铁芯

图 5-6　铁芯柱截面

在容量较大的变压器中,为保证铁芯温度不致太高,在铁芯的叠片之间常设置油槽,以增强散热效果。油槽分两种:一种与钢片平行,如图 5-7(a)所示;一种与钢片垂直,如图 5-7(b)所示。后一种布置方式散热效果较好,但结构较为复杂。

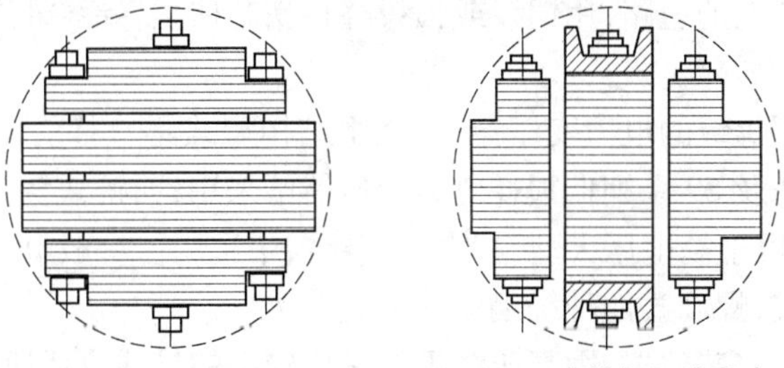

(a)油槽与钢片平行　(b)油槽与钢片垂直

图 5-7　铁芯中的油槽

铁芯要求必须一点接地,因为变压器在运行时或在高压实验中,铁芯及其金属部件处于强电场中的不同位置,由静电感应的电位也各不相同,使得铁芯和各金属部件之间或对接地体产生电位差,在电位不同的金属部件之间形成断续的火花放电。这种放电将使变压器油分解,并损坏固体绝缘。为了避免上述情况,对铁芯及其金属部件(除穿芯螺杆外)都必须进行可靠接地。穿芯螺杆由于铁芯的屏蔽作用,其电位与铁芯相差不多,可以不必再接地。由于铁芯硅钢片之间的绝缘电阻很小,只须一片接地,即可认为铁芯全部叠片都接地。接地时应注意以下几点:

(1)铁芯只允许一点接地,需要接地的各部件之间只允许单线连接,铁芯中如有两点或两点以上的接地,则接地点之间可能形成闭合回路,当有较大的磁通穿过此闭合回路时,就会在回路中感应出电动势,并引起电流,电流的大小取决于感应电动势的大小和闭合回路的阻抗值。当电流较大时,会引起局部过热故障甚至烧坏铁芯。

(2)接地片应有一定的强度和截面面积,一般采用 0.3 mm×20 mm、0.3 mm×30 mm 或 0.3 mm×40 mm 的镀锡紫铜片制成。接地片插入铁芯的深度,对于配电变压器来说不小于 30 mm,对于主变压器来说不小于 70 mm,而对于大型变压器则要求达到 140 mm。

(3)接地片应靠近夹件,不得与铁轭的端面相碰,以防止铁轭的硅钢片短路。

(4)器身的其他金属附件均应接地。

(5)铁芯接地点一般应设置在低压侧。

(6)大型变压器的接地。由于大型变压器每匝电压都很高,当发生两点接地时,接地回路感应的电动势也就相当高,形成的电流会很大,将引起严重的后果。为了对运行中的大容量变压器发生多点接地故障进行监视,检查铁芯是否存在多点接地、接地回路是否有电流通过,须将铁芯的接地先经过绝缘小套管后再进行接地。这样可以断开接地小套管来测量铁芯是否还有接地点存在或将表计串入接地回路中。

(7)全斜接缝结构铁芯的接地。在全斜接缝结构的铁芯中,油道不用圆钢隔开,而是由非金属材料(如采用环氧玻璃布板条)隔开的,以构成纵向散热油道。采用非金属材料隔开可以减小铁芯的损耗,但油道之间的硅钢片是互相绝缘的。对于这种结构的变压器,在接地时,首先要用接地片将各相邻的经油道相互绝缘的硅钢片连接起来,然后再选一点与上夹件连通,最后将上夹件用导线并通过接地小套管引出到外面接地。

二、绕组

变压器的绕组是电的通路,用铜线或铝线绕在铁芯柱上,导线外边采用纸绝缘或沙包绝缘等。

不同容量及电压等级的电力变压器,其绕组结构型式不一样。对于层式绕组类的箔式绕组,目前仅在S8及S9系列低损耗电力变压器中采用;而饼式绕组类的内屏蔽式绕组也只有在110 kV及以上高电压大型、特大型变压器中采用。一般电力变压器中常采用圆筒式、连续式、纠结式、螺旋式四种绕组。

关于高低压绕组安装位置:因高压绕组都是用较细的导线绕成匝数较多的绕组,为便于抽头和引线,通常将高压绕组放在外侧,作为一次绕组;低压绕组由于电压低和铁芯间的对地绝缘好布置,则放在靠近铁芯的内侧。当然,大型三相电力变压器则大多相反,即低压绕组在外侧,高压绕组在里层。

(1)圆筒式绕组。圆筒式绕组有单层、双层及多层绕制成形的结构,单只线圈的层数是由按轴向紧密排列的线匝组成的,而线匝通常由一根或几根并联导线齐绕,层间连线用过渡线,不用焊接。圆筒式绕组多用在3~35 kV电压级、250~630 kVA电力变压器高压绕组中,而低压绕组很少用。大容量的也有用圆筒式绕组结构的,并且绕组外截面缠绕成梯形。圆筒式绕组层间绝缘较厚,机械强度差,冷却效果也差。

(2)连续式绕组。连续式绕组是由若干带段间油道的线段组成的,沿轴向分布,线段之间不用焊接,线段的线匝按螺旋方向逐一平绕而成。这种绕组一般用在高压绕组中,如图5-8所示。

(3)纠结式绕组。纠结式绕组是最好的绕组结构形式,一般500 kVA以上的三相电力变压器高压绕组都采用此种形式,它抗冲击绝缘强度高。其线匝和线段导线做成纠结式,增大了它们之间的纵向电容,平衡了绕组的电气冲击作用,降低了相邻线段之间的电压,故各线段可不用屏障线和附加绝缘,如图5-9所示。

纠结式绕组由纠结线饼组成,全部用纠结线饼的,称全纠结式绕组,一般用于220 kV及以上电压等级的变压器;一部分用纠结线饼和另一部分用连续线饼组成的绕组,称为纠结连续绕组,用于60~220 kV电压等级的变压器上,它的外形与连续式绕组类似。

纠结式绕组与连续式绕组的不同之处在于绕组线匝排列顺序不同。它的线匝不以自然数序排列,而是在相邻数序线匝间插入相邻数序的线匝,这样原连续式绕组段间线匝须借助于纠结换位，进行交错扦连成纠结线段，从而组成纠结式绕组。

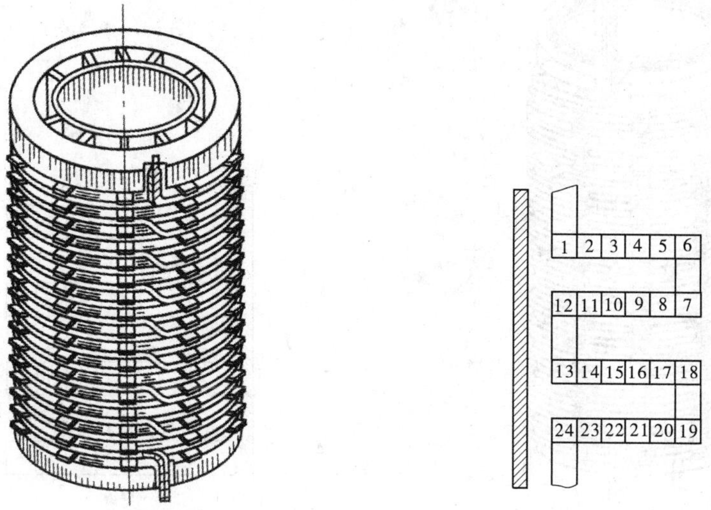

(a)外形

(b)绕组纵剖面导线的匝间排列

图 5-8　连续式绕组

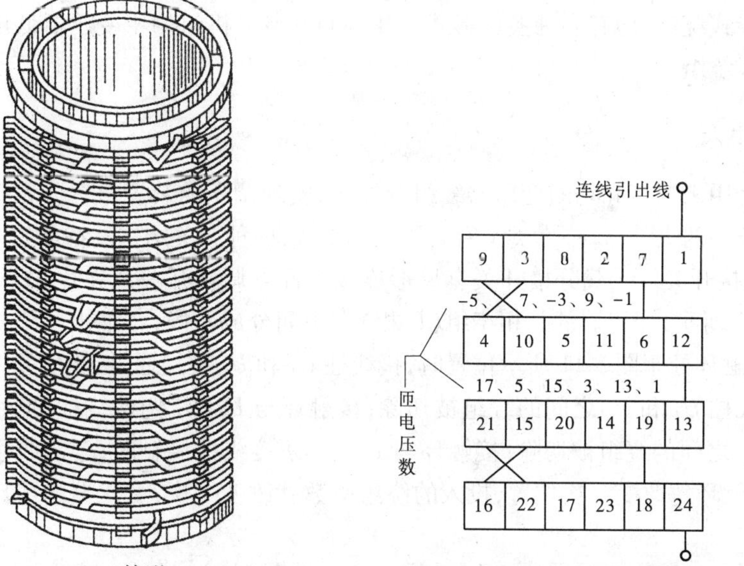

(a)外形

(b)绕组纵剖面导线的匝间排列

图 5-9　传统纠结式绕组和排列

(4)螺旋式绕组。螺旋式绕组分单、双列两种，是由按螺旋线绕制成匝间带油道的若干线匝构成的。每匝并联的几根扁导线按辐向平放，而并联导线又按同心式布置，且采取换位做法。该类绕组实质上是由多根绕组导线叠绕的单层圆筒式绕组，但由于匝间有辐向油道而形成了线饼，如一匝为一个线饼的称单螺旋式绕组，一匝为两个或四个线饼的称双螺旋式绕组或四螺旋式绕组，如图 5-10 所示。

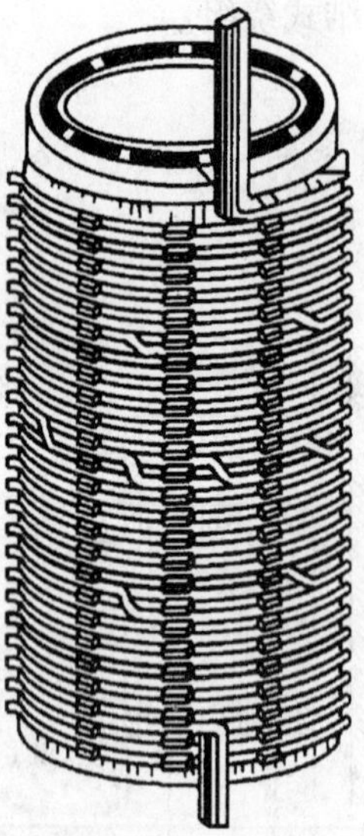

(a)外形

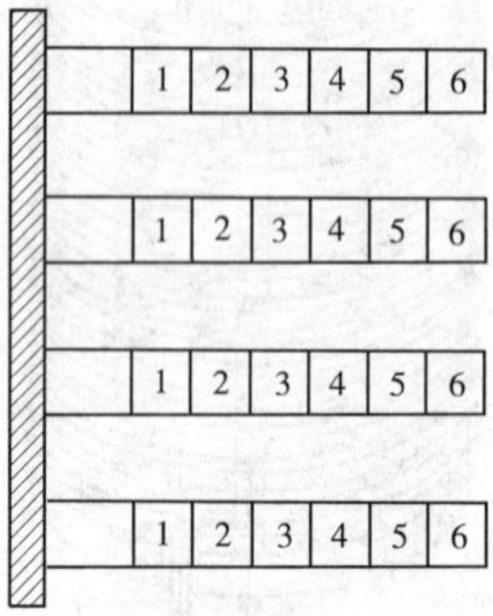

(b)绕组纵剖面导线的匝间排列

图 5-10　螺旋式绕组

螺旋式绕组的主要特点是并联导线根数多,线饼呈螺旋状,不论是单螺旋式,还是双螺旋式或四螺旋式绕组,均有多种换位形式。作为600 MW 机组的主变压器低压绕组一般都采用螺旋式绕组。

三、分接开关

分接开关是用来连接和切断变压器绕组分接头,实现调压的装置。它分无载分接开关及有载分接开关两大类,每一大类又有若干结构型式,两种开关结构及特点如下:

(1)无载分接开关。无载分接开关有星形连接中性点调压开关及夹片式开关两类。其原理如图 5-11 所示,变压器的一相绕组(U 相)在中间分成两段,各抽出三个抽头接到分接开关上,接触环处于图 5-11 所示位置时,接线柱 U_4 和 U_5 被接通,接线柱 U_2 和 U_4 之间的绕组及接线柱 U_3 和 U_5 之间的绕组被切除;接触环与 U_3、U_4 两接线柱接触时,只有接线柱 U_2 和 U_4 之间的绕组被切除;接触环与 U_2、U_3 两接线柱接触时,全部线匝都投入运行。这样,接触环每改变一次位置,投入的绕组匝数就改变一次,变压器的变比也改变一次。

无载分接开关从某一位置切换到另一位置,电路都有一个被断开的过程,因此必须将变压器从电网上断开后才能进行切换。无载分接开关的共同点是都具有静触点和动触点,而且都依靠动触点的压力来获得良好的接触。

(2)有载分接开关。有载分接开关是在不切断电源、变压器负载运行下调压的开关。该类开关调压级数较多,它既能稳定电网在各负载中心的电压,又可提高供电质量,所以重要供电场所的变压器应该选用有载分接开关实现调压任务。

有载分接开关一般由切换开关、快速机构、分接选择器、转换选择器及电压调整器几部分组成,而每一部分又由若干个机械、电气元件构成。有载分接开关是保证在不切断负

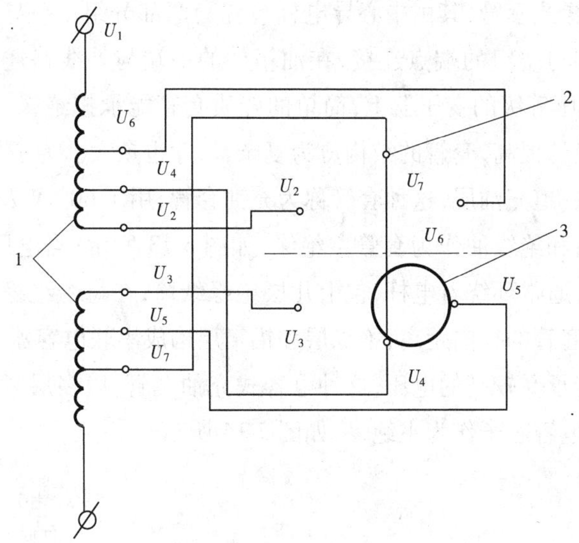

1—绕组;2—接线柱;3—接触环

图 5-11　无载分接开关的工作原理

荷电流的条件下,切换变压器的分接头进行调压的装置。其原理是采用过渡电阻限制跨接两个分接头时产生的环流,达到切换分接头而不切断负载电流的日的。

现以最简单的单电阻过渡过程来说明从一个分接头到另一个分接头的调压过程,如图 5-12 所示。

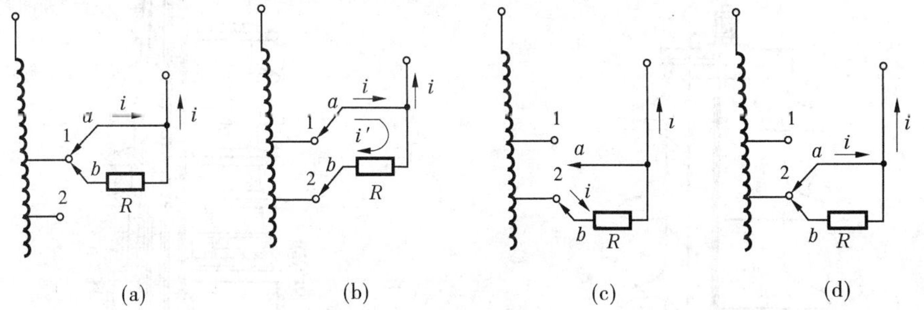

图 5-12　单电阻接线过渡过程

图 5-12(a)表示过渡开始;图 5-12(b)表示动触点 b 离开分接头 1 并与分接头 2 连通,此时电阻 R 投入,从而限制环流在允许的范围内;图 5-12(c)表示动触点 a 与分接头 1 断开,此时电阻 R 要短时间的通过全部负荷电流;图 5-12(d)表示动触点 a 与分接头 2 接通,整个调压过程结束。

四、绝缘套管和引线

套管和引线是变压器一、二次绕组与外部线路的连接部件。引线通过套管引到油箱外顶部,套管即可固定引线,又起引线对地的绝缘作用。用在变压器上的套管要有足够的电气绝缘强度和机械强度,并具有良好的热稳定性。

变压器用瓷绝缘式套管,其由中心导电杆与瓷套两部分组成。导电杆穿过变压器油箱,在油箱内的一端与绕组的端点连接,在油箱外的一端与外线路连接。如电压等级不高,40 kV 及以下电压等级的变压器上,简单的瓷质套管能承担绝缘,它以瓷作为套管主绝缘,随着电压等级的提高,套管的结构愈为复杂,尺寸也愈大。为了加强绝缘能力,在瓷套和导电杆间留有一道充油层,这种套管称为充油套管,用于 60 kV 及以上电压等级的变压器上,它以绝缘筒和绝缘油作为套管主绝缘,如图 5-13 所示;当电压等级更高时,在瓷套内腔中除充油外,通常环绕着电杆,包上几层绝缘纸筒,在每个绝缘纸筒上贴附有一层铝箔,如此,则沿着套管的径向距离,绝缘层和铝箔层构成串联电容器,使瓷套与导电杆间的电场分布均匀,能承受较高的电压,这种电容式充油套管,以多层紧密配合的绝缘纸和铝箔交错卷制成的电容芯子作为主绝缘,如图 5-14 所示。

图 5-13　60 kV 瓷质充油式套管

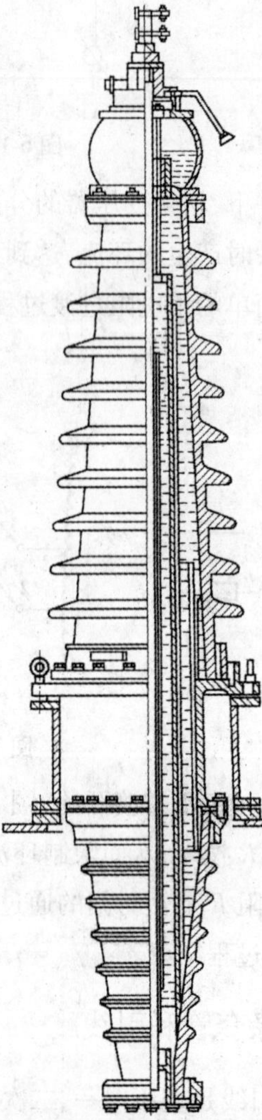

图 5-14　110 kV 电容式充油套管

五、油箱和保护装置

油浸变压器的器身浸在充满变压器油的油箱里。变压器油起绝缘、冷却作用。

（一）油箱及底座

油箱和底座是油浸变压器的支持部件和外壳，它们支持着器身和所有附件。器身全浸在箱内的变压器油中。油箱里装有为绝缘和冷却用的变压器油。油箱是用钢板加工制成的容器，要求机械强度高、变形小、焊接处不渗漏。油箱底部用槽钢等钢铁材料做成底座，底座下面装有滚轮，以便安装和短距离推运变压器用，大型电力变压器还采用可扭转90°的底座结构。

中小型变压器多做成箱式，检修时要将器身从油箱中吊出，故也称吊器身式，其箱壁与箱底焊接成整体，箱式变压器检修时吊器身的过程如图5-15(a)所示。

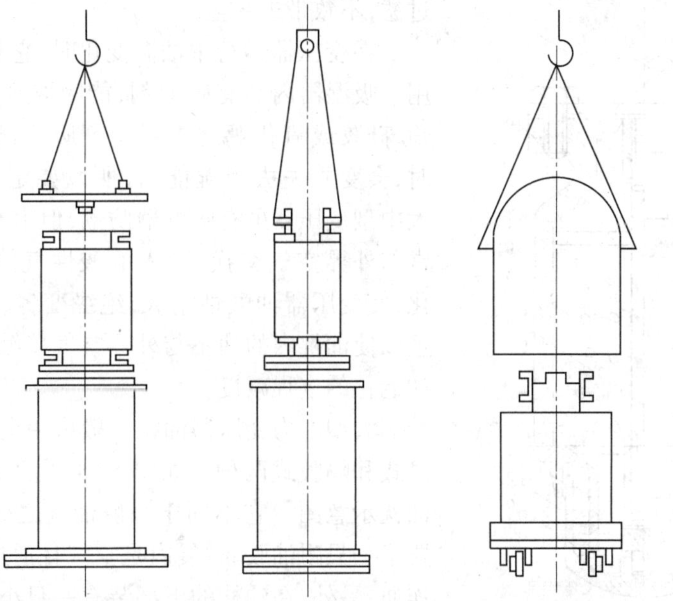

(a)箱式　　(b)钟罩式

图5-15　变压器油箱

大型变压器的器身很重，吊器身有困难，往往把油箱壁与箱盖组合成钟罩式，器身用螺栓固定在底板上，检修时只需吊起箱壳（钟罩），如图5-15(b)所示。

（二）储油柜和吸湿器

储油柜（油枕）是一只圆筒形的金属容器，用钢板经剪切成形后焊接制成，并通过管子和油箱内绝缘油沟通，其构造如图5-16所示。它的一端或两端是可拆卸的圆形钢板端盖。储油柜是用来减轻和防止变压器油氧化和受潮的装置。

吸湿器是防止变压器油受潮的部件之一。吸湿器的结构如图5-17所示，是一个圆形容器，通过连接管上端法兰与油枕下侧的吸湿管法兰相接，玻璃罩内装有变色硅胶作为吸潮指示剂。如发现硅胶变成淡红色，说明硅胶已失去吸潮能力，在140 ℃下烘焙8 h，即可恢复蓝色，重新使用。底罩内的变压器油作为油封，在空气进入吸湿器前，经过变压器油

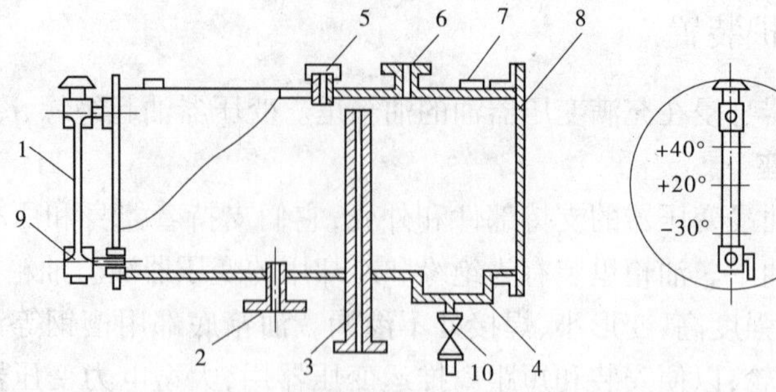

1—油位计;2—与气体继电器连接的法兰;3—吸湿管;4—集污盒;5—注油孔;
6—与防爆管连通的法兰;7—吊攀;8—端盖;9、10—阀门

图 5-16　油枕的构造

过滤,不致带进灰尘。

在变压器运行中油温变化时,它起吸气和排气作用。吸湿器内装有吸湿剂,能吸取潮气及水分,分子筛、硅胶或氧化钙之类吸湿剂吸入潮气或水分饱和时,会变质失去吸湿能力,所以要定期检查和更换。大中型变压器虽有吸湿器防潮,但由于油枕内空气时常与外界空气交换,吸入的酸性气体等容易使油氧化,使变压器油酸性增大,绝缘变劣。采用全密封法可以使油枕内的油不与外界空气接触,从而使变压器油老化的进程减慢。

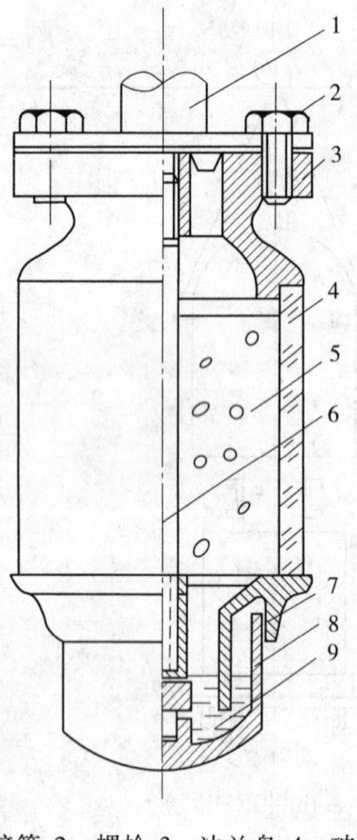

1—连接管;2—螺栓;3—法兰盘;4—玻璃罩;
5—硅胶;6—螺栓;7—底座;
8—底罩;9—变压器油

图 5-17　吸湿器的构造

大型电力变压器油枕一般采用全密封油枕,有胶囊式和隔膜式两种。如图 5-18 所示是胶囊式全密封油枕示意图。它不同于一般油枕之处是在油枕内放置了一只耐油胶囊,袋内是空气且通过吸湿器与大气连通,另外,在油枕的下部装有一只小胶囊,胶囊内的变压器油与油位计连通,这样,油枕内的变压器油就与大气隔绝了。当绝缘油受热膨胀而油位上升时,胶囊受压缩,囊内空气经吸湿器排出,油面得以自由上升,与此同时,小胶囊也受压缩,油位计中的油位同步上升;油温下降时,油面下降,胶囊经吸湿器吸入外界空气,与此同时,小胶囊吸入油位计中的油,油位计中的油位同步下降。

隔膜式全密封油枕也是目前常用的一种全密封油枕,其结构如图 5-19 所示。该油枕由上、下两部分构成,隔膜的周边压装在油枕上、下两部分的法兰上,隔膜的内侧紧贴油面,外侧和大气相通。集聚在隔膜外部的凝露水可通过放水阀排出。油枕采用连杆式铁磁油位计,当油位变化时,通过连杆反应到铁磁油位计上,由磁铁油位计指针指示出来。油枕下部有一个集气盒,变压器油中的气体可聚集在集气盒里,然后通过专用的排气闸排出,从而可避免气体进入油枕出现假油位。

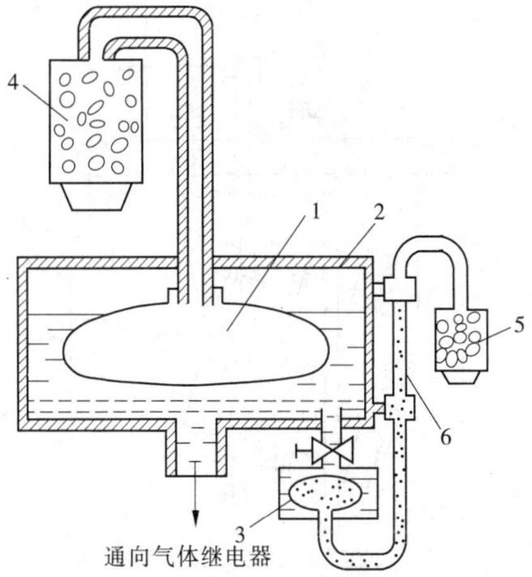

1—大胶囊;2—油枕;3—小胶囊

4—大吸湿器;5—小吸湿器;6—油位计

图 5-18　胶囊式全密封油枕示意图

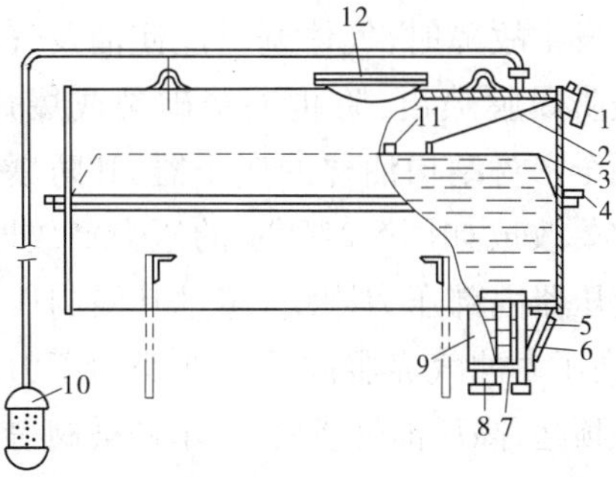

1—铁磁式油位计;2—连杆;3—隔膜;4—放水阀;

5—视察孔;6—排气管;7—注放油管;

8—气体继电器连管;9—集气盒;10—吸湿器;

11—放气塞;12—人孔

图 5-19　隔膜式全密封油枕结构示意图

(三)净油器

净油器曾叫温差滤油器,是用钢板焊成的圆桶形的小油罐,罐内也装有硅胶之类的吸湿剂,当油由于温度的变化而上下流动时,通过净油器达到吸取油中水分、渣滓、酸、氧化物的作用。

(四)气体继电器

气体继电器安装在油箱与储油柜连接管之间,是变压器内部故障的保护装置(通常又叫瓦斯继电器),其在变压器内部发生故障时,给运行人员发出信号或自动切断电源,保护变压器。如图 5-20 所示为 FJ3－80 型挡板式气体继电器的内部结构,利用法兰将气体继电器安装在油枕与变压器箱盖(或钟罩)的连通管中间。图中 1 和 2 是两只开口油杯,油杯的底部侧面都装有永久磁铁,油杯的另一端装有平衡锤,上下油杯分别挂在支架上,可以绕各自的支点上下转动。在支架上还固定着两只干簧触点,干簧触点的位置在永久磁铁附近,下开口油杯的平衡锤上还装有挡板。

气体继电器在投运前已经经过校试调整,运行中,继电器内充满变压器油,此时,油杯和重锤处于图 5-20 所示的平衡位置。当变压器内部发生轻微故障时,产生的气体积聚在继电器上部,迫使继电器内油面逐渐降低。此时,上油杯与永久磁铁随着油面逐渐下降。当磁铁接近干簧触点 5 达一定限度时,干簧触点被吸合,接通信号回路,发出信号。变压器漏油或油面下降时也会出现上述情况;而且,当油面严重下降时,下油杯也会下降,使干簧触点 6 被吸合,动作于跳闸。如果不希望下油杯反应于油面下降而造成跳闸,则可将下油杯底部螺钉取下(螺钉只能在校试继电器时,由试验单位取下,经校好的继电器是不准取下的)。如果变压器内部发生重大故障,急速的油气流通向继电器,当流速达到一定值(一般是 0.8～1.0 m/s)时便会冲动挡板,使下油杯与永久磁铁下降,吸合干簧触点 6,动作于跳闸。

（五）防爆管

防爆管又叫安全通道，主体是一个长的钢质圆筒，顶端装有防爆膜。当变压器内部发生故障时，气体剧增能使油及气体冲破防爆膜喷出，防止油箱破裂或爆炸。采用全密封结构油枕的变压器，其防爆管通常要改成如图5-21所示的压力释放器。当变压器内部压力剧增，超过其限制压力时，高压力油气克服阀盖上弹簧的压力将阀盖顶起，高压油气泄放，指示杆被阀盖顶起表明压力释放器动作。压力释放以后，阀盖在弹簧的作用下回落至密封状态。释压器上装有微动开关，可向主控制室发出压力释放器动作信号。

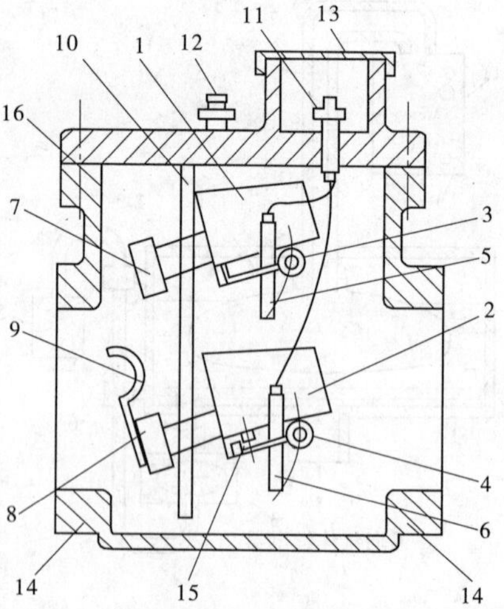

1—上油杯；2—下油杯；3、4—磁铁；
5、6—干簧触点；7、8—平衡锤；9—挡板；10—支架；
11—接线端头；12—放气塞；13—接线盒盖；
14—法兰；15—螺钉；16—橡胶衬垫

图5-20　FJ3－80型挡板式气体继电器内部结构图

（六）温度计

温度计是为测量变压器上层油的温度

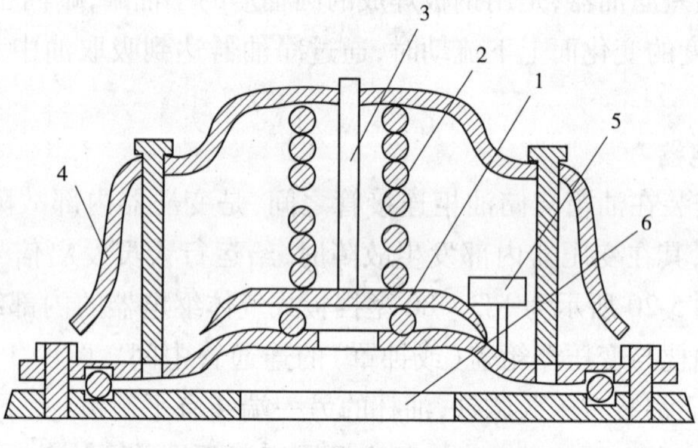

1—阀盖；2—弹簧；3—指示针；4—罩；5—微动开关；6—变压器油箱

图5-21　压力释放器结构图

而设的，中小型电力变压器用酒精温度计居多；大型变压器则用信号温度计，另外，变压器还用电阻温度计、压力式温度计、磁力油位计等。如图5-22所示为一只电触点式温度计的构造示意图，图中温包由一根细长的毛细管与单圈管形弹簧相通，组成一个密封的测温系统，内充适量的氯甲烷、乙醚、丙酮等易蒸发的液体。将温包插在变压器箱盖上的测温室内，温度变化时，温包内的液体便会产生与油温相对应的饱和蒸汽压力，经毛细管传送到单圈管形弹簧，使其胀、缩变形，变形的大小与测温系统内的饱和蒸汽压力有关（即与温度有关）。单圈管形弹簧的自由端与拉杆相连，管弹簧变形带动拉杆，使齿轮传动机构跟着转动,转轴及其上面的指针随之发生转动,在刻度盘上指出相应的温度值。温度计带有电触点,其动触点装在示值指针上;静触点有两个,一个为上限指针(通常用红针)触点,用以发送温度预告信号,另一个装在风扇起动定时指针(通常用黄针)触点上,用以起动风扇,并通过光字牌发出"风扇起动"信号。没有风扇的自冷式变压器,黄色指针可以接通光字牌,预告温度已达某一定值。

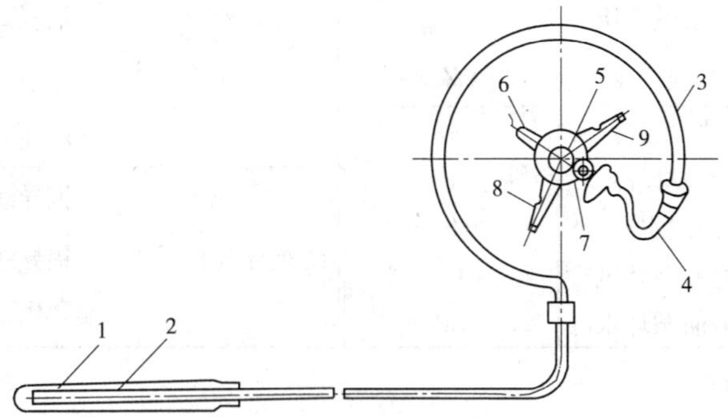

1—温包;2—毛细管;3—单圈管形弹簧;4—拉杆;5—齿轮传动机构;
6—示值指针;7—转轴;8—风扇起动定时指针触点;9—上限指针触点

图 5-22　电触点压力式温度计构造示意图

第三节　变压器的铭牌

每台变压器都在醒目的位置上装有铭牌,上面标有变压器的型号、使用条件和额定值。所谓额定值,是指制造厂根据国家标准对变压器正常使用时的有关参数所做的限额规定。在额定值及以下运行时,可保证变压器长期、可靠地工作。变压器的铭牌上通常有以下几项。

一、型号

变压器的型号用以表明变压器的类型和特点。变压器型号由字母和数字两部分组成,字母代表变压器的基本结构特点,数字分别代表额定容量和高压绕组额定电压等级,电力变压器产品型号的代表符号如表 5-1 所示。

例如,型号 SL－1000/10,"S"代表"三相","L"代表"铝导线","1000"是额定容量 kVA 数,"10"是高压绕组额定电压等级 kV 数;型号 S9－100/10 表示是一台三相油浸空气自冷式双绕组电力变压器,设计序号为 9,额定容量为 100 kVA,高压侧额定电压为 10 kV;型号 SG－100/10 表示一台三相干式空气自冷电力变压器,额定容量为 100 kVA,高压侧额定电压为 10 kV;型号 SFFZ7－40000/220 表示是一台三相自然油循环风冷式有载调压分裂电力变压器,设计序号为 7,额定容量为 40 000 kVA,高压侧额定电压为 220 kV。

表 5-1 变压器型号的代表符号

分类	类别	代表符号	分类	类别	代表符号
绕组耦合方式	自耦	O	绕组数	双绕组	—
相数	单相	D		三绕组	S
	三相	S		分裂绕组	F
调压方式	无励磁调压	—	冷却介质	油浸式	—
	有载调压	Z		干式	G
冷却方式	油浸自冷	—		浇注式	C
	油浸风冷	F	绕组导线材质	铜导线	—
	油浸水冷	S			
	强迫油循环风冷	FP		铝导线	L
	强迫油循环水冷	SP		铜—铝导线	Lb

注:“—”表示缺省。

二、额定值

(一)额定容量 S_N

额定容量是指额定运行时的视在功率,单位为 VA、kVA 或 MVA。由于变压器的效率很高,通常一、二次侧的额定容量设计成相等。

(二)额定电压 U_{1N} 和 U_{2N}

正常运行时规定,加在一次侧的电压称为变压器一次侧的额定电压 U_{1N},二次侧的额定电压 U_{2N} 是指变压器一次侧加额定电压时二次侧的空载(开路)电压,单位均为 V 或 kV。对于三相变压器,额定电压指线电压。

(三)额定电流 I_{1N} 和 I_{2N}

I_{1N} 和 I_{2N} 是分别根据额定容量和额定电压计算出来的一、二次侧电流,单位为 A。对于三相变压器,额定电流指线电流。

一、二次额定电流计算为:

单相变压器 $$I_{1N} = \frac{S_N}{U_{1N}} \qquad I_{2N} = \frac{S_N}{U_{2N}}$$

三相变压器 $$I_{1N} = \frac{S_N}{\sqrt{3}U_{1N}} \qquad I_{2N} = \frac{S_N}{\sqrt{3}U_{2N}}$$

(四)额定频率 f_N

我国规定电力系统的频率为 50 Hz。此外,额定运行时的效率、温升等数据也是额定值。

除额定值外,变压器的相数、连接组别、短路电压、运行方式和冷却方式等均标注在铭牌上。

第四节　变压器的空载运行

空载运行是指变压器一次侧接到电压为 U_1 的交流电源上，二次侧开路时的运行状态。图 5-23 是单相变压器空载运行时的示意图。一、二次侧电路的各物理量和参数分别用下标“1”和“2”标注，以示区别。

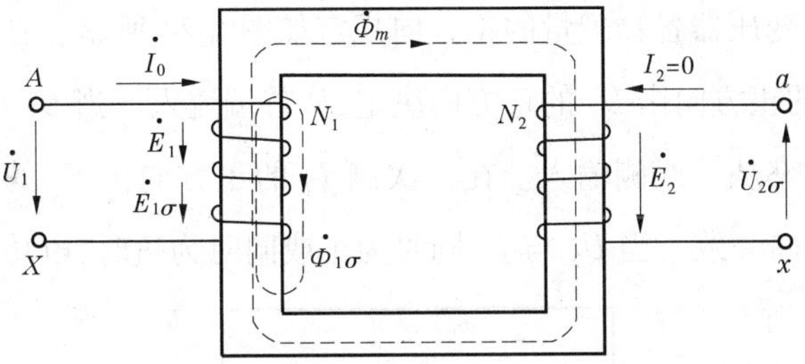

图 5-23　变压器的空载运行示意图

一、空载运行时的物理情况

当一次侧接上电源 $\dot{U}_1$ 后，绕组中便有电流流过，称为空载电流 $\dot{I}_0$。$\dot{I}_0$ 在一次侧绕组中产生空载磁动势 $\dot{F}_0=N_1\dot{I}_0$，并建立起交变磁通。该磁通可以分为两部分：一部分铁芯闭合，同时交链一、二次侧绕组，称为主磁通 $\dot{\Phi}_m$；另一部分只交链一次侧绕组，经一次侧附近的非铁磁性材料（空气和油）闭合，称为一次侧的漏磁通 $\dot{\Phi}_{1\sigma}$。主磁通和漏磁通都是交变磁通。根据电磁感应定律，$\dot{\Phi}_m$ 将在一、二次侧中感应电动势 $\dot{E}_1$、$\dot{E}_2$；$\dot{\Phi}_{1\sigma}$将在一次侧中感应漏磁电动势 $\dot{E}_{1\sigma}$。此外，空载电流 $\dot{I}_0$ 还在一次侧中产生电阻压降 $r_1\dot{I}_0$。这就是变压器空载运行时的电磁物理现象。

由于路径不同，主磁通和漏磁通有很大差异：①在性质上，主磁通由铁磁性材料组成，具有饱和特性，$\dot{\Phi}_m$ 与 $\dot{I}_0$ 呈非线性关系，而漏磁通磁路不具有饱和特性，$\dot{\Phi}_{1\sigma}$与 $\dot{I}_0$ 呈线性关系；②在数量上，由于铁芯的磁导率比空气（或变压器油）的磁导率大很多，铁芯磁阻小，所以总磁通中的绝大部分是主磁通，一般主磁通可占总磁通的 99% 以上，而漏磁通仅占 1% 以下；③在作用上，主磁通在一、二次侧绕组中均感应电动势，当二次侧接上负载时便有电功率输出，故主磁通起传递能量的媒介作用，而漏磁通仅在一次侧绕组中感应电动势，不能传递能量，仅起电压降的作用。

二、正方向

所谓正方向是人为规定的方向。变压器中各电磁量都是随时间而变化的交变量，要建立它们之间的互相关系，必须先规定各量的正方向，否则所列出的电路方程，其物理意义含糊不清，所以要规定参考正方向。从原理上讲，正方向可以任意选择，因各物理量的变化规律是一定的，并不依正方向的选择不同而改变，但正方向规定不同，列出的电磁方程

式和绘制的相量图也不同。通常按习惯方式规定正方向,称为习惯正方向,具体原则如下:

(1)把一次绕组看做交流电源的负载,电流的正方向与电压降的正方向一致,称为电动机惯例;把二次绕组电动势 $\dot{E}_2$ 看做电源电动势,电流的正方向与电动势的正方向一致,称为发电机惯例。

(2)磁通的正方向与产生磁通的交变电流正方向符合右手螺旋定则。

(3)感应电动势的正方向与产生它的磁通的正方向符合右手螺旋定则。

根据这些原则,变压器各物理量的正方向规定如图 5-24 所示。在一次侧,$\dot{U}_1$ 由首端指向末端,电流 $\dot{I}_1$ 的正方向由 $\dot{U}_1$ 的正方向决定,从首端流入。当 $\dot{U}_1$ 与 $\dot{I}_1$ 同时为正或同时为负时,表示电功率从一次侧输入。在二次侧 $\dot{I}_2$ 的正方向由 $\dot{E}_2$ 的正方向决定,$\dot{U}_2$ 的正方向与 $\dot{I}_2$ 的正方向一致。当 $\dot{U}_2$ 与 $\dot{I}_2$ 同时为正或同时为负时,电功率从二次侧输入。

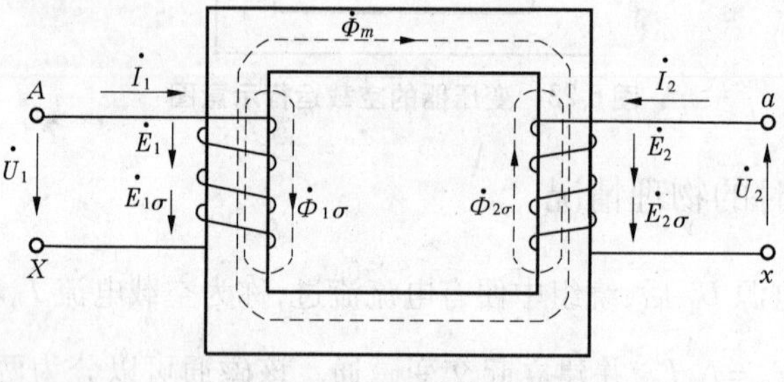

图 5-24 变压器正方向的确定

三、一、二次侧感应电动势及电动势平衡方程式

(一)感应电动势

假定主磁通按正弦规律变化,即

$$\Phi = \Phi_m \sin\omega t \tag{5-1}$$

式中 Φ_m——主磁通的最大值;

ω——磁通变化的角频率,$\omega = 2\pi f$。

根据电磁感应定律和图 5-24 的正方向规定,一、二次侧绕组中感应电动势的瞬时值为

$$e_1 = -N_1 \frac{\mathrm{d}\Phi}{\mathrm{d}t} = -\omega N_1 \Phi \cos\omega t = E_{1m} \sin\left(\omega t - \frac{\pi}{2}\right) \tag{5-2}$$

$$e_2 = -N_2 \frac{\mathrm{d}\Phi}{\mathrm{d}t} = -\omega N_2 \Phi \cos\omega t = E_{2m} \sin\left(\omega t - \frac{\pi}{2}\right) \tag{5-3}$$

式中 E_{1m}——主磁通在一次绕组感应电动势的最大值;

E_{2m}——主磁通在二次绕组感应电动势的最大值。

感应电动势的有效值为

$$E_1 = \frac{\omega N_1 \Phi_m}{\sqrt{2}} = 4.44 f N_1 \Phi_m \tag{5-4}$$

$$E_2 = \frac{\omega N_2 \Phi_m}{\sqrt{2}} = 4.44 f N_2 \Phi_m \tag{5-5}$$

同理，可推导出一次绕组漏磁电动势的瞬时值与有效值分别为

$$e_{1\sigma} = -N_1 \frac{d\Phi_{1\sigma}}{dt} = -\omega N_1 \Phi_{1\sigma m} \cos\omega t = E_{1\sigma m} \sin(\omega t - \frac{\pi}{2}) \tag{5-6}$$

$$E_{1\sigma} = \frac{\omega N_1 \Phi_{1\sigma m}}{\sqrt{2}} = 4.44 f N_1 \Phi_{1\sigma m} \tag{5-7}$$

式中　$\Phi_{1\sigma m}$——一次侧漏磁通的最大值；

$E_{1\sigma m}$——一次侧漏磁通感应电动势的最大值。

感应电动势与磁通的相量关系式为

$$\dot{E}_1 = -j4.44 f N_1 \dot{\Phi}_m \tag{5-8}$$

$$\dot{E}_2 = -j4.44 f N_2 \dot{\Phi}_m \tag{5-9}$$

$$\dot{E}_{1\sigma} = -j4.44 f N_1 \dot{\Phi}_{1\sigma m} \tag{5-10}$$

（二）变比

在变压器中，高、低压侧绕组感应相电动势之比称为变压器的变比，用 k 表示，即（以降压变压器为例：高压侧为一次侧）

$$k = \frac{E_1}{E_2} = \frac{4.44 f N_1 \Phi_m}{4.44 f N_2 \Phi_m} = \frac{N_1}{N_2} \tag{5-11}$$

式(5-11)表明，变压器的变比等于高、低压侧绕组匝数比。当变压器空载运行时，略去电阻压降和漏磁通电动势，$U_1 = E_1$，$U_{2\sigma} = E_2$，故可近似地用空载运行时高、低压侧的相电压之比来作为变压器的变比，即

$$k = \frac{U_1}{U_{2\sigma}} = \frac{U_{1N}}{U_{2N}} \tag{5-12}$$

（三）电动势平衡方程式

按图 5-24 规定的正方向，空载时一次侧的电动势平衡方程式为

$$\dot{U}_1 = -\dot{E}_1 - \dot{E}_{1\sigma} + \dot{I}_0 r_1 \tag{5-13}$$

可将 $\dot{E}_{1\sigma}$ 写成压降的形式。因为空载电流 $\dot{I}_0$ 流过一次绕组产生一次漏磁通 $\dot{\Phi}_{1\sigma}$，一次漏磁通在一次绕组中感应漏磁通电动势 $\dot{E}_{1\sigma}$，$\dot{E}_{1\sigma}$ 对一次侧电路的影响是阻碍电流的流通。对这种物理现象，可以用另一种表述的方法，即可以说是空载电流 $\dot{I}_0$ 流过一次侧电路的漏电抗 x_1 产生了电压降 $\dot{I}_0 x_1$。这样就把磁场对电路的影响变成了一个电抗原件对电路的影响。因为漏电抗可表示为 $x_1 = \frac{\dot{E}_{1\sigma}}{\dot{I}_0}$，即漏电抗的大小等于单位电流产生的漏磁电动势的大小，则有

$$\dot{E}_{1\sigma} = -j\dot{I}_0 \omega L_{1\sigma} = -j\dot{I}_0 x_1 \tag{5-14}$$

$$L_{1\sigma} = \frac{N_1 \Phi_{1\sigma m}}{\sqrt{2} I_0} = \frac{\sqrt{2} N_1^2 I_0}{\sqrt{2} I_0 R_m} = \frac{N_1^2}{R_m}$$

$$x_1 = \omega L_{1\sigma} = \frac{\omega N_1^2}{R_m}$$

式中　$L_{1\sigma}$——一次绕组漏电感；

R_m——一次漏磁通所经漏磁路的磁阻；

x_1——一次绕组漏电抗，因为漏磁路的磁阻为常数，所以当频率和一次绕组匝数不变时，该电抗为常数。

将式(5-14)代入式(5-13)，可得

$$\dot{U}_1 = -\dot{E}_1 + j\dot{I}_0 x_1 + \dot{I}_0 r_1 = -\dot{E}_1 + \dot{I}_0 Z_1 \tag{5-15}$$

式中　Z_1——一次绕组的漏阻抗，$Z_1 = r_1 + jx_1$。

对于电力变压器，空载时一次侧的漏阻抗压降很小，其数值不超过一次电压的0.2%，因此可将 $\dot{I}_0 Z_1$ 忽略，则式(5-15)变成

$$\dot{U}_1 = -\dot{E}_1 \tag{5-16}$$

由式(5-16)可以得出两点结论：一是 $\dot{E}_1$ 是个反电动势，它与 $\dot{U}_1$ 大小相等、方向相反，外加电压基本由它平衡；二是 $\dot{U}_1 = \dot{E}_1 = j4.44fN_1\dot{\Phi}_m$，当频率和绕组匝数不变时，变压器主磁通幅值的大小与外加电压 U_1 成正比，若外加电压不变，则主磁通幅值不变。从以后的分析可知，这两点结论在变压器正常负载运行时也成立。空载状态下，二次侧电流等于0，则二次侧的感应电动势等于二次侧的空载电压，即

$$\dot{E}_2 = \dot{U}_{2\sigma} \tag{5-17}$$

四、空载电流和空载损耗

(一)空载电流

1. 空载电流的作用与组成

变压器的空载电流 $\dot{I}_0$ 包含两个分量：一个是无功分量 $\dot{I}_{0r}$，其作用是建立空载时的磁场，产生主磁通 $\dot{\Phi}_m$ 和一次侧漏磁通 $\dot{\Phi}_{1\sigma}$，其相位与主磁通 $\dot{\Phi}_m$ 相同，也称其为磁化电流；另一个是有功分量 $\dot{I}_{0\alpha}$，其作用是提供空载时变压器内部的有功损耗，即铁耗和一次绕组电抗的损耗，电阻的损耗很小可忽略不计，$\dot{I}_{0\alpha}$的相位超前 $\dot{\Phi}_m$ $\frac{\pi}{2}$。由此可得空载电流为

$$\dot{I}_0 = \dot{I}_{0\gamma} + \dot{I}_{0\alpha} \tag{5-18}$$

其有效值

$$I_0 = \sqrt{I_{0\gamma}^2 + I_{0\alpha}^2}$$

$\dot{I}_0$ 的相位超前 $\dot{\Phi}_m$ 的角度称为铁损耗角 α。

2. 空载电流的性质和大小

通常，空载电流的无功分量比有功分量大得多，有功分量可忽略不计，故变压器空载电流可近似认为是无功性质的，通常称其为励磁电流。由于变压器铁芯采用导磁性能良好的硅钢片，一般电力变压器空载电流的数值不大，为额定电流的2%～10%，变压器的

容量越大,空载电流的百分值一般越小。

3. 空载电流的波形

空载电流的波形与铁芯磁化曲线有关,由于磁路饱和的影响,空载电流与由它所产生的主磁通呈非线性关系。由图 5-25 可知,当磁通按正弦规律变化时,由于磁路饱和,空载电流为尖顶波。尖顶波的空载电流除基波分量外,主要为三次谐波分量。也就是说,由于磁路的饱和,要在变压器铁芯中建立正弦波形的磁通,变压器的空载电流就必须含有三次谐波分量。

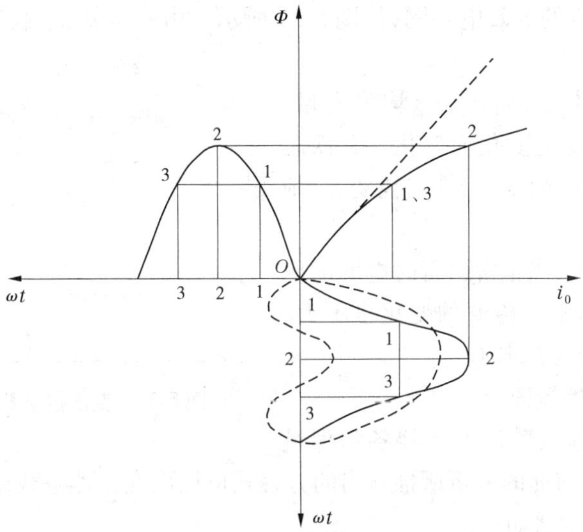

图 5-25　磁路饱和时的空载电流波形

(二)空载损耗

变压器空载运行时,一次侧从电源中吸取了少量的有功功率,这个功率主要用来补偿铁芯中的铁损耗 p_{Fe} 以及少量的一次侧绕组铜损耗 $I_0^2 r_1$,此两损耗的和称为空载损耗 p_0;由于 I_0 和 r_1 均很小,所以忽略一次侧绕组铜损耗 $I_0^2 r_1$,故 $p_0 = p_{Fe}$,即空载损耗可近似等于铁损耗。

电力变压器空载损耗占额定容量的 0.2% ~1%。

五、空载时的等效电路和相量图

(一)空载时的等效电路

前面已经述及,空载电流在一次绕组产生的漏磁通感应的漏电动势可用空载电流在漏电阻的压降来表示。同样,可将主磁通感应的电动势 $\dot{E}_1$ 也看成是一个电抗压降,从而引出励磁电抗的概念,这对变压器的分析和计算将带来许多方便。但由于主磁路和漏磁路不同,主磁通会在铁芯中引起铁损耗,消耗有功能量,故不能单纯地引入一个电抗,而应引入一个阻抗 Z_m 把 $\dot{E}_1$ 和 $\dot{I}_0$ 联系起来。根据正方向的规定,可列出

$$-\dot{E} = \dot{I}_0 Z_m = \dot{I}_0(r_m + jx_m) \tag{5-19}$$

式中　Z_m——变压器的励磁阻抗,$Z_m = r_m + jx_m$;

r_m——励磁电阻，是对应于铁芯损耗的等效电阻，该电阻上消耗的有功能量 $I_0^2 r_m$ 等于损耗；

x_m——励磁电抗，该电抗上消耗的无功能量 $I_0^2 x_m$ 等于建立主磁场需要的无功能量。

通常变压器的励磁电阻比励磁电阻大得多，励磁阻抗的值主要取决于励磁电抗。

将式(5-19)代入式(5-15)，得

$$\dot{U}_1 = -\dot{E}_1 + \dot{I}_0 Z_1 = \dot{I}_0(Z_m + Z_1) \tag{5-20}$$

由此可绘出相应的等效电路图，如图5-26所示。由图可知，空载运行的变压器可看成两个阻抗串联的电路。

注意：r_1、x_1 是常数，而 r_m、x_m 均为变量。它们随铁芯饱和程度的变化而变化。若铁芯饱和程度增加，铁芯磁阻变大，铁损耗变大，则 r_m、x_m 会减小。

但在实际运行中，当正常运行时电源电压的变化不大时，铁芯中主磁通的变化也不大，所以 Z_m 的值可以认为基本不变。

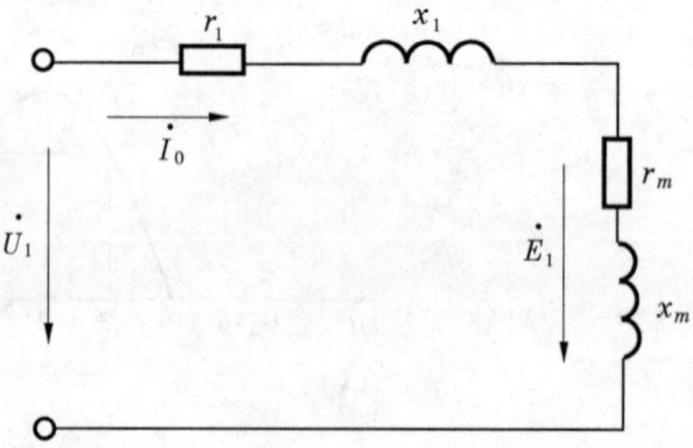

图 5-26　变压器空载时的等效电路

(二) 空载时的相量图

相量图能直观地反映出变压器各物理量之间的相位关系，由前面的分析所推导出的方程式可绘出变压器空载运行时的相量图，如图5-27所示。作图步骤如下：

(1) 任意确定主磁通 $\dot{\Phi}_m$ 位置，以此作为参考相量。

(2) 作 $\dot{E}_1$、$\dot{E}_2$ 滞后 $\dot{\Phi}_m$ $\frac{\pi}{2}$。

(3) 根据铁耗角 α 作空载电流 $\dot{I}_0$（注：根据铁耗角 α，可作出空载电流的无功和有功分量，其无功分量 $\dot{I}_{0\gamma}$ 与 $\dot{\Phi}_m$ 同相位，有功分量 $\dot{I}_{0\alpha}$ 超前 $\dot{\Phi}_m$ $\frac{\pi}{2}$。$\dot{I}_{0\gamma}$ 与 $\dot{I}_{0\alpha}$ 二者的相量和即为 $\dot{I}_0$。

(4) 把 $\dot{E}_1$ 反向，在 $-\dot{E}_1$ 上加上与 $\dot{I}_0$ 平行的 $\dot{I}_0 r_1$ 和与 $\dot{I}_0$ 垂直的 $j\dot{I}_0 x_1$ 得 $\dot{U}_1$。$\dot{U}_1$ 与 $\dot{I}_1$ 之间的相位差 φ_0 称为空载时的功率因数角。

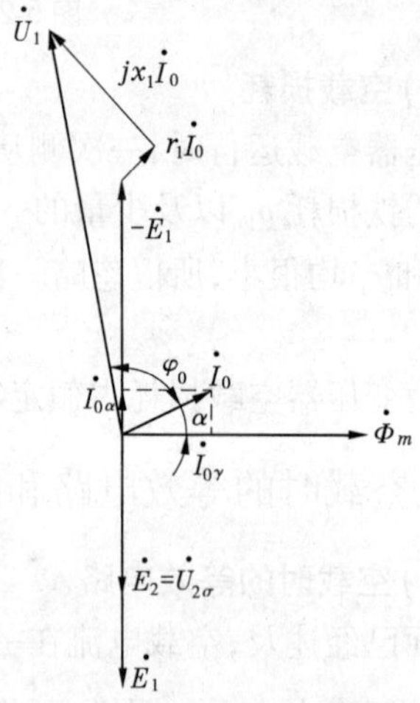

图 5-27　变压器空载时的相量图

由于 $\varphi_0 \approx \frac{\pi}{2}$，因此变压器空载运行时的功率因数 $\cos\varphi_0$ 是很低的，一般为 0.1～0.2。为了清楚起见，图中相量 $\dot{I}_0 r_1$ 和 $j\dot{I}_0 x_1$ 被夸大了。

基本方程式、等效电路、相量图是分析电机电磁关系的三种主要方法。

第五节　变压器的负载运行

变压器一次侧接入交流电源，二次侧接上负载 Z_L 的运行方式称为变压器的负载运行，如图 5-28 所示。

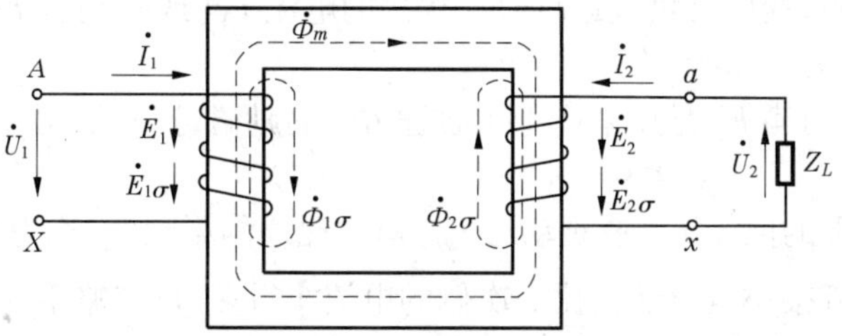

图 5-28　变压器负载运行原理图

一、磁动势平衡

由上节分析可知，变压器空载运行时，$\dot{I}_2=0$，二次侧的存在对一次侧电路没有影响。一次侧空载电流 $\dot{I}_0$ 产生的磁动势 $\dot{F}_0=N_1\dot{I}_0$ 就是励磁磁动势，它产生主磁通 $\dot{\Phi}_m$，并在一、二次侧中感应电动势。电源电压与反电动势漏阻抗压降相平衡，维持一次侧绕组中的空载电流，此时变压器中的电磁关系处于平衡状态。

变压器负载运行时，二次侧电流 $\dot{I}_2$ 流过二次绕组产生磁动势 $\dot{F}_2=N_2\dot{I}_2$。$\dot{F}_2$ 也作用在变压器的主磁路上，改变了铁芯中的主磁通 $\dot{\Phi}_m$ 以及由 $\dot{\Phi}_m$ 所感应的电动势 $\dot{E}_1$ 的大小。一般，变压器负载为感性负载，$\dot{F}_2$ 在主磁路上产生的磁通对主磁通 $\dot{\Phi}_m$ 有去磁作用，即 $\dot{\Phi}_m$ 将减小，导致 $\dot{E}_1$ 也减小，打破原来的平衡关系。由式(5-15)可知，这将引起一次侧的电流发生变化，由原来的 $\dot{I}_0$ 上升为 $\dot{I}_1$，一次侧的磁动势也从 $\dot{F}_0$ 变为 $\dot{F}_1=N_1\dot{I}_1$。此时，一次侧的磁动势 $\dot{F}_1$ 与二次侧的磁动势 $\dot{F}_2$ 作用，维持主磁通 $\dot{\Phi}_m$ 不变，该电磁作用过程称为变压器的磁动势平衡。

当一次侧电流由 $\dot{I}_0$ 上升为 $\dot{I}_1$ 时，Z_1 为常数，其电压降还是要增大的，相应的电动势 E_1 减小，主磁通 $\dot{\Phi}_m$ 也减小。但对于实际的变压器来说，Z_1 很小，漏阻抗压降 $\dot{I}_1Z_1$ 很小，即使在额定负载时也只有额定电压的 2% ~6%，故在负载运行时仍有 $\dot{U}_1\approx-\dot{E}_1$ 或 $U_1\approx E_1$。因此，变压器从空载到满载过程中，当电源电压和频率不变时，可认为主磁通 $\dot{\Phi}_m$ 近似为常数，负载运行时产生主磁通的磁动势 $\dot{F}_1+\dot{F}_2$ 与空载运行时的 $\dot{F}_0$ 相同。由此得磁动势平衡关系为

$$\dot{F}_1+\dot{F}_2=\dot{F}_0 \tag{5-21}$$

变化式(5-21)，并将磁动势表达式展开，可得(以降压变压器为例)

$$\dot{F}_1 = \dot{F}_0 + (-\dot{F}_2)$$

$$N_1\dot{I}_1 = N_1\dot{I}_0 + (-N_2\dot{I}_2)$$

$$\dot{I}_1 = \dot{I}_0 + (-\frac{N_2}{N_1})\dot{I}_2 = \dot{I}_0 + (-\frac{\dot{I}_2}{k}) \tag{5-22}$$

式(5-22)表明,变压器负载运行时一次侧的电流 $\dot{I}_1$(或磁动势 $\dot{F}_1$)由两个分量组成。一个分量 $\dot{I}_0$ 或磁动势 $\dot{F}_0$ 是用来产生主磁通 $\dot{\Phi}_m$ 的励磁分量的,另一个分量 $-\frac{\dot{I}_2}{k}$或 $-\dot{F}_2$ 是用来平衡二次侧的电流 $\dot{I}_2$(或磁动势 $\dot{F}_2$)对主磁通的影响的,称为负载分量。

由于空载电流很小,负载时,比一次侧的电流小得多,可忽略不计,则式(5-22)变为

$$\dot{I}_1 \approx (-\frac{N_2}{N_1})\dot{I}_2 = -\frac{\dot{I}_2}{k} \tag{5-23}$$

式(5-23)表明,变压器一、二次侧的电流与其绕组匝数成反比,当二次侧的负载电流 $\dot{I}_2$ 增大时,一次侧的电流 $\dot{I}_1$ 将随着增大,即二次侧的输出功率增大时,一次侧的输入功率随之增大。所以,变压器是一个能量传递装置,它在改变电压的同时也在改变电流的大小。

二、基本方程式

变压器负载运行时,除一、二次侧的磁动势共同产生主磁通外,还有一、二次侧的磁动势在各自的绕组产生的只交链其本身的漏磁通 $\dot{\Phi}_{1\sigma}$、$\dot{\Phi}_{2\sigma}$,它们在各自绕组中感应出漏电动势 $\dot{E}_{1\sigma}$、$\dot{E}_{2\sigma}$。前已述及,一次侧的漏电动势 $\dot{E}_{1\sigma}$ 可用漏电抗压降来代替,其中 $x_1 = \omega L_{1\sigma}$ 称为一次侧的漏电抗,是一常数。同理,二次侧漏电动势 $\dot{E}_{2\sigma}$ 可用漏电抗压降 $-jx_2\dot{I}_2$ 来代替,其中 $x_2 = \omega L_{2\sigma}$ 称为二次侧的漏电抗,也是常数。再考虑到一、二次侧有电阻 r_1、r_2,按图 5-28 所规定的正方向,根据基尔霍夫第二定律,可写出变压器负载运行时一、二次侧的电动势平衡方程式为

$$\dot{U}_1 = -\dot{E}_1 + \dot{I}_1(r_1 + jx_1) = -\dot{E}_1 + \dot{I}_1 Z_1 \tag{5-24}$$

$$\dot{U}_2 = \dot{E}_2 - \dot{I}_2(r_2 + jx_2) = \dot{E}_2 - \dot{I}_2 Z_2 \tag{5-25}$$

$$\dot{U}_2 = \dot{I}_2 Z_L \tag{5-26}$$

式中 Z_2——二次侧的漏阻抗,$Z_2 = r_2 + jx_2$;

r_2、x_2——二次侧的电阻和漏电抗;

Z_L——负载阻抗。

综上所述,将变压器负载时的基本电磁关系归纳起来,可得基本方程组为

$$\left.\begin{aligned}
\dot{U}_1 &= -\dot{E}_1 + \dot{I}_1 Z_1 \\
\dot{U}_2 &= \dot{E}_2 - \dot{I}_2 Z_2 \\
\frac{\dot{E}_1}{\dot{E}_2} &= k \\
\dot{I}_1 &= \dot{I}_0 + \left(-\frac{\dot{I}_2}{k}\right) \\
\dot{E}_1 &= -\dot{I}_0 Z_m \\
\dot{U}_2 &= \dot{I}_2 Z_L
\end{aligned}\right\} \tag{5-27}$$

变压器的基本方程组反映了变压器内部的电磁关系,用式(5-27)便能对变压器进行定量计算。

由变压器的基本方程式组可绘出变压器的电路图,如图 5-29 所示。但这种电路图一、二次侧之间只有磁的耦合,没有电的直接联系。其矛盾是一、二次侧的感应电动势 $\dot{E}_1 \neq \dot{E}_2$,相应的物理量和物理参数也无法比较和直接计算。若引入折算法,可得到纯电路形式的等效电路,既能反映变压器内部电磁关系,又便于工程计算。

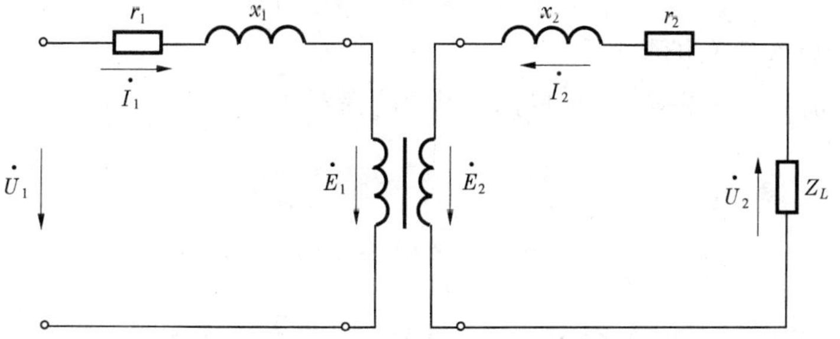

图 5-29　一、二次侧分开的变压器电路图

三、变压器参数的折算

所谓折算是指用一台变比 $k=1$ 的变压器来代替实际变压器的一种数学方法。折算可以由二次侧向一次侧折算,即把二次侧匝数变换成一次侧匝数;也可以由一次侧向二次侧折算。折算的原则是折算前后变压器内部的电磁效应不变,即折算前后磁动势平衡,有功功率和无功功率的输入、输出及损耗等均保持不变。以降压变压器为例,在由二次低压侧向一次高压侧折算时,只要保持二次侧的磁动势 $\dot{F}_2$ 不变,则变压器内部的电磁效应就不变。折算后的物理量和参数在原来的符号上加一个标号“′”以示区别,二次低压侧各量的折算方法如下。

(一)二次侧电流的折算值

根据折算前后二次侧磁动势不变的原则,可得

$$N_2 \dot{I}_2 = N_1 \dot{I}'_2$$

$$\dot{I}'_2 = \frac{N_2}{N_1}\dot{I}_2 = \frac{\dot{I}_2}{k} \tag{5-28}$$

(二)二次侧电动势的折算值

由于折算前后主磁通不变,根据电动势与匝数成正比的关系,可得

$$\dot{E}'_2 = \frac{N_1}{N_2}\dot{E}_2 = k\dot{E}_2 \tag{5-29}$$

(三)二次侧漏阻抗的折算值

根据折算前后二次侧的铜损耗不变,得

$$I'^2_2 x'_2 = I^2_2 r_2$$

$$x'_2 = (\frac{I_2}{I'_2})^2 r_2 = k^2 r_2 \tag{5-30}$$

根据折算前后二次侧漏磁场无功损耗不变,得

$$I'^2_2 r'_2 = I^2_2 x_2$$

$$r'_2 = (\frac{I_2}{I'_2})^2 x_2 = k^2 x_2 \tag{5-31}$$

二次漏阻抗的折算值

$$Z'_2 = r'_2 + jx'_2 = k^2(x_2 + jr_2) = k^2 Z^2 \tag{5-32}$$

(四)二次侧电压的折算值

根据折算前后二次侧输出有功功率、无功功率不变,得

$$\dot{U}'_2\dot{I}'_2 = \dot{U}_2\dot{I}_2$$

$$\dot{U}'_2 = \frac{\dot{I}_2}{\dot{I}'_2}\dot{U}_2 = k\dot{U}_2 \tag{5-33}$$

同理,根据折算前后二次侧负载消耗有功功率、无功功率不变,得

$$Z'_L = r'_L + jx'_L = k^2(r_L + jx_L) = k^2 Z_L \tag{5-34}$$

折算后的基本方程组为

$$\left.\begin{aligned} \dot{U}_1 &= -\dot{E}_1 + \dot{I}_1 Z_1 \\ \dot{U}'_2 &= \dot{E}'_2 - \dot{I}'_2 \dot{Z}'_2 \\ \dot{E}_1 &= \dot{E}'_2 \\ \dot{I}_1 &= \dot{I}_0 + (-\dot{I}'_2) \\ \dot{E}_1 &= -\dot{I}_0 Z_m \\ \dot{U}'_2 &= \dot{I}'_2 Z'_L \end{aligned}\right\} \tag{5-35}$$

四、负载时的等效电路

根据折算后的基本方程式组可以构成如图 5-30 所示的电路。由于其形状像字母 T,故称为 T 形等效电路。

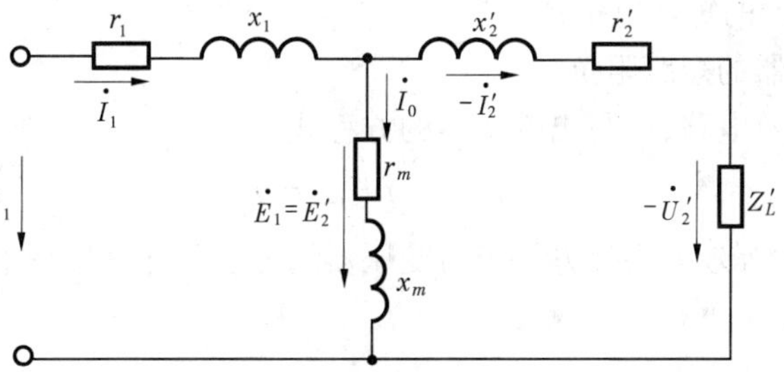

图 5-30　变压器的 T 形等效电路

T 形等效电路虽然能准确地表达变压器内部的电磁关系，但其结构是串、并联混合电路，运算较繁。考虑到励磁阻抗 Z_m 比 Z_1 大得多，I_0 很小，一次漏阻抗压降 I_0Z_1 很小，可忽略不计。这样，便可把 T 形等效电路中的励磁支路移到电源端，励磁支路移动后，使负载支路电压和励磁支路电压略有升高，造成了很小的误差，故称为近似 Γ 形等效电路，如图 5-31 所示，在电力变压器中，由于 I_0 很小，通常 I_0 占 I_N 的 2% ~10%。因此，在工程计算中，分析负载及短路运行时，可以把 I_0 忽略，即去掉励磁支路，而得到一个更简单的电路，如图 5-32 所示，称为简化等效电路。

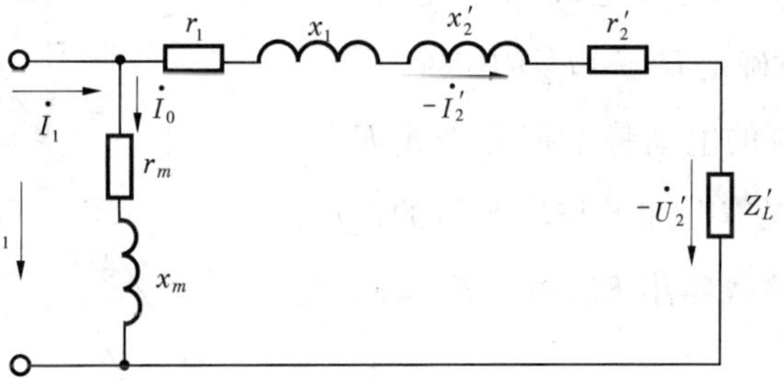

图 5-31　变压器的 Γ 形等效电路

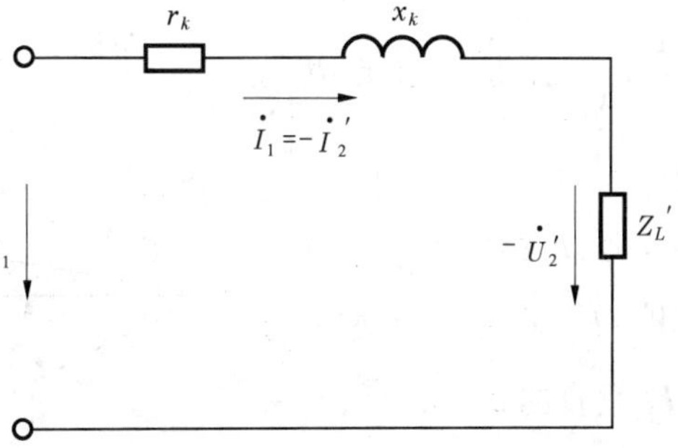

图 5-32　变压器的简化等效电路

在 Γ 形等效电路和简化等效电路中，将一、二次侧的漏阻抗参数合并起来，即

$$\left.\begin{aligned} r_k &= r_1 + r'_2 \\ x_k &= x_1 + x'_2 \\ Z_k &= Z_1 + Z'_2 \end{aligned}\right\} \tag{5-36}$$

式中　r_k——变压器的短路电阻；

x_k——变压器的短路电抗；

Z_k——变压器的短路阻抗。

对应于简化等效电路，可写出变压器的方程式

$$\dot{U}_1 = -\dot{U}'_2 - \dot{I}'_2 Z_k \tag{5-37}$$

在工程上，简化等效电路及方程组给变压器的分析和计算带来很大的便利，得到广泛应用。

五、负载时的相量图

变压器负载运行时的电磁关系，除用基本方程式和等效电路表示外，还可以用相量图表示。图 5-33 表示带阻感性负载时变压器的相量图。

相量图的画法视给定的条件而定。例如，已知变压器的各个参数及 $\dot{U}_2$、$\dot{I}_2$、$\cos\varphi_2$，画图的步骤如下：

(1) 选择 $\dot{U}'_2$ 作为参考相量，根据给定的二次功率因数角 φ_2，任意确定 $\dot{U}'_2$ 和 $\dot{I}'_2$ 的位置。

(2) 根据二次侧的电动势平衡方程式 $\dot{E}'_2 = \dot{U}'_2 + \dot{I}'_2(r'_2 + jx'_2)$，在 $\dot{U}'_2$ 加上与 $\dot{I}'_2$ 平行的 $\dot{I}'_2 r'_2$，再加与 $\dot{I}'_2$ 垂直的 $j\dot{I}'_2 x'_2$ 得出 $\dot{E}'_2$，由于 $\dot{E}'_2 = \dot{E}_1$，也就得到了 $\dot{E}_1$。

(3) 主磁通 $\dot{\Phi}_m$ 超前 $\dot{E}_1 \dfrac{\pi}{2}$，励磁电流 $\dot{I}_0$ 又超出 $\dot{\Phi}_m$ 一铁耗角 $\alpha = \arctan \dfrac{r_m}{x_m}$，于是可绘出 $\dot{\Phi}_m$ 和 $\dot{I}_0$。

(4) 由 $\dot{I}_1 = \dot{I}_0 + (-\dot{I}'_2)$，可绘出 $\dot{I}_1$。

(5) 将 $\dot{E}_1$ 反向，绘出 $-\dot{E}_1$，在 $-\dot{E}_1$ 上加上与 $\dot{I}_1$ 平行的 $\dot{I}_1 r_1$，再加与 $\dot{I}_1$ 垂直的 $j\dot{I}_1 x_1$，由 $\dot{U}_1 = -\dot{E}_1 + \dot{I}_1(r_1 + jx_1)$，可绘出 $\dot{U}_1$。

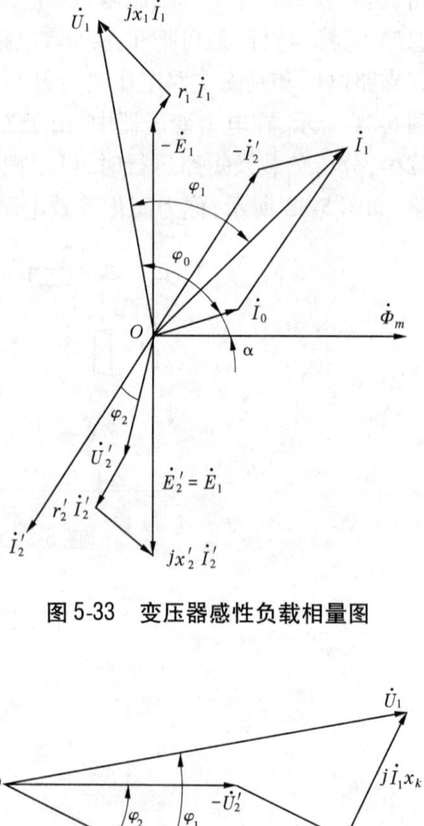

图 5-33　变压器感性负载相量图

由式(5-37)，可画出变压器带阻感性负载时的简化相量图，如图 5-34 所示，画图的步骤如下：

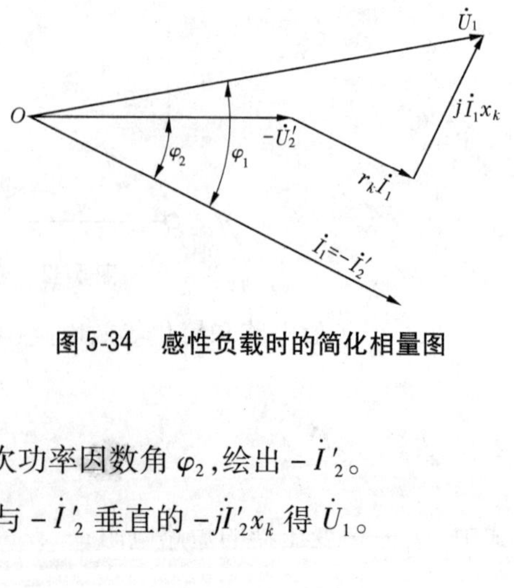

图 5-34　感性负载时的简化相量图

(1) 选择 $-\dot{U}'_2$ 作为参考相量，根据给定的二次功率因数角 φ_2，绘出 $-\dot{I}'_2$。

(2) 在 $-\dot{U}'_2$ 加上与 $-\dot{I}'_2$ 平行的 $-\dot{I}'_2 r_k$，再加与 $-\dot{I}'_2$ 垂直的 $-j\dot{I}'_2 x_k$ 得 $\dot{U}_1$。

第六节　三相变压器的磁路系统

现代电力系统均采用三相制，所以三相变压器得到了广泛应用。从运行原理来看，三相变压器在对称负载下运行时，各相电压、电流大小相等，相位互差$\frac{2}{3}\pi$。因此，前面分析的单相变压器的方法及有关结论，完全适用于对称运行的三相变压器，但三相变压器绕组连接方法和组别、绕组连接方式和磁路系统对电动势波形的影响等，属于三相变压器特殊的问题，这也就是本章要讨论的问题。

根据铁芯结构，三相变压器可分为磁路彼此独立的三相组式变压器和磁路彼此相关的三相芯式变压器两类。

一、三相组式变压器

三相变压器可看成用三个完全相同单相变压器组成，将三个单相变压器的三个一次绕组、三个二次绕组按一定方式连接作为三相变压器的一、二次绕组，便构成一台三相变压器即组式三相变压器，如图 5-35 所示。

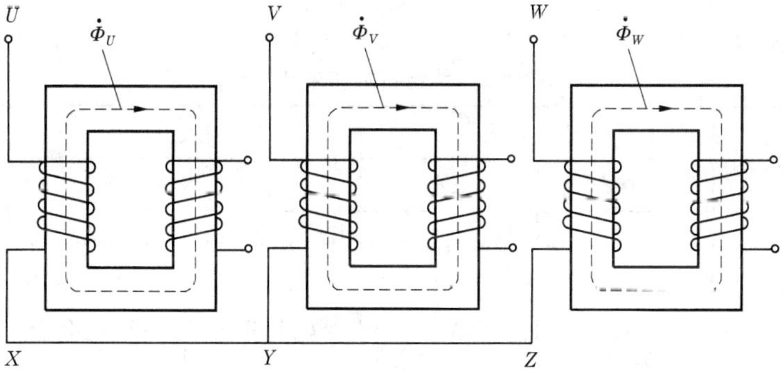

图 5-35　三相组式变压器的磁路系统

这种变压器磁路的特点是各相磁路彼此独立，互不关联。当一次侧加三相对称电源时，各相主磁通和空载电流也是对称的。

二、三相芯式变压器

三相芯式变压器磁路是由三个单相铁芯演变而成的。如果把图 5-35 所示的三个单相铁芯合并成图 5-36(a)所示的结构，由于通过中间铁芯柱的是三相对称磁通。$\dot{\Phi}_U+\dot{\Phi}_V+\dot{\Phi}_W=0$。因此，可将中间的铁芯柱省去，如图 5-36(b)所示。为了制造方便，通常把三个铁芯柱排列在同一个平面内，如图 5-36(c)所示，这就是三相芯式变压器。这种变压器磁路的特点是三相磁路彼此关联、相互影响。

由图 5-36(c)所示，中间 V 相磁路最短，两边 U、W 两相较长，三相磁路不对称。对于此磁路，当外加三相对称电压时，三相空载电流也不完全对称，但由于空载电流较小，它的

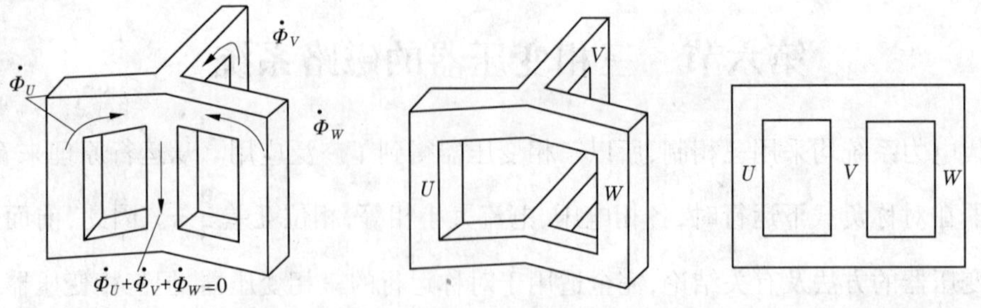

(a)三个单相铁芯合并　(b)取去中间铁芯　(c)三个铁芯柱在同一个平面上

图 5-36　三相芯式变压器的磁路系统

不对称对变压器负载运行的影响不大。因此,仍可把它看做三相对称系统。

第七节　三相变压器的连接组别

一、绕组的端头标志与极性

为了正确地使用变压器,分别用字母标示高、中、低压绕组出线的首末端,其规定如表 5-2 所示。

表 5-2　绕组首端和末端标志

绕组名称	单相变压器		三相变压器		中性点
	首端	末端	首端	末端	
高压绕组	U	X	UVW	XYZ	N
中压绕组	U_m	X_m	$U_mV_mW_m$	$X_mY_mZ_m$	N_m
低压绕组	u	x	uvw	xyz	n

当变压器的高压(或低压)绕组外加电源时,假设电源电压在某一瞬间对应高压绕组的某一端为正电位,在主磁通的作用下,低压绕组上必有一个端头的电位也为正,则这两个对应的端头称为同极性端,并在对应的端头上用符号"·"标出,当高、低压侧电压相量相位相同时,如图 5-37(a)所示;反之,当高、低压侧绕组的首端(或末端)端子为非同极性端时,称之为异极性端,高、低压侧电压相量相位相反,如图 5-37(b)所示。

假设规定相电压相量的正方向箭头指向首端,线电压相量的正方向指向末端,则单相变压器高、低压侧相电压之间以及三相变压器高、低压侧电压之间就有不同的相位关系。

二、变压器的连接组别

所谓变压器的连接组别,是指变压器高、低压绕组的接线方式及其对应的组别号。组别号是通过时钟表示法得到的。所谓时钟表示法,是把高压绕组的线电压(单相变压器

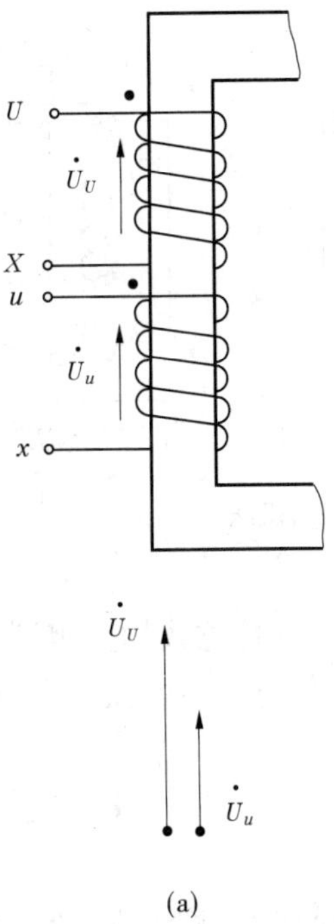

图 5-37　绕组的标注、极性、相量图

是相电压)相量作为时钟的长针,且固定指向 0 点的位置,对应的低压绕组的同名线(或相)电压相量作为时钟的短针进行相位比较,其所指的钟点数就是组别号。

如 Y,d11－表示三相变压器的高压绕组为星形连接,低压绕组为三角形连接,低压绕组线电压比高压绕组对应的同名线电压超前$\frac{\pi}{6}$。

(一)单相变压器的组别

当单相变压器的高、低压绕组的首端为同级性端时,如图 5-37(a)所示,连接组别为I,I0。其中 I 表示高、低压绕组都是单相绕组,标号 0 表示高、低压绕组的电压相位相同,相量图画在对应接线图的下方。当同一相高、低压绕组的首端为异极性端时,高、低压绕组电压相位相反,如图 5-37(b)所示,连接组别为 I、I6。标号 6 表示高、低压绕组的电压相位相反,相量图在对应接线图的下方。

(二)三相绕组的连接方式

在三相变压器中,不论是高压绕组还是低压绕组,我国主要采用星形连接(Y 连接)和三角形连接(D 连接)两种。

以高压绕组为例,把三相绕组的三个尾端 *X*、*Y*、*Z* 连接在一起,结成中点,而把它们的三个首端 *U*、*V*、*W* 引出,便是星形连接,以符号 Y 表示,如图 5-38(a)所示。如果用于中性点直接接地则用 YN 表示。对于低压绕组则用 y 及 yn 表示。如果把一相的尾端和另一相的首端连接起来,顺序形成一闭合电路,称为三角形连接,用符号 D 表示。对低压绕组用 d。三角形连接有两种连接顺序:一种按 *UY—VZ—WX* 的顺序连接成三角形,如图 5-38(b)所示,另一种按 *UZ—WY—VX* 的顺序连接成三角形,如图 5-38(c)所示。

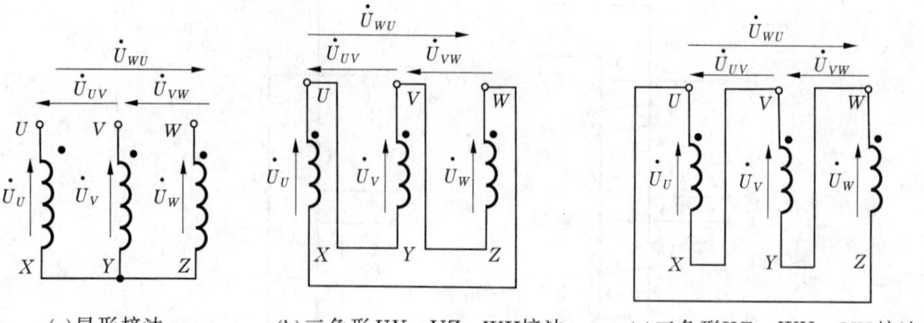

(a)星形接法　(b)三角形$UY—VZ—WX$接法　(c)三角形$UZ—WY—VX$接法

图 5-38　三相绕组的接法

(三)三相变压器的连接组别

三相变压器的连接组别是由高、低压侧绕组的连接方式加上组别号构成的。组别号表示高、低压侧同名线电压之间的相位关系，它不仅与绕组的极性和首末端的标志有关，而且与绕组的连接方式有关。

1. Y，y 连接

Y，y 接法有两种情况：

(1)当同一铁芯柱上的高、低压绕组的首端为同极性端时，高、低压绕组相电压相位相同，则高、低压绕组对应线电压 $\dot{U}_{UV}$和 $\dot{U}_{uv}$相位相同，其连接组别为 Y，y0，如图 5-39 所示。

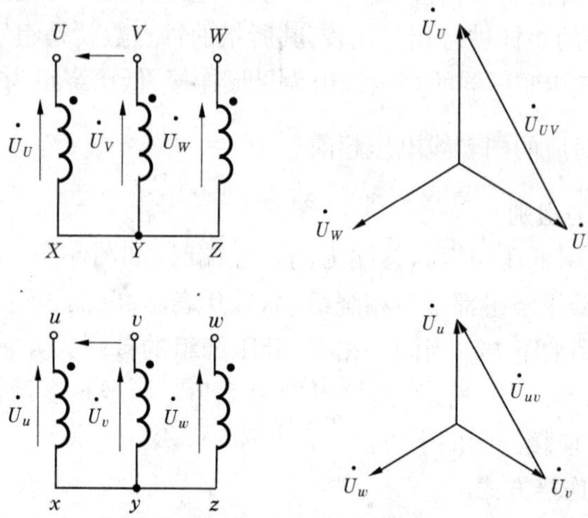

图 5-39　Y，y0 连接组

(2)当同一铁芯柱上的高、低压绕组的首端为异极性端时，高、低压绕组相电压相位相反，则高、低压绕组对应的线电压 $\dot{U}_{UV}$和 $\dot{U}_{uv}$相位相反，其连接组别为 Y，y6，如图 5-40 所示。

对图 5-39 所示接线，如果保持高压绕组的三相标志不变，而将低压绕组三相标志依次后移一个铁芯柱，即将 *vy* 换成 *ux*、*wz* 换成 *vy*、*ux* 换成 *wz*，则在相量图上相当于把各相应的电压顺时针方向转了$\frac{2}{3}\pi$，则得 Y，y4 连接组别；如后移两个铁芯柱，则得 Y，y8 连接组别。同

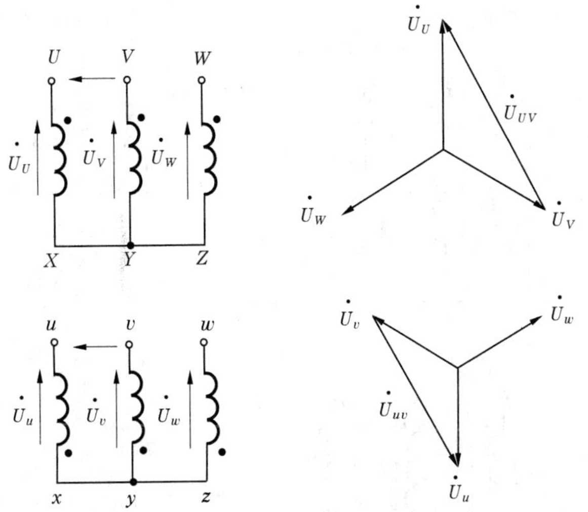

图 5-40　Y,y6 连接组

理,对图 5-40 所示接线,采取三相标志轮换的办法,可得到 Y,y10 和 Y,y2 连接组别。

2. Y,d 连接

图 5-41 表示高压绕组为 Y 连接,低压绕组为 d 连接。图 5-41 中高、低压绕组的首端为同级性端,低压绕组按 *uy—vz—wx* 连接成三角形,此时高、低压绕组相电压相位相同,但线电压 $\dot U_{uv}$超前同名线电压 $\dot U_{UV}$ $\frac{\pi}{6}$,即得 Y,d11 连接组别。

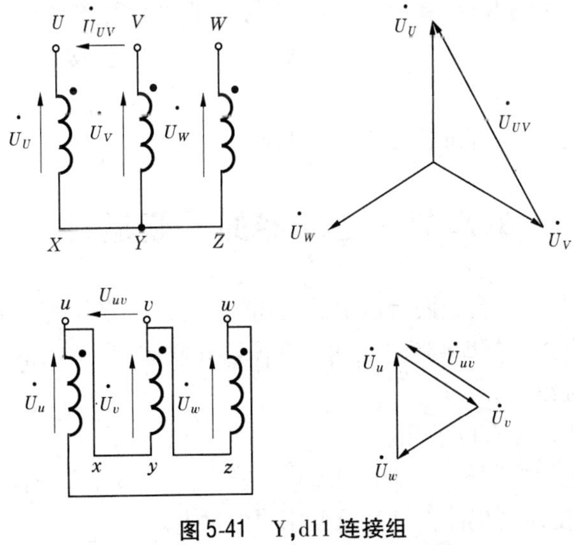

图 5-41　Y,d11 连接组

同理,如果保持高压绕组的三相标志不变,而将低压绕组三相标志轮换或反相,则可得 Y,d3 与 Y,d7 和 Y,d5 及 y,d9 等连接组别。例如,将低压绕组按 *uz—wy—vx* 连接成三角形,如图 5-42 所示,此时,高、低压绕组相电压相位相同,但线电压 $\dot U_{uv}$滞后同名线电压

$\dot{U}_{UV}$ $\frac{\pi}{6}$,即得 Y,d1 连接组别。

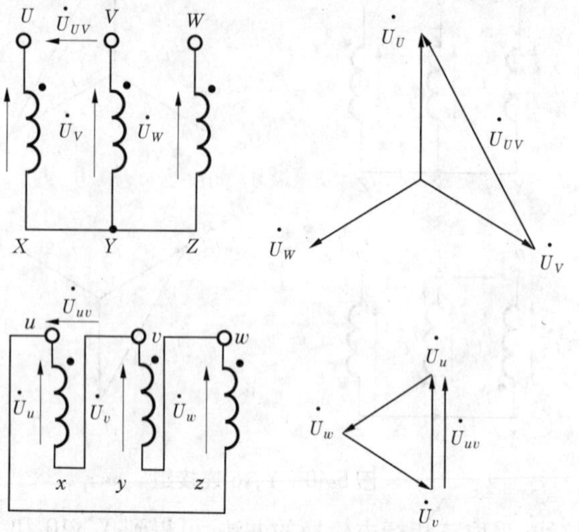

图 5-42　Y,d1 连接组

综上所述可得,对于 Y,y 连接而言,可得 0、2、4、6、8、10 六个偶数组别号;而对于 Y,d 连接而言,可得 1、3、5、7、9、11 六个奇数组别号。此外,D,d 连接可以得到与 Y,y 连接相同的偶数组别号,D,y 连接可以得到相同的奇数组别号。

变压器连接组别的种类很多,为了使用和制造上的方便,常用的连接组别有以下几种,即 Y,yn0;Y,d11;YN,d11。其中,Y,yn0 连接组的二次绕组可引出中性线,成为三相四线制,用做配电变压器时可兼供动力和照明负载。Y,d11 连接组用于低压侧超过400 V 的线路中。YN,d11 连接组主要用于高压输电线路中,使电力系统的高压侧中性点有可能接地。对于单相变压器,标准连接组别为 I,I0。

第八节　变压器的并联运行

所谓并联运行,是指两台或两台以上的变压器一、二次侧分别接于公共母线上,共同向负载供电的运行方式。图 5-43(a)是两台变压器并联运行的单线图,图 5-43(b)是两台变压器并联运行的接线图。

并联运行的主要优点有以下几点:

(1)提高了供电的可靠性。多台变压器并联运行,在部分变压器由于故障或检修而退出运行时,其余的变压器仍能保证对重要用户的供电。

(2)提高了变压器的运行效率和系统的经济效益。并联运行时,可以根据负载的大小调整投入变压器的台数、减少初期投资,以提高运行效率。

(3)减少了备用容量。根据负载的增长情况,分批增加并联运行的变压器台数,减少了预期投资。当然,并联变压器台数过多也是不经济的,一台大容量的变压器的造价要比总容量相等的几台小变压器的造价低、占地面积小。

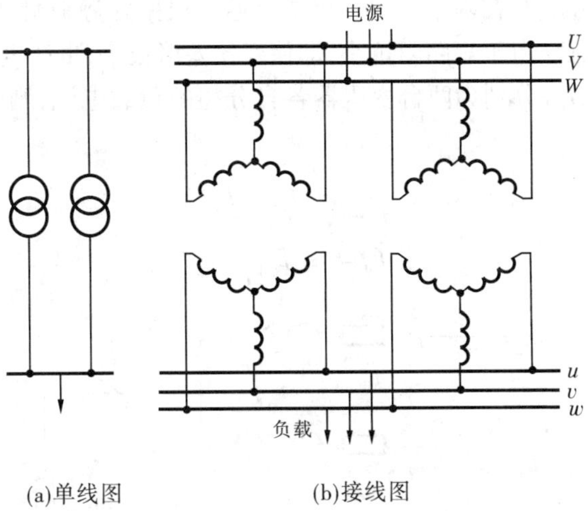

图 5-43　三相变压器的并联运行

一、理想的并联运行条件

(一)理想的并联运行状态

(1)并联运行的变压器空载运行时,各台变压器之间无环流。

(2)负载运行时,各台变压器所分担的负载与其容量成正比,以确保设备容量得到充分利用。

(3)负载运行时,各变压器的输出电流相位相同。这样,当各变压器输出的电流一定时,它们共同承担的总输出容量最大(此时总负载电流等于各台变压器承担负载电流的算术和)。

(二)理想的并联运行条件

为达到上述理想的并联状态,并联运行的变压器需要满足以下条件:

(1)各变压器一次侧的额定电压和二次侧的额定电压应分别相等,且变比相等。

(2)各变压器的连接组别相同。

(3)各变压器的短路阻抗(短路电压百分值)标幺值相等,且短路阻抗角相等。

二、并联条件不满足时运行分析

为了分析简单明了,在分析某一条件不满足时,假定其他条件都是满足的,且以两台变压器并联运行为例来分析。

(一)变比不等时并联运行

设并联运行的两台单相降压变压器变比不等,即 $k_1 < k_2$。两台变压器的一次侧接同一电源,电源电压为 $\dot{U}_1$,则二次侧的空载电压必然不相等,分别为 $\dot{U}_1/k_{\mathrm{I}}$ 和 $\dot{U}_1/k_{\mathrm{II}}$,且 $\dot{U}_1/k_{\mathrm{I}} > \dot{U}_1/k_{\mathrm{II}}$。并联运行时的简化等效相量图如图 5-44 所示,图中 $Z_{k\mathrm{I}}$、$Z_{k\mathrm{II}}$ 分别为两台变压器折算到二次侧的短路阻抗。图中 $\dot{I}_C=\dfrac{\dfrac{\dot{U}_1}{k_{\mathrm{I}}}-\dfrac{\dot{U}_1}{k_{\mathrm{II}}}}{Z_{k\mathrm{I}}+Z_{k\mathrm{II}}}$是由于变比不等引起的,在空载时

就存在，故称空载环流，它在两个二次绕组中流通。根据磁势平衡，两台变压器的一次绕组中也相应产生环流。由于短路阻抗小，即使变比差值很小，也产生较大的环流，负载时，如图 5-44 所示，$I_{L\mathrm{I}}$、$I_{L\mathrm{II}}$ 分别为两台变压器各自分担的负载电流，则流过两台变压器的总电流分别为

$$\left.\begin{aligned}\dot{I}_{1\sum} &= \dot{I}_{LI} + \dot{I}_C \\ \dot{I}_{\mathrm{II}\sum} &= \dot{I}_{L\mathrm{II}} - \dot{I}_C\end{aligned}\right\} \tag{5-38}$$

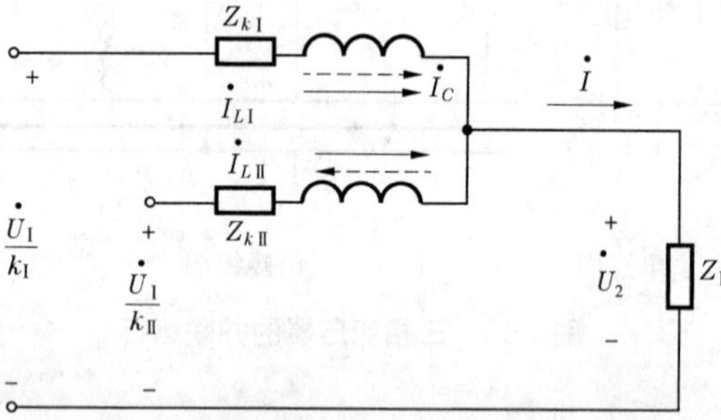

图 5-44　变比不等的两台变压器的并联运行

从式(5-38)可知，变比小的第一台变压器承担电流较大，而变比大的第二台变压器承担电流较小。当第一台变压器达到满载时，其电流中包含环流，而第二台变压器尚处于欠载，使两台变压器的容量得不到充分利用。

综上所述，在变压器变比不等并联运行时，若空载，一、二次侧回路会产生环流，增加了损耗。若负载，因为环流的存在，使变比较小的变压器负载率较大，可能过载；变比较大的变压器负载率较小，可能欠载，使变压器的总容量不能被充分利用。为此，变比稍有不同的变压器如需并联运行，容量大的变压器以具有较小的变比为宜。通常规定，并联运行的变压器，其变比的差值为

$$\Delta k = \frac{|k_\mathrm{I} + k_\mathrm{II}|}{\sqrt{k_\mathrm{I} k_\mathrm{II}}} \times 100\% \leqslant 0.5\% \tag{5-39}$$

(二)连接组别不同时并联运行

若并联运行条件中，其他条件满足，连接组别不同，则二次侧的线电动势的相位差最少为$\frac{\pi}{6}$。例如，两台组别分别为 Y,y0 和 Y,d11 的变压器并联运行，如图 5-45 所示，此时二次电压差为

$$\Delta U = |\dot{U}_{N\mathrm{I}} - \dot{U}_{N\mathrm{II}}| = 2U_N \sin\frac{\frac{\pi}{6}}{2} = 0.518U_N \tag{5-40}$$

由此可见，二次侧的相位差仅为$\frac{\pi}{6}$时，电压差就达到了额定电压的 51.8%，产生的空载环流是额定电流的许多倍，会将变压器烧毁。所以，连接组别不同的变压器禁止并联运行。

(三)短路阻抗标幺值不等时并联运行

假设并联运行的变压器已满足变比相等和连接组别相同的条件，分两种情况分析。

1. 短路阻抗标幺值相等,但短路阻抗角不相等

如图 5-46 所示,两台变压器并联运行时的简化等值电路图。设 $\varphi_{\text{I}} > \varphi_{\text{II}}$,则如图 5-47 所示,$\dot{I}_{\text{I}}$ 和 $\dot{I}_{\text{II}}$ 相位不同,两台变压器供给负载的总电流小于两台变压器输出电流的算术和,即 $\dot{I}_{\Sigma} = \dot{I}_{\text{I}} + \dot{I}_{\text{II}} < I_{\text{I}} + I_{\text{II}}$,此时两台变压器向负载可能输出的容量将小于两台变压器的额定容量之和,使设备的容量不能充分利用。一般情况下,并联运行的变压器容量相差越大,短路阻抗角的差值越大,设备的利用率越低。所以,一般要求并联运行的变压器的容量比不超过 3∶1。

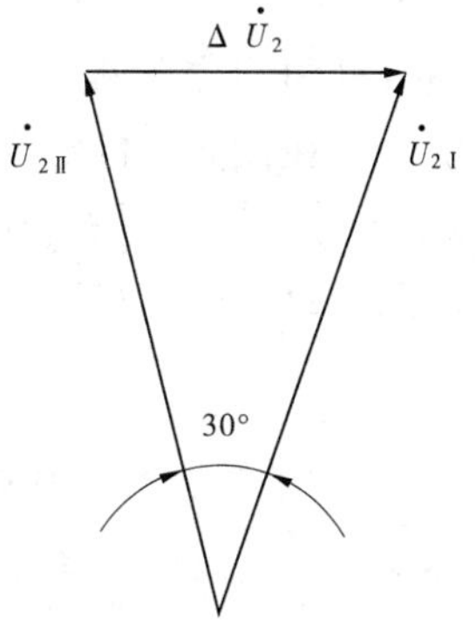

图 5-45　Y,y0 和 Y,d11 变压器并联时的电压差

2. 短路阻抗角相等,但短路阻抗标幺值不等

由图 5-47 可知,两并联支路电压相等,即

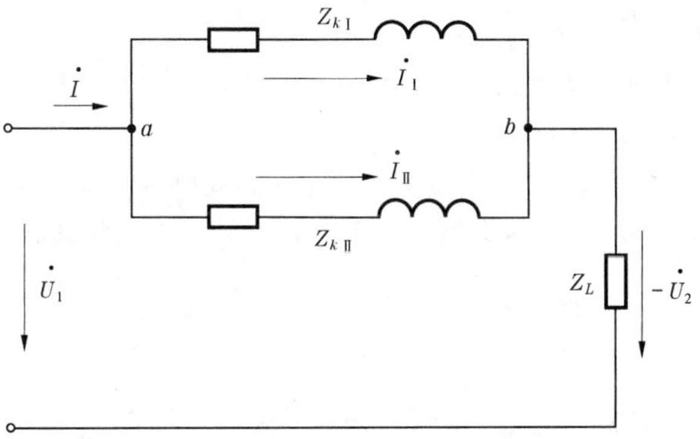

图 5-46　两台变压器并联运行时的等效电路

$$I_{\text{I}} Z_{k\text{I}} = I_{\text{II}} Z_{k\text{II}} \quad 或 \quad \frac{I_{\text{I}}}{I_{N\text{I}}} \times \frac{I_{\text{I}} Z_{k\text{I}}}{U_N} = \frac{I_{\text{II}}}{I_{N\text{II}}} \times \frac{I_{\text{II}} Z_{k\text{II}}}{U_N}$$

$$\beta_{\text{I}} Z_{k\text{I}*} = \beta_{\text{II}} Z_{k\text{II}*} \quad \beta_{\text{I}} : \beta_{\text{II}} = \frac{1}{Z_{k\text{I}*}} : \frac{1}{Z_{k\text{II}*}} \tag{5-41}$$

式中　β_{I}、β_{II}——第一、二台变压器的负载系数;

$Z_{k\text{I}*}$、$Z_{k\text{II}*}$——第一、二台变压器的短路阻抗标幺值。

式(5-41)表明,短路阻抗标幺值不等的变压器并联运行,当短路阻抗标幺值大的变压器满载运行时,短路阻抗标幺值小的变压器已过载;当短路阻抗标幺值小的变压器满载运行时,短路阻抗标幺值大的变压器却处于欠载。

因为变压器不允许长期过载运行,所以当短路阻抗标幺值不等的变压器并联运行时,向负载提供最大输出功率的情况是:短路标幺值最小的变压器满载运行,而其他变压器都欠载运行。这样变压器的容量不能得到充分利用,是不经济的。所以,要求并联运行的各台变压器的短路阻抗标幺值与所有并联运行的变压器的短路阻抗标幺值的算术平均值之差不超

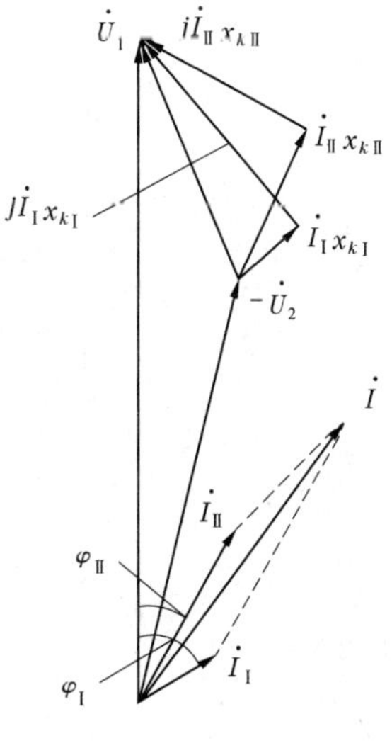

图 5-47　两台变压器并联运行时的简化相量图

过±10%。

根据《电力变压器运行规程》(DL/T 572—95)规定,变比不同和短路阻抗标幺值不等的变压器,在任何一台变压器都不会过负荷的情况下,可以并联运行。又规定,短路阻抗标幺值不等的变压器并联运行时,应适当提高短路阻抗标幺值大的变压器二次侧的电压,以使并联运行变压器的容量均能充分利用。

习 题

5-1 变压器是怎样改变电压的等级的?它能改变电流的等级吗?

5-2 变压器接在直流电源上能工作吗?为什么?

5-3 变压器的主要部件有哪些?它们的作用是什么?

5-4 变压器的铁芯为什么要用涂绝缘漆的薄硅钢片叠成?若在铁芯磁路中出现较大的间隙,会对变压器有何影响?

5-5 一台单相电力变压器,$S_N = 50$ kVA,$U_{1N}/U_{2N} = 10$ kV/0.23 kV,试求一、二次侧的额定电流。

5-6 有一台三相变压器,额定容量 $S_N = 5\ 000$ kVA,额定电压 $U_{1N}/U_{2N} = 66$ kV/10.5 kV,一次侧星形连接,二次侧三角形连接,求一、二次侧的额定电流。

第六章　三相异步电动机

电动机常见的有两种类型:一种是直流电动机;一种是交流电动机。它们都是把电能转换成机械能的动力设备。

直流电动机与交流电动机相比较,有下列优点:有无级调速特性,起动转矩较大,适宜于频繁起动。因此,直流电动机的应用比较广泛,凡要求广范围无级调速或者要求大起动转矩的场合都可采用。

直流电动机也存在一些缺点,例如,制造中消耗的有色金属较多,工艺复杂,成本较高。运行中,电流换向的故障多,维修比较麻烦,因此使用受到了限制,没有交流电动机应用那么广泛。

交流电动机是目前应用最为广泛的一种动力设备,根据其用电性质和结构又可分出许多类型。例如,有三相电动机,单相电动机;又有同步电动机,异步电动机等。

三相异步电动机应用之广远远超过直流电动机和其他电动机。三相异步电动机之所以广泛地被采用,主要是因为它有较多的优点,这些优点是别的电动机所没有的。比如结构简单、制造容易、成本低、运行可靠、便于维护等。异步电动机也有一些缺点,主要是功率因数较低,调速性能差,因此它的应用也受到了一定的限制,在要求大范围平滑调速的场合使用起来就不太方便。但由于交流电子调速技术的迅速发展,使其调速性能有了长足进步,必将会扩大它的应用范围。

本章重点介绍三相异步电动机的基本知识。

第一节　三相异步电动机的基本结构

异步电动机的类型很多,有多种分类方法,一般主要按其定子绕组相数、转子结构型式、工作方式等来分类。

按定子绕组相数可分为单相异步电动机和三相异步电动机。

按转子结构型式可分为绕线式异步电动机和鼠笼式异步电动机,鼠笼式异步电动机又分为单鼠笼式异步电动机、双鼠笼式异步电动机和深槽式异步电动机。

按工作方式可分为连续工作方式异步电动机、短时工作方式异步电动机、断续周期工作方式异步电动机。

由于电力系统采用的是三相制,因此现代动力用的异步电动机绝大多数都是三相异步电动机。然而在所需功率较小时,多采用单相异步电动机。在日常生活中,单相异步电动机的应用就非常广泛,如洗衣机、风扇、冰箱、空调等家用电器大多由单相异步电动机来拖动。

异步电动机主要由固定不动的定子和旋转的转子两大部分组成,定子与转子之间有气隙,图 6-1 为鼠笼式异步电动机的结构。

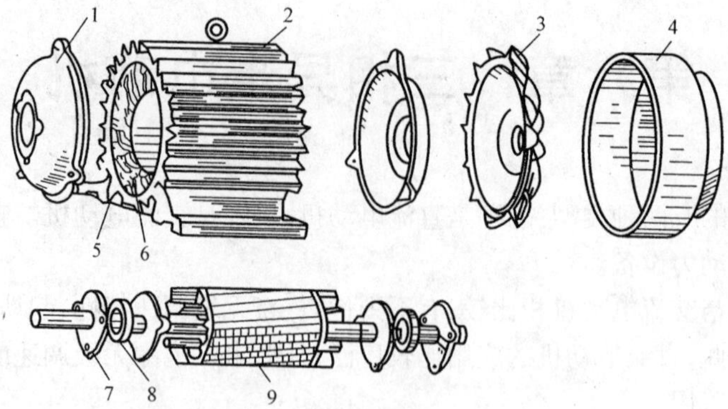

1—端盖;2—定子;3—风扇;4—风扇罩;5—定子铁芯;

6—定子绕组;7—轴承盖;8—轴承;9—转子

图 6-1　鼠笼式异步电动机的基本结构

一、定子

定子主要由机座、定子铁芯和定子绕组三部分组成。

(一)机座

机座是电动机的外壳,用以固定和支撑定子铁芯和端盖,还能形成电动机冷却风路的一部分或作为电动机的散热面,如图 6-2(a)所示。中、小型异步电动机多采用铁铸机座,而大型异步电动机则用钢板焊接成机座。小型封闭式异步电动机为加强散热,在机座外面还铸有筋片。

(二)定子铁芯

定子铁芯是形成磁路的一部分,起固定定子绕组的作用。为增强导磁能力和减少铁芯损耗,定子铁芯常用 0.5 mm 或 0.35 mm 厚的硅钢片冲制叠压而成,片间涂上绝缘漆,或经氧化处理,使硅钢片表面形成氧化膜。中、小型电动机采用整圆硅钢冲片;大、中型电动机用扇形硅钢冲片拼成整圆。冲片内圆上冲有许多形状相同的槽,用来嵌放定子绕组,如图 6-2(b)所示。

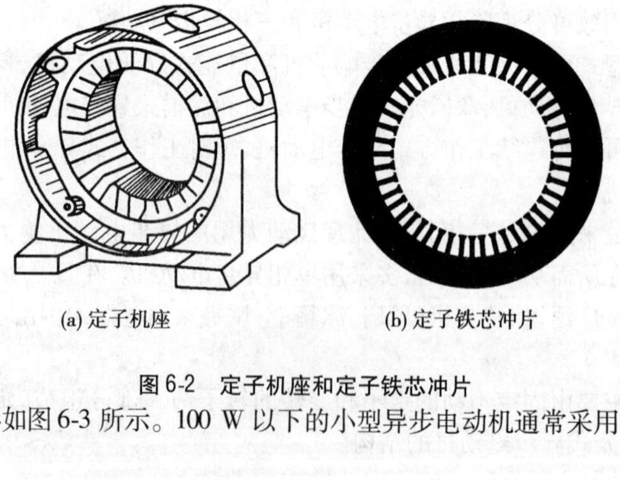

(a) 定子机座　　(b) 定子铁芯冲片

图 6-2　定子机座和定子铁芯冲片

定子铁芯槽形如图 6-3 所示。100 W 以下的小型异步电动机通常采用半闭口槽,电压在

500 V 以下的中型异步电动机通常采用半开口槽,高压大中型异步电动机都采用开口槽形。

(a)开口槽　　(b)半开口槽　　(c)半闭口槽

图 6-3　定子铁芯槽

(三)定子绕组

定子绕组是异步电动机的电路部分,由多个线圈按一定规律而成。小型异步电动机的定子绕组由高强度漆包线包圆铜线或铝线而成;大、中型异步电动机的定子绕组用较大截面的扁铜线绕制而成。一般情况下,三相异步电动机三相绕组的六个出线端子均接在机座侧面的接线板上,可以根据需要将三相绕组接成星形或三角形。

二、转子

转子主要由转轴、转子铁芯和转子绕组三部分组成。

(一)转轴

转轴的作用是支撑转子和传递转矩。为保证其强度和刚度,转轴一般由低碳钢或合金钢制成。

(二)转子铁芯

转子铁芯也是异步电动机磁路的一部分。为了减少铁耗和增强导磁能力,转子铁芯也由 0.5 mm 或 0.35 mm 厚的硅钢片冲制叠压而成,故通常用冲制定子铁芯冲片后剩余下来的内圆部分制作。转子铁芯固定在转轴上(或转子支架上),其外圆上开有槽,用来嵌放转子绕组,如图 6-4 所示。

(三)转子绕组

转子绕组的作用是感应电动势和电流并产生电磁转矩。根据转子绕组结构的不同,可分为鼠笼式和绕线式两种。

(1)鼠笼式转子绕组。在转子铁芯的每一个槽中,插有一根裸铜导条,并在转子铁芯两端槽口外用两个端环将全部导条短接,形成一个自身闭合的多相绕组。如果将转子铁芯去掉,整个转子绕组的外形像鼠笼,故称鼠笼式转子绕组,如图 6-5(a)所示。

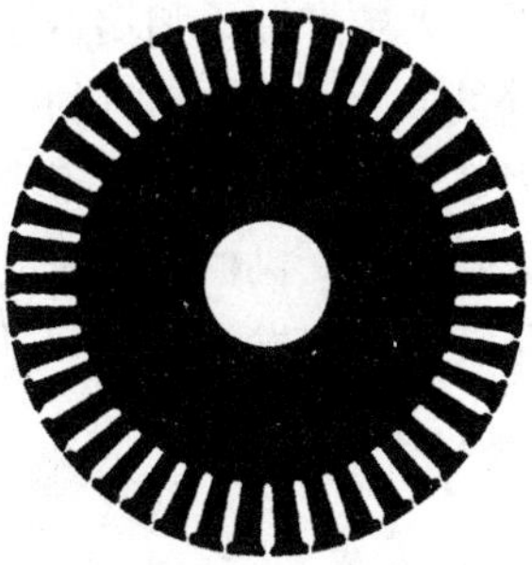

图 6-4　转子铁芯冲片

鼠笼式转子除可采用铜条作为导条外,为了节约用铜和提高生产率,中、小型异步电动机还常采用铸铝型转子,如图 6-5(b)所示。

(2)绕线式转子绕组。绕线式转子绕组与定子绕组结构非常相似,转子铁芯槽中,嵌

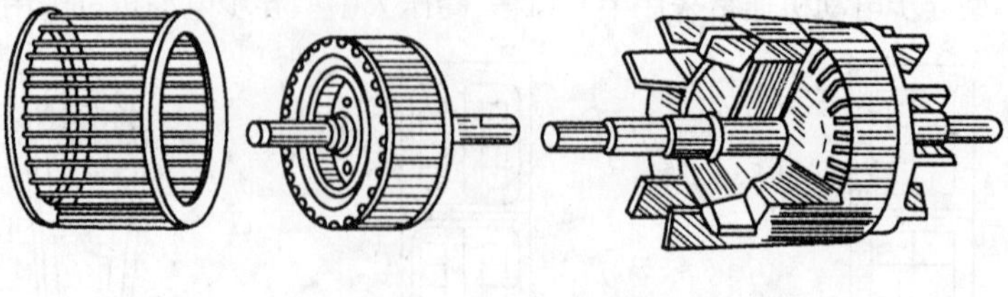

(a)　　　　　　　　　　(b)

图 6-5　鼠笼式转子绕组

放着三相对称绕组,采用星形连接,即三相绕组的末端连在一起、三个首端分别接到转轴上三个彼此绝缘的集电环上。转子绕组通过集电环和电刷(固定在防护罩或定子的其他部位上)与外电路相连,以便改善电机的起动性能或调节电动机的转速,如图 6-6 所示。

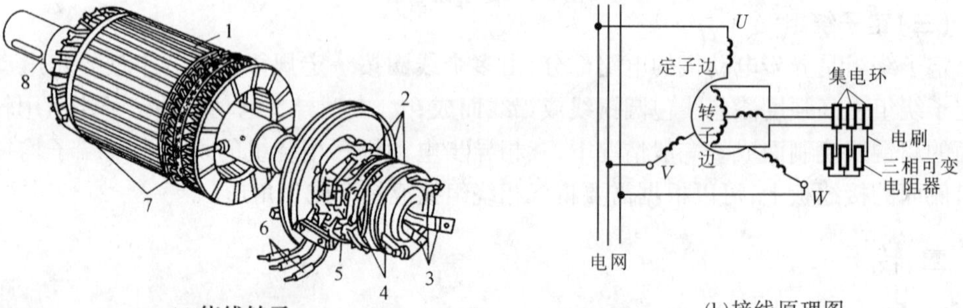

(a) 绕线转子　　　　　　(b)接线原理图

1—转子铁芯;2—集电环;3—转子绕组出线头;4—电风扇;
5—刷架;6—电刷引线;7—转子绕组;8—转轴

图 6-6　绕线式转子绕组及接线

为了减小电刷与集电环间的摩擦损耗和电刷的磨损、提高电机运行的可靠性,有的绕线式异步电动机还装有提刷装置,以便在电动机起动结束且不需要调速时,移动该装置手柄,使电刷与集电环表面脱离接触,并且在切除与外电路相串联元件(如可变电阻)的同时,使三个集电环彼此间短接,以保证转子三相绕组自成封闭回路。

异步电动机除定子和转子外,还有轴承装置、端盖、接线盒、吊环、风扇和防护罩等零部件。

转子靠轴承和端盖支撑,为保证转子的正常旋转,异步电动机的定子和转子之间存在着气隙。异步电动机的气隙一般为 0.2 ~ 2 mm。为了降低电动机的励磁电流和提高功率因数,气隙不能太大,否则,磁路的磁阻增大,产生相同磁通所需的励磁电流增大,功率因数降低。受机械加工精度的限制,气隙也不能太小,气隙太小会使电机装配困难或使定子与转子之间发生摩擦和碰撞。

第二节　三相异步电动机的工作原理

一、工作原理

在三相异步电动机的定子铁芯上对称地嵌放着三相电枢绕组,可分别用三个集中线

圈 UX、VY、WZ 表示，如图 6-7 所示。以鼠笼式异步电动机为例，其转子是一闭合的多相绕组。三相异步电动机的定子三相对称绕组通入三相对称电流时，将产生一个以同步速度 n_1 旋转的定子旋转磁场，在接通电源的瞬间，转子开始是静止的，即转速 $n=0$ 时，定子旋转磁场与转子导条之间存在相对运动，转子导条切割定子磁场而感应电动势，方向可由右手定则判断，如图 6-7 所示。因为转子绕组自成封闭回路，所以在转子导条中会形成感应电流。假设转子电流与转子感应电动势同相位（一般，电流滞后于电动势，这里可认为是电流中与电动势同相位的有功电流分量）。转子载流导体在定子磁场中受到电磁力 f 的作用，其方向可由左手定则判断。电磁力对转子形成与定子旋转磁场同方向的电磁转矩，驱动转子及与其连接的生产机械旋转，从而将输入的电能转变为机械能输出。

从上述三相异步电动机的工作原理可以看出：

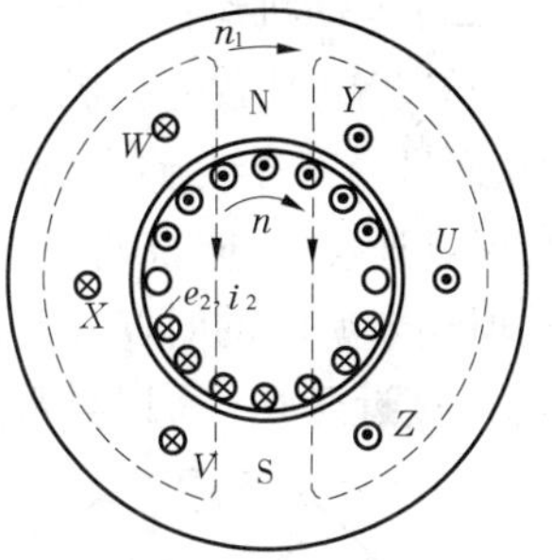

图 6-7　异步电动机的工作原理图

（1）三相异步电动机的旋转方向始终与定子旋转磁场的方向一致，而定子旋转磁场的方向又取决于定子电流的相序，所以要改变三相异步电动机转向，只需要改变定子电流的相序，即任意对调三相异步电动机的两根电源线的接线顺序即可。

（2）如果转子绕组没有自成闭合回路，转子绕组中就不会有感应电流出现，转子将不会受到电磁力的作用，也就不会产生电磁转矩来拖动转子旋转。

（3）三相异步电动机在运行的过程中，当 $n=n_1$ 时，转子绕组上将无感应电动势及感应电流产生，电磁转矩为 0。所以，在三相异步电动机中，其转子旋转速度 n 始终不可能与定子旋转磁场的转速 n_1 相等，故称为异步电动机。同时，只有当 $n<n_1$ 时，转子才能产生驱动性质的电磁转矩，使电动机旋转。由此可见，$n<n_1$ 是异步电动机工作的必要条件。

（4）由于异步电动机的转子电流是通过电磁感应作用产生的，所以异步电动机又称为感应电动机。

二、转差率

所谓转差率，就是同步转速 n_1 与转子转速 n 之差与同步转速 n_1 的比值，常用字母 s 表示，即

$$s=\frac{n_1-n}{n_1} \tag{6-1}$$

当异步电动机在额定状态运行时，转子转度接近同步转速，故其转差率 s 很小，一般为 0.01 ~ 0.06。当 s 发生变化时，转子感应电动势、电流、频率、电抗、功率因数及电磁转矩等都会随之变化。同时，根据 s 的大小及正负还可以判断异步电动机的运行状态。因此，转差率是异步电动机一个很重要的参数。

三、异步电机的三种运行状态

根据电磁转矩的性质和能量转换关系，异步电机有三种运行状态。

(一)电磁制动运行状态

当外力转矩使转子逆着定子旋转磁场的方向转动时,这时转子导条将以 n_1+n 的转速切割定子旋转磁场。旋转磁场与转子导条的相对切割方向与电动机运行状态相同。因此,转子电动势、电流和电磁转矩的方向与电动机运行状态时相同,如图 6-8(a)所示。由于外力转矩使转子反向旋转,电磁转矩与电机旋转的方向相反,属制动性质,故称为电磁制动状态。在这种状态下,因电流方向不变,所以电机仍然通过定子从电网吸收电功率;同时,外力转矩要克服制动电磁转矩而做功,要向电机输入机械功率,这两部分功率最终在电机内部以损耗的形式转换为热能消耗了。在电磁制动运行状态下,其转速 $-\infty<n<0$,则 $1<s<+\infty$。

(二)电动机运行状态

当异步电机做电动机运行时,电磁转矩为驱动性质,电磁转矩克服负载制动转矩而做功,从而把从定子上输入的电能转变为机械能从转轴上输出。异步电机的转速 n 与定子旋转磁场速度 n_1 同方向,且 $0<n<n_1$。如图 6-8(b)所示。当定子绕组接通电源,转子将起动但还未旋转的时候,$n=0$,$s=1$;当电动机处于空载运行状态时,转速 n 接近于同步转速 n_1,s 接近于0。所以异步电机做电动机运行时,转差率的变化范围为 $0<s<1$。

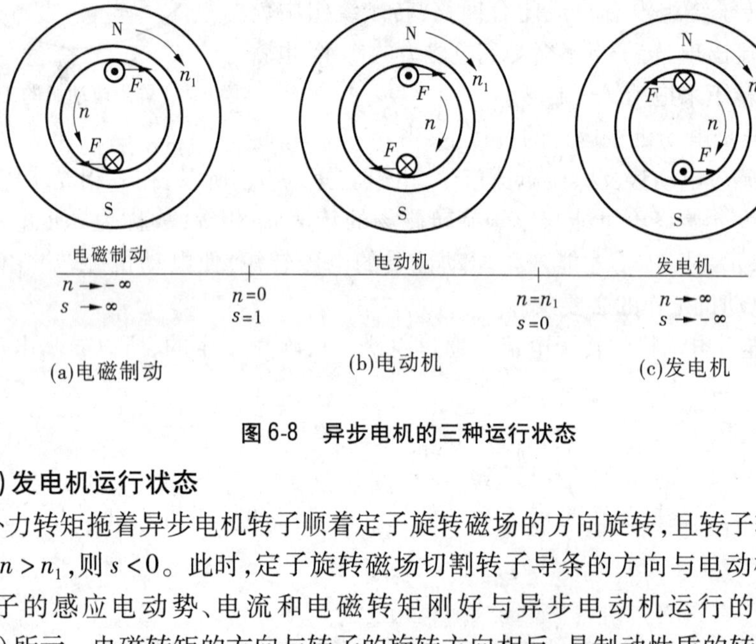

图 6-8 异步电机的三种运行状态

(三)发电机运行状态

若外力转矩拖着异步电机转子顺着定子旋转磁场的方向旋转,且转子转速大于同步转速,即 $n>n_1$,则 $s<0$。此时,定子旋转磁场切割转子导条的方向与电动机运行状态相反,故转子的感应电动势、电流和电磁转矩刚好与异步电动机运行的状态相反,如图 6-8(c)所示。电磁转矩的方向与转子的旋转方向相反,是制动性质的转矩。输入外力转矩克服电磁转矩做功,将输入的机械功率转换为电功率输送给电网,电机处于发电机运行状态。当异步电机处于发电机运行状态时,其转速为 $n_1<n<+\infty$,相应的转差率为 $-\infty<s<0$。

综上所述,异步电机既可以做电动机运行,也可以做发电机和电磁制动状态运行,但异步电机主要作为电动机使用,只在风力发电站和某些农村小型水电站中把异步电机作为发电机使用;而电磁制动是异步电机在完成某一生产过程中出现的短时运行状态,例如起重机械下放重物时。

第三节　三相异步电动机的铭牌

每台三相异步电动机的机座上都有铭牌，上面标明了电动机的型号、额定值及其他有关技术参数，如表6-1所示。正确理解铭牌上各项内容的含义，对正确选用、安装、维护、修理电动机是十分必要的。

表6-1　三相异步电动机的铭牌

型号	$Y132S_2-2$	电压	380 V	连接方式	△
容量	7.5 kW	电流	15 A	工作方式	连续
转速	2 900 r/min	功率因数	0.88	温升	80 ℃
频率	50 Hz	绝缘等级	B	重量	××
×××电机厂		产品编号×××		年　　月	

一、型号

异步电动机的型号主要包括产品代号、设计序号、规格代号和特殊环境代号等，产品代号表示电动机的类型，一般用汉语拼音大写字母表示。汉语拼音字母是根据电动机全名选择有代表意义的汉字，由该汉字的第一字母组成。常用的字母含义如表6-2所示。

表6-2　常用字母

字母	表示意义	字母	表示意义	字母	表示意义
J	交流异步电动机	S	双鼠笼式转子	L	铝线电机
Y	异步电动机	C	深槽式转子	D	多速
O	封闭式（没有O是防护式）	Z	冶金和起重用的铜条鼠笼式转子	B	防爆
R	绕线式转子（没有R为鼠笼式转子）	Q	高起重转矩		

下面以一具体型号说明其意义：

例如，YK3200－2/1800，Y表示是异步电动机，K表示是高速电机，3200表示电动机的功率是3 200 kW，2是极数，1800指的是该异步电动机定子铁芯外径是1 800 mm。

二、额定值

（一）额定功率 P_N

额定功率是指电动机在额定状态运行时，转轴上输出的机械功率，单位为W或kW。

（二）额定电压 U_N

额定电压是指电动机在额定状态运行时，定子绕组上施加的线电压，单位为V或kV。

（三）额定电流 I_N

额定电流是指电动机在额定状态运行时，定子绕组流过的线电流，单位为 A。

（四）额定频率 f_N

额定频率是指电动机在额定状态运行时，定子绕组应施加的交流电源的频率。我国使用的电网频率规定为 50 Hz，所以国内使用的交流异步电动机的额定频率都是 50 Hz。

（五）额定转速 n_N

在额定电压、额定频率下，轴端有额定功率输出的状态下运行时的电动机转速，单位为 r/min（转/分）。

（六）额定功率因数 $\cos\varphi_N$

电动机额定状态运行时，定子侧的功率因数。

（七）额定效率 η_N

电动机在额定状态运行时输出功率与输入功率的比值的百分值。

以上几个额定值的关系为

$$P_N = \sqrt{3}U_N I_N \eta_N \cos\varphi_N$$

三、防护等级

防护等级是指电动机外壳防止异物和水进入电动机内部的等级。外壳防护等级是以字母 IP 和其后的两位数字表示的。IP 为国际防护的缩写字母，IP 后面第一位数字表示产品外壳按防止固体异物进入内部、防止人体触及内部的带电部分或运动部件的防护等级，共分为五级。IP 后面第二位数字表示电动机对水侵害（滴水、淋水、溅水、喷水、浸水及潜水等）的防护等级，共分七级。数字越大，防护能力越强。如 IP23 表示防护大于 12 mm 的固体和防止与垂直方向成 60°范围内的淋水不直接进入电动机内。

四、绝缘等级

绝缘等级表示电动机所用绝缘材料的耐热等级，它决定了电动机的允许温升。各级绝缘材料的极限容许温度见表 6-3。

表 6-3　各级绝缘材料的极限容许温度

A 级	E 级	B 级	F 级	H 级	C 级
105 ℃	120 ℃	130 ℃	155 ℃	180 ℃	180 ℃以上

五、工作方式

电动机的工作方式又称为工作制或工作定额。它是电动机承受负载情况的说明，包括起动、电气制动、空载、断电停转以及这些阶段的持续时间和先后顺序。工作方式是设计和选择电动机的基础。通常在使用中把工作方式分为以下三种。

（一）连续工作方式

异步电动机工作时间长，温升可以达到稳定值，也称为长期工作方式。

(二)短时工作方式

电动机工作时间较短,停歇时间较长,工作时温升达不到一个稳定值,而停歇后温升降为0,及电动机温度等于环境温度。我国规定的短时工作方式的标准工作时间有15 min、30 min、60 min、90 min等几种。

(三)断续周期工作方式

断续周期工作方式简称断续工作制,指电动机工作与停歇交替进行,时间都比较短,工作温升达不到一个稳定值,停歇时温升又降不到0。国家标准规定每个工作与停歇的周期 $t=(t_{工作}+t_{停})<10$ min。每个周期内工作时间占的百分比率叫做负载持续率,我国规定的标准负载持续率有15%、25%、40%、60%四种。用于断续工作制的电动机会频繁起动、制动,要求其过载能力强、转动惯量小、机械强度高。如起重机械、电梯等机械应用此种工作方式的电动机。

由工作方式的定义可以看出,当有两台额定功率相同而工作方式不同的电机时,连续工作方式的一台可作为连续周期工作方式使用,断续周期工作方式的一台可作为短时工作方式使用,反过来则不行,否则电机会超过允许温升,缩短其使用寿命。

六、接法

接法指三相异步电动机的定子绕组的连接方式,有Y(星形)连接和△(三角形)连接两种,使用时应按铭牌规定连接。国产Y系列的异步电动机,额定功率4 kW及以上的均采用三角形连接,以便于采用Y-△起动法起动。异步电动机三相绕组共六个首尾端都引入到电动机机座的接线盒中,首端用 U_1、V_1、W_1 标志,尾端用 U_2、V_2、W_2 标志。星形、三角形连接接线图如图6-9所示。

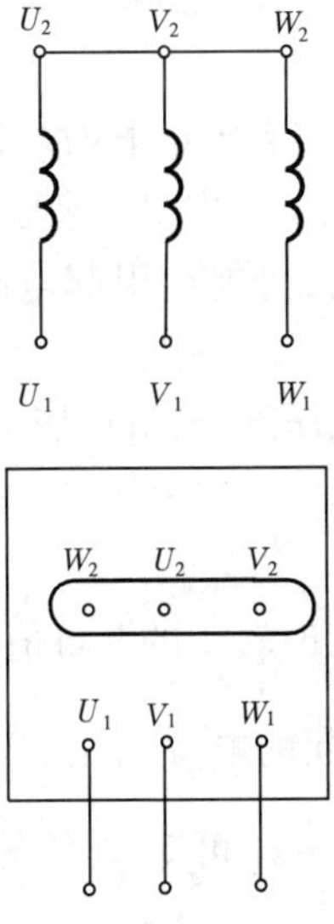

(a)星形连接

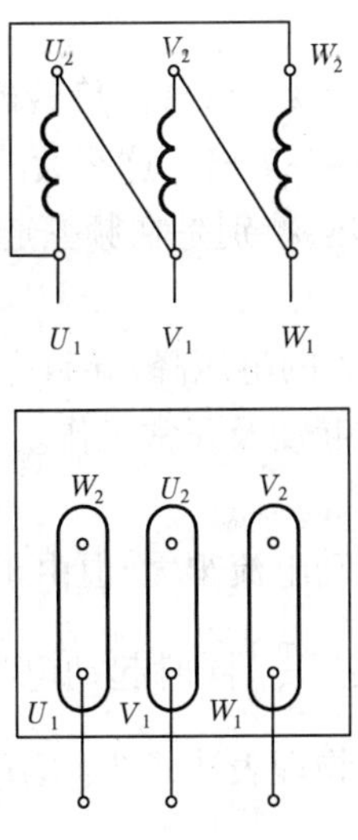

(b)三角形连接

图6-9 三线异步电动机接线图

电动机的铭牌上还标有温升、重量等数据。在绕线式电动机上，还常标明转子电压（定子加额定电压时转子的开路电压）和转子额定电流等数据。

第四节　三相鼠笼式异步电动机的起动

三相异步电动机接通后，其转速从0上升到稳定转速的过程称为起动过程。正常情况下，电动机的起动过程很短，一般在几秒到几十秒之间。

一、异步电动机起动性能指标

异步电动机起动性能指标有以下几个：

（1）起动转矩倍数$\frac{T_{st}}{T_N}$；

（2）起动电流倍数$\frac{I_{st}}{I_N}$；

（3）起动时间；

（4）起动设备。

异步电动机起动时，希望起动转矩足够大，起动电流倍数较小，起动设备尽量简单、可靠、操作方便，起动时间短。

二、起动电流和起动转矩

（一）起动电流

把异步电动机的定子绕组直接接到额定电压的电源上，称为直接起动（或全压起动）。

直接起动的瞬间，$n=0$，$s=1$，气隙旋转磁场与转子相对速度达到最大，为同步转速，起动电流达到额定电流的4~7倍。这么大的起动电流主要带来以下两点不利影响：

（1）使电动机绕组发热，特别是在频繁起动时，可能会引起电动机过热，从而影响其绝缘和使用寿命。

（2）在线路上产生较大的电压降，导致电源电压降低，进而影响到自身的起动和接在同一母线上的其他设备的起动及正常工作。

（二）起动转矩

虽然异步电动机的起动电流很大，但由于起动时转子的漏抗值最大，使转子回路功率因数很低，$\varphi_2=\arctan\frac{x_2}{r_2}$接近$\frac{\pi}{2}$，同时起动电流引起的电源电压的降低，会使电机主磁通相应减小。由电磁转矩的物理表达式$T=C_T I'_2 \Phi_0 \cos\varphi_2$可知，尽管异步电动机起动电流很大，但其起动转矩并不大。

综上所述，异步电动机直接起动的主要问题是起动电流大，而起动转矩却不大。所以异步电动机在起动时，要求在满足起动转矩的情况下，尽可能减小其起动电流。减小起动电流的方法主要有两种：一种是降低电源电压；另一种是增加异步电动机定子或转子回路的阻抗。

三、鼠笼式异步电动机的起动

普通鼠笼式异步电动机由于转子的结构已经固定,不能再改变转子的相应参数,只能通过定子侧来改善其起动性能。其常用的起动方法主要有直接起动和降压起动。

(一)直接起动

直接起动的优点是起动方法最简单,不需要专门的起动设备,操作方便,起动迅速,具有较大的起动转矩,能带一定的负载起动。直接起动的缺点是起动电流大,起动转矩不大,起动性能差。

异步电动机在设计和制造时已经考虑了直接起动的要求,所以从电机本身来说都是允许直接起动的。异步电动机能否使用直接起动的方法,主要取决于两点:一是起动转矩是否能满足负载要求,使机组正常转动起来;二是起动电流引起的电源压降是否在允许范围内。允许直接起动的电动机的容量可按以下原则确定:

(1)电动机由专用变压器供电,且电动机若是频繁起动的,则电动机容量不应超过变压器容量的20%;若是非频繁起动的,则电动机的容量不能超过变压器容量的30%。

(2)如果没有专用变压器,照明与电动机共用一台变压器,允许电动机直接起动的最大容量应由以下原则确定:电动机若是频繁起动的,则起动电流所引起的电压降不能超过电动机所接母线额定电压的10%;电动机若是非频繁起动的,则起动电流所引起的电压降不能超过电动机所接母线额定电压的15%。

在上述条件中,当起动转矩不满足要求时,应选用其他类型或规格的电动机;当起动电流不符合要求时,必须采用降压起动。

在发电厂中,由于供电变压器的容量足够大,所以厂用异步电动机大多采用直接起动。

(二)降压起动

三相鼠笼式异步电动机主要采用降低电压起动,常用的降压起动方法有以下几种。

1. *定子回路串电抗器起动*

定子回路串电抗器降压起动,就是起动时在鼠笼型异步电动机的定子三相绕组上串接对称电抗,其接线原理如图6-10所示。

起动时 S_1 合上、S_2 断开,电抗器串入回路中,起到分压和限流的作用。当起动结束时,S_2 合上,使电动机在全压下运行。

定子回路串电抗器降压起动时,由于电抗器的分压作用,设加在异步电动机上的电压减小到原来的 $1/K$,则起动电流也减小到原来的 $1/K$,而起动转矩与外加电压平方成正比,所以起动转矩减小到原来的 $1/K^2$。

由此可见,起动电流虽然减小了,但起动转矩的下降更多,所以这种起动方法仅适用于轻载或空载起动。

2. *Y—△起动*

Y—△起动方法适用于正常运行时定子绕组采用△形连接的异步电动机,可以采用Y—△降压起动,其接线原理如图6-11所示。

起动前,先将开关 S_2 投向起动侧位置,然后再合上 S_1,则定子绕组Y形连接降压起

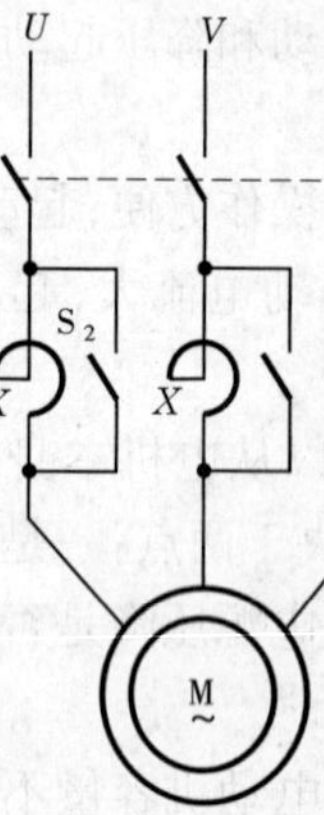

图 6-10　用电抗器降压起动原理接线图

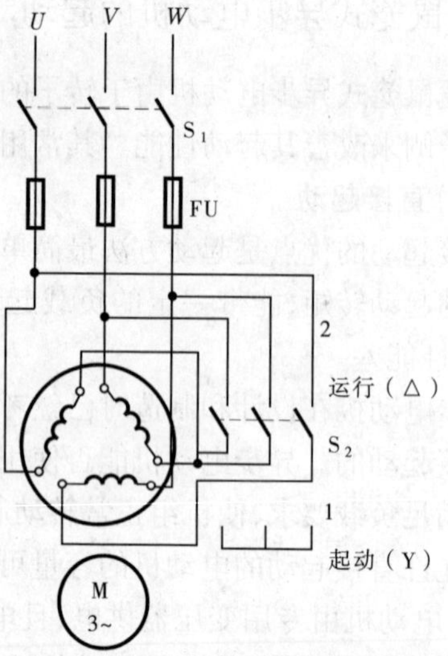

图 6-11　Y—△降压起动原理接线图

动,待转速上升到一定值时,将 S_2 迅速倒向运行侧位置,定子绕组△形连接,使电动机在全压下运行。

下面将电动机作 Y 形连接全压起动时的起动电流和起动转矩作一比较,如图 6-12 所示。

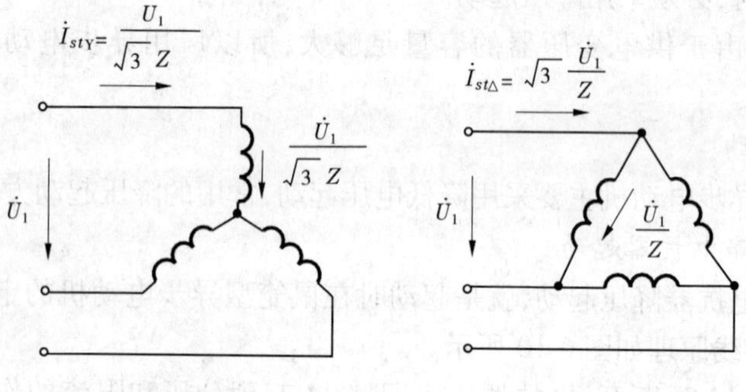

(a)Y形起动　　(b)△形全压起动

图 6-12　Y 形起动与△形全压起动

设电动机额定电压为 U_1,每一项的阻抗为 Z,当采用△形接法直接起动时,每一项绕组所施加的电压为 U_1,将此时对应的起动相电流记为 $I_{st\triangle}$,则有

$$I_{st\triangle}=\frac{\sqrt{3}\,U_1}{Z} \tag{6-2}$$

当定子绕组采用 Y 形连接起动时,每一相绕组所施加的实际电压只有$\frac{U_1}{\sqrt{3}}$,显然相电压降低了,将此时起动相电流记为 I_{stY},则有

$$I_{stY} = \frac{U_1}{\sqrt{3}Z} \tag{6-3}$$

两起动电流的比值为

$$\frac{I_{stY}}{I_{st\triangle}} = \frac{1}{3} \tag{6-4}$$

由于起动转矩与相电压的平方成正比,故

$$\frac{T_{stY}}{T_{st\triangle}} = \frac{(U_1/\sqrt{3})^2}{U_1^2} = \frac{1}{3} \tag{6-5}$$

综上所述,采用 Y—△起动时,起动电流和起动转矩都降为△形连接直接起动的$\frac{1}{3}$,Y—△降压起动时,起动设备简单,操作方便,得到较为广泛的应用,目前国产 Y 系列三相异步电动机容量在 4 kW 以上时,均为△形连接,以便用户选用 Y—△起动。但是,此法的缺点是起动转矩降为△形连接直接起动时的$\frac{1}{3}$,起动转矩降低很多且不可调,所以这种起动方法多用于空载或轻载起动。

3. 自耦变压器(起动补偿器)起动

自耦变压器起动是利用自耦变压器来降低加在电动机定子绕组上的端电压,其原理接线如图 6-13 所示。

先将开关 S_2、S_3 合上,降压起动。待转速上升到一定值时,将 S_2、S_3 断开,合上 S_1,自耦变压器被切除,电动机全压运行。

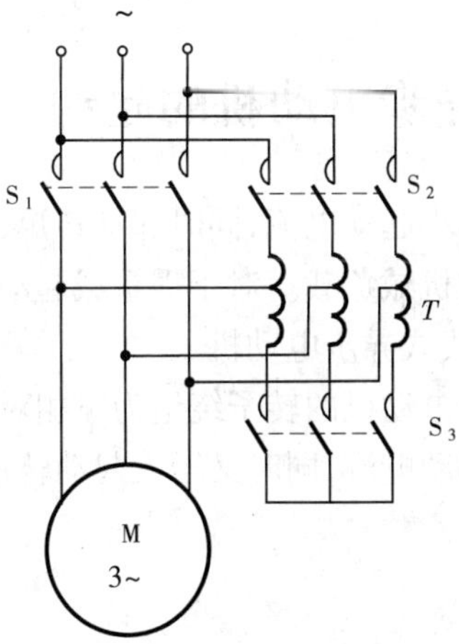

(a)三相接线图

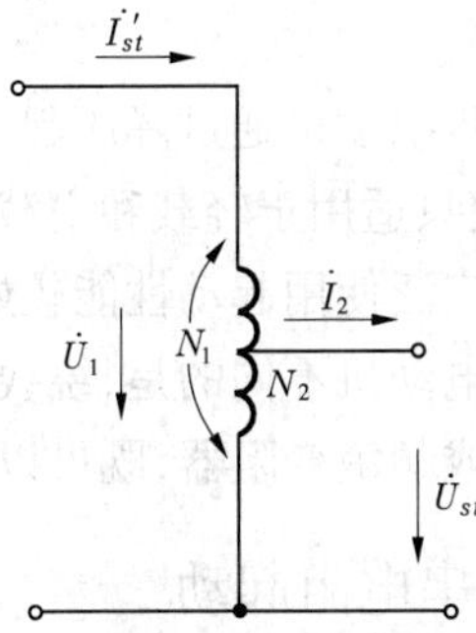

(b)一相接线图

图 6-13　自耦变压器起动原理接线图

从图 6-13(b)一相原理图来分析比较,设电源电压为 U_1,自耦变压器的变比为 k_a,异步电动机直接起动时的电流和起动转矩分别为 I_{st}、T_{st},自耦变压器降压后加在异步电动机定子绕组上的电压(即自耦变压器二次侧的电压)为$\frac{U_1}{k_a}$,由于电动机的起动电流与加在定子绕组上的电压成正比,故电动机的起动电流(自耦变压器二次侧的电流)I'_{st}为直接起动时起动电流的$\frac{1}{k_a}$,又因为自耦变压器一次侧电流是其二次侧电流的$\frac{1}{k_a}$,故电源供给电动机的起动电流为

$$I_{st}'' = \frac{1}{k_a}I_{st}' = \frac{1}{k_a^2}I_{st} \tag{6-6}$$

因为加在异步电动机定子绕组上的电压为$\frac{U_1}{k_a}$,起动转矩 T'_{st}与该电压的平方成正比,即

$$T_{st}' = \frac{1}{k_a^2}T_{st} \tag{6-7}$$

由此可见,利用自耦变压器降压起动,电源供给的起动电流及电动机的起动转矩都减小到直接起动时的$\frac{1}{k_a^2}$。

异步电动机起动时的专用自耦变压器有 QJ2 和 OJ3 两个系列。它们的低压侧各有三个抽头,QJ2 型的三个抽头电压分别为(额定电压的)55%、64% 和 73%;QJ3 型为 40%、60% 和 80%。抽头百分比的倒数就是变比 k_a。

自耦变压器降压起动的优点是不受电动机绕组连接方式的影响,可根据起动时的具体情况选用不同的抽头;缺点是该起动方法的投资较大、设备体积也较大,不宜装设在控制柜中。自耦变压器压降起动一般用于 Y—△降压起动不能满足要求,且不频繁起动的大容量电动机。

第五节　三相绕线式异步电动机的起动

普通鼠笼式异步电动机通过降压起动,能减小起动电流,同时起动转矩也随起动电压成平方倍地下降,故只适用于轻载和空载起动的机械负载。对于需重载起动的机械负载,如起重机、电梯等,广泛使用起动性能较好的绕线式异步电动机。

与鼠笼式异步电动机不同的是,绕线式异步电动机的转子绕组为三相对称绕组,并且可以外接可调电阻或频敏变阻器,既可以减小起动电流,同时又增大起动转矩。

一、转子回路串电阻起动

(一)起动原理

设绕线式电动机转子绕组串入起动电阻 R_{st},当电动机起动时,由于转子回路串入起动电阻 R_{st},使转子侧电流减小,根据磁动势平衡,定子侧电流(即电动机的起动电流)也减小,同时又提高了转子回路的功率因数,增大转子电流的有功分量,从而增大了起动转矩。

(二)起动过程

由人为机械特性可知,转子电阻取适当的值,使 $s_m = 1$ 时,可得 $T_{st} = T_m$。为增大在整

个起动过程中的转矩，缩短起动过程，绕线式异步电动机起动时，常采用转子回路串电阻分级起动的方法，其接线原理如图 6-14(a)所示。

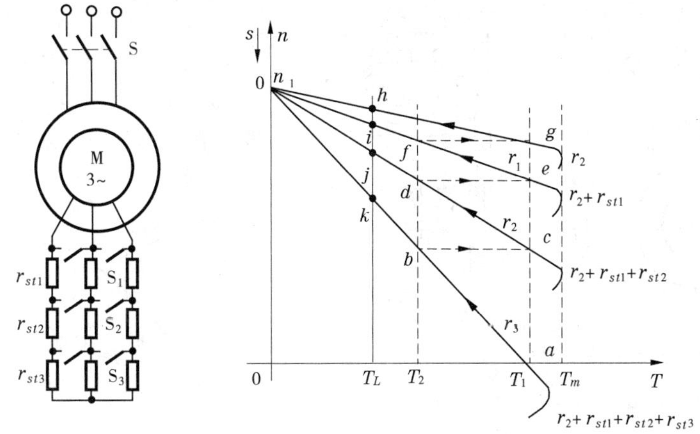

(a)接线图

(b)机械特性

图 6-14　三相绕线式异步电动机转子串电阻分级起动

根据转子回路串入电阻的不同，可得到一组机械特性，如图 6-14(b)所示。

电动机在起动电阻全部串入情况下起动，转速从起点 a 开始上升，电磁转矩沿机械特性曲线逐渐减小，加速度也随之逐渐减小。当转矩减小到 T_2(b 点)时，合上开关 S_3，切除 r_{st3}。在切除期间，由于惯性，转子转速不变，而转子电流突然增大，使电磁转矩由 T_2 突增至 T_1(c 点)，使电动机迅速加速，如图 6-14 所示。同理，随着转速的升高，逐级切除电阻，直到所有电阻被切除，起动结束。

如果电动机上有举刷装置，为防止电刷磨损和减少摩擦损耗，此时应将三相集电环短接，然后举起电刷。

绕线式异步电动机转子回路串电阻分级起动时，需切换开关等设备，投资大，维修不便。在切除电阻时，由于转速和电磁转矩的突然增大，将产生较大的机械冲击。为克服这些缺点，且在不需要调速的场合，常采用转子回路串频敏变阻器起动。

二、转子回路串频敏变阻器起动

(一)频敏变阻器的结构

频敏变阻器的结构类似于只有一次侧线圈的三相芯式变压器，主要由铁芯和绕组两部分组成。三个铁芯柱上各有一个线圈，一般接成 Y 形连接，通过集电环和电刷与转子电路相接，如图 6-15(a)所示。

频敏变阻器的铁芯由几片或十几片厚钢板制成，且铁芯间有可调气隙。当有交变磁通通过时，铁芯将产生很大的涡流损耗。由于铁芯损耗与频率的平方成正比，当频率变化时，铁损会发生变化，相应地等效电阻 r_m 也将随之发生变化，故称为频敏变阻器。

(二)起动原理

转子回路串频敏变阻器起动的原理接线图及机械特性如 6-15(a)、(c)所示，频敏变阻器的等效电路如图 6-15(b)所示。

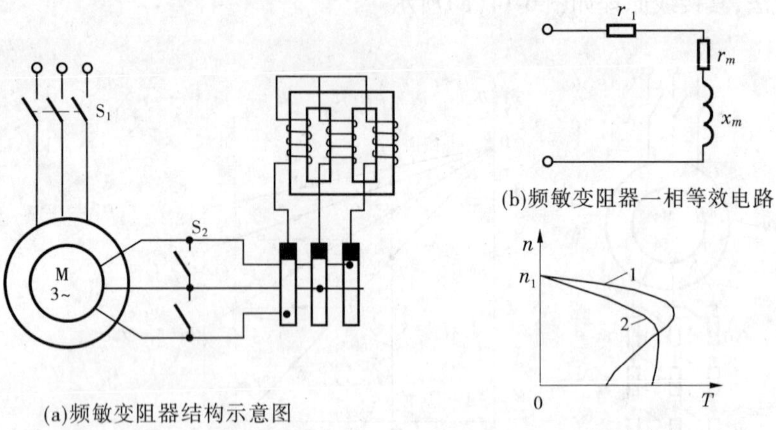

(a)频敏变阻器结构示意图

(b)频敏变阻器一相等效电路

(c)机械特性

1—固有机械特性;2—带频敏变阻器机械特性

图 6-15　三相绕线式异步电动机转子串频敏变阻器起动

当电动机刚起动时,转子电流的频率很高,$f_2=f_1=50$ Hz,铁芯损耗及其等效电阻 r_m 也随之减小,相当于在逐步切除电阻。在这个过程中,如果参数选择合适,则可以保持起动转矩近似不变,从而实现无级平滑起动。

频敏变阻器是一种无触点的变阻器,其结构简单、运行可靠、使用维护方便,能实现无级平滑起动,无机械冲击。

第六节　三相异步电动机的调速

为了适应生产的需要,满足生产机械的要求,在生产过程中需要人为地改变电动机的转速,称为调速。

根据异步电动机的转速公式

$$n = n_1(1-s) = \frac{60f_1}{p}(1-s) \tag{6-8}$$

可以看出,改变异步电动机转速的方法为:①变极调速——改变异步电动机定子绕组的磁极对数 p 调速;②变频调速——改变异步电动机定子所加电源的频率 f_1 调速;③改变转差率调速——改变异步电动机的转差率 s 进行调速。

一、变极调速

正常运行频率不变时,电动机的转速近似与磁极对数成反比,若磁极对数增加一倍,同步转速将下降 1/2,电动机的转速也随之下降近 1/2,此即变极调速。由于磁极对数总是呈整数变化的,所以同步转速 n_1 的变化总是一级一级地进行的,即不能实现平滑调速。

变极调速只适用于鼠笼式异步电动机。因为鼠笼式转子的磁极对数能自动地随着定子磁极对数的变化而变化,从而保证定子、转子磁极对数相等,以便转子产生恒定的电磁转矩。

在异步电动机中，变极调速常用的方法是单绕组变极调速，即在定子铁芯中装一套绕组，通过改变定子绕组的连接方式，使部分绕组中电流的方向改变，来实现电动机的磁极对数和转速的改变。

其原理如图 6-16 所示。设异步电动机每相有两个相同的线圈组，为了便于分析，只画出了定子三相绕组中的 U 相绕组，每个线圈组用一个等效集中套组来表示。当这两个线圈组首端和尾端正向串联在一起时，如图 6-16(a)所示，则根据图中电流方向判断气隙中形成四极磁场，即 $2p=4$。若采用将这两个线圈组尾端和尾端反向串联在一起，如图 6-17(a)所示，或者采用图 6-17(b)所示的反向并联，则气隙中形成两个磁极，即$2p=2$，磁极对数减少了 1/2。由此可见，只要让定子每相的 1/2 绕组中电流的方向改变，就可以改变磁极对数。

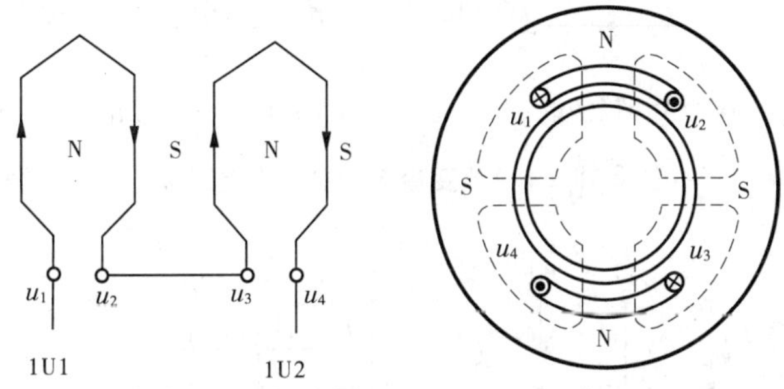

(a)两线圈正向串联　　(b)绕组布置及其磁场

图 6-16　四极三相异步电动机定了 U 相绕组

由此可见，改变每相定子绕组的接线方式，就可得到不同的极数。在一套定子绕组中得到两个转速的电动机称为单绕组双速电动机。双速电机中又有倍极比(如 4/2 极，8/4 极等)双速电机，也有非倍极比(如 4/6 极，6/8 极等)双速电机。近年来甚至出现了三速(如 4/6/8 极)电机。

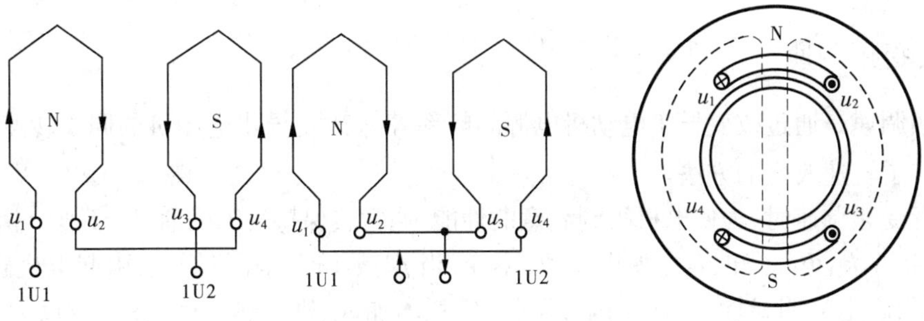

(a)两线圈反向串联　　(b)两线圈反向并联　　(c)绕组布置反磁场

图 6-17　二极三相异步电动机的 U 相绕组

在倍极比双速电机中，为保证变极前后电机的转向不变，应改变施加到电机上的电源的相序，原因是极数不同，空间电角度的大小也不一样。

多极电动机定子绕组的接线方式很多，最常用的有两种：一种是由单 Y 形改接成双 Y 形，如图 6-18 所示，写做 Y/YY 或 Y/2Y；另一种是绕组从△形改接成双 Y 形，如图 6-19 所示，写做△/YY 或△/2Y。这两种接法都能使电动机的极数减小 1/2，使电动机的转速接近成倍改变。Y/YY 连接适用于恒转矩调速，而△/YY 连接适用于恒功率调速。

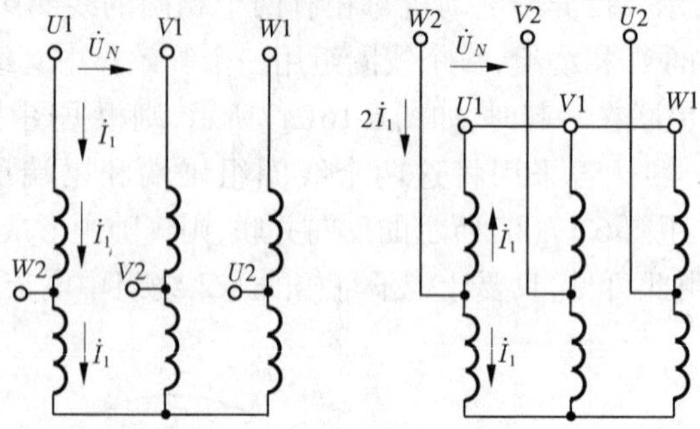

(a)单Y连接(p,n_1)　　(b)YY连接（$p/2,2n_1$）

图 6-18　Y/YY 变极电动机的绕组连接

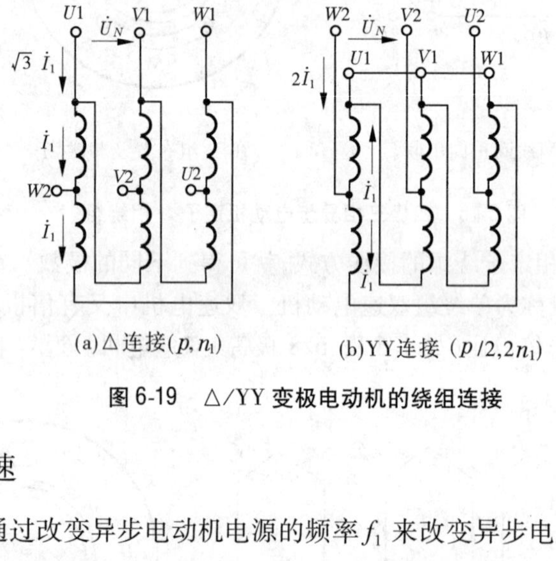

(a)△连接(p,n_1)　　(b)YY连接（$p/2,2n_1$）

图 6-19　△/YY 变极电动机的绕组连接

二、变频调速

变频调速是通过改变异步电动机电源的频率 f_1 来改变异步电动机的同步转速，从而实现其转子转速改变的方法。

进行变频调速时，为使电机得到满意的性能，通常应保持气隙磁通 Φ_0 不变。由 $U_1 \approx E_1 = 4.44 f_1 N_1 k_{w1} \Phi_0$ 可知，若电源电压 U_1 不变，当 f_1 减小时，Φ_0 将增大，引起电机磁路饱和，引起励磁电流明显增大，功率因数降低，铁耗增加，电机过热。反之，当 f_1 增大时，Φ_0 将减小，导致其电磁转矩下降，电动机的容量得不到充分利用，在一定负载下，还有过电流的危险。

为保持主磁通 Φ_0 不变，在调速过程中，调压调频应同时进行，且保持两者的比值不变，即

$$\frac{U_1}{f_1} = 4.44k_{w1}\Phi_0 = 常数 \tag{6-9}$$

变频调速的主要优点是调速范围宽，可以实现平滑的调速，机械特性硬、效率高、技术性能优越，但它需要一套符合调速性能要求的变频电源，技术复杂，设备投资高。近年来随着晶闸管技术的迅速发展，促进了变频电源的发展，使变频调速的应用发展很快。变频调速是现代交流电动机调速发展的主要方向。

三、改变转差率调速

改变转差率 s 的方法有很多种，当负载的总制动转矩 $T_2 + T_0$ 不变时，与它平衡的电磁转矩 T 也是不变的。由电磁转矩表达式，当频率 f_1 和极对数 p 不变时，转差率是下列各量的函数

$$s = f(U_1、r_1、x_1、r_2'、x_2') \tag{6-10}$$

常用的方法是改变外加电源电压或改变转子回路电阻，都可以改变转差率 s，前者用于鼠笼式异步电动机，后者仅适用于绕线式异步电动机的调速。

绕线式异步电动机带恒转矩负载时，改变转子回路串入电阻的大小，就可以改变电动机的机械特性，如图 6-14(a)所示。转子回路串入的电阻越大，产生的临界转差率越大，曲线越向下倾斜，转速越低。在负载转矩不变的情况下，增大转子电阻，电动机运行点将沿着 h、i、j、k 四点向下移动，转速随之下降。

这种调速方法的优点是设备简单、操作方便，可在一定范围内平滑调速；其缺点是低速运行时的机械特性软，转速稳定性差、损耗大、效率低。转子串入电阻这种调速方法在中、小容量的电动机中用得比较多，特别适合对调速性能要求不高的生产机械，如桥式起重机，也可用于通风机的调速。

调压调速较适合于通风机类机械的调速，使用范围不大。

四、滑差调速

电磁调速异步电动机亦称滑差电动机。实际上就是一台带有电磁滑差离合器的鼠笼式异步电动机，其原理如图 6-20 所示。

(一)电磁滑差离合器的结构

电磁滑差离合器由电枢和磁极两部分组成，两者之间无机械关系，各自能独立旋转。电枢是由铸钢制成的空心圆柱体，直接固定在异步电动机轴端上，由电动机拖动旋转，是离合器的主动部分。磁极的励磁绕组由外部直流电源经滑环通入直流励磁电流进行励磁。磁极通过联轴器与异步电动机拖动的生产机械直接连接，称为从动部分。

(二)电磁滑差离合器的工作原理

磁极的励磁绕组通入直流电流后形成磁场，异步电动机带动离合器电枢以转速 n 旋转，电枢便切割磁场产生涡流，方向如图 6-20(b)所示。电枢中的涡流与磁场相互作用产生电磁力和电磁转矩，电枢受到力 F 的方向可用左手定则判断，对电枢而言，F 产生的是制动转矩，需要依靠异步电动机的输出机械转矩来克服此制动转矩，从而维持电枢的转动。

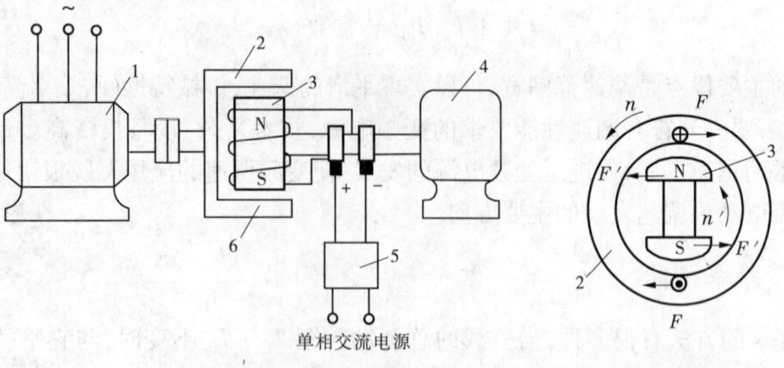

(a)连接原理图　　(b)电磁滑差离合器工作原理

1—电动机;2—电枢;3—磁极;4—生产机械;
5—可控硅整流器;6—电磁滑差离合器

图 6-20　电磁调速异步电动机

根据作用力与反作用力大小相等、方向相反的原则,可知离合器磁极所受到电磁力 F' 的方向,与 F 方向相反。在 F' 产生的电磁转矩的作用下,磁极转子带动生产机械沿电枢旋转方向以 n' 的速度旋转,$n' < n$。由此可见,电磁滑差离合器的工作原理和异步电动机工作原理相同。电磁转矩的大小由磁极磁场的强弱和电枢与磁极之间的转差决定。当励磁电流为 0,磁通为 0 时,无电磁转矩;当电枢与磁极间无相对运动时,涡流为 0,电磁转矩也为 0,故电磁离合器必须有滑差才能工作,所以电磁调速异步电动机又称为滑差电动机。

当负载转矩一定时,调节励磁电流的大小,磁场强弱、电磁转矩随之改变,从而达到调节转速的目的。

电磁离合器结构有多种形式。目前,我国生产较多的是电枢为圆筒形铁芯、磁极为瓜形磁极。电磁调速异步电动机的主要优点是调速范围广,调速平滑,可以实现无级调速,且结构简单、操作维护方便,适用于恒转矩负载;其缺点是由于离合器是利用电枢中的涡流与磁场相互作用而工作的,故涡流损耗大,效率较低。另一方面,由于其机械特性较软,特别是在低速下,其转速随负载变化很大,不能满足恒转速生产机械的需要。为此电磁调速异步电动机一般都配有根据负载变化而自动调节励磁电流的控制装置。

习　题

6-1　简述三相异步电动机的工作原理。

6-2　什么是异步电动机的转差率？如何根据转差率来判断异步电动机的运行状态？

6-3　三相异步电动机直接起动时,为什么起动电流大而起动转矩却不大？起动电流大对电网及电动机有什么影响？

6-4　异步电动机降压起动的目的是什么？为什么此时不能带较大的负载？

6-5　异步电动机有哪些降压起动方式？各有什么优缺点？

6-6　异步电动机常用的调速方法有哪些？

第七章　常用低压电器

电器是一种能够根据外界信号的要求，接通或断开电路，改变电路参数，以实现对电路或非电对象的切换、保护、检测和调节等控制作用的电气设备。简言之，电器就是一种能控制电的设备。

电器按其工作电压等级可分为高压电器和低压电器。低压电器通常指用于交流额定电压 1 200 V、直流额定电压 1 500 V 及以下电路中的电器产品。

第一节　低压熔断器

熔断器是一种广泛应用的最简单有效的保护电器之一。其主体是低熔点金属丝或金属薄片制成的熔体，串联在被保护的电路中。在正常情况下，熔体相当于一根导线，当发生短路或过载时，电流很大，熔体因过热熔化而切断电路。

熔断器作为保护电器，具有结构简单、体积小、重量轻、使用和维护方便、价格低廉、可靠性高等优点。

一、熔断器的结构及保护特性

熔断器由熔体和绝缘底座（熔管）等组成。熔体为丝状或片状。熔体材料通常有两种：一种由铅锡合金和锌等低熔点、导电性能差的金属制成，因而不易灭弧，多用于小电流的电路；另一种由银、铜等高熔点、导电性能好的金属制成，因而易于灭弧，多用于大电流电路。当正常工作的时候，流过熔体的电流小于或等于它的额定电流，由于熔体发热温度尚未达到熔体的熔点，所以熔体不会熔断，电流仍保持接通。当流过熔体的电流达到额定电流的1.3～2倍时，熔体缓慢熔断；当流过熔体的电流达到额定电流的 8～10 倍时，熔体迅速熔断。电流越大，熔断越快，熔断器的这种特性称为保护特性或安秒特性。如表 7-1 和图 7-1 所示。表中 I_N 为熔体额定电流，通常取 $2I_N$ 为熔断器的熔断电流，其熔断时间为 30～40 s。因此，熔断器对轻度过载反应比较迟钝，一般只能作短路保护用。

表 7-1　常用熔体的安秒特性

熔体通过电流（A）	$1.25I_N$	$1.6I_N$	$1.8I_N$	$2.0I_N$	$2.5I_N$	$3I_N$	$4I_N$	$8I_N$
熔断时间（s）	∞	3 600	1 200	40	8	4.5	2.5	1

二、熔断器的主要技术参数

（一）额定电压

熔断器的额定电压是指熔断器长期工作时和分断后能够承受的电压，它取决于线路的额定电压,其值一般等于或大于电气设备的额定电压。

(二)额定电流

熔断器的额定电流是指熔断器长期工作时,各部件温升不超过规定值时所能承受的电流。熔断器的额定电流等级比较少,而熔体的额定电流等级比较多,即在一个额定电流等级的熔断管内可以分装不同额定电流等级的熔体,但熔体的额定电流最大不能超过熔断管的额定电流。

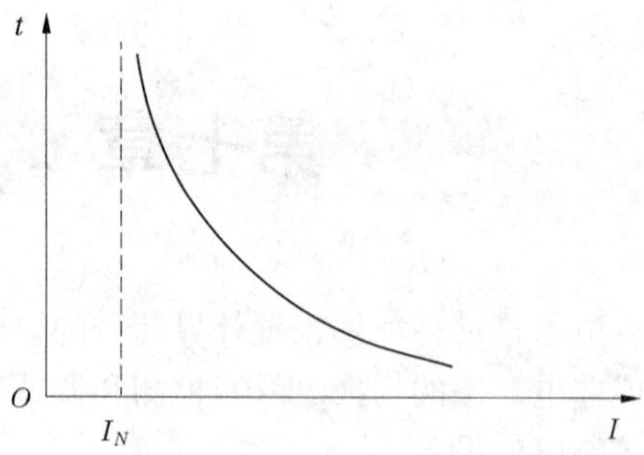

图 7-1　熔体的安秒特性

(三)极限分断能力

极限分断能力是指熔断器在规定的额定电压和功率因数(或时间常数)条件下,能分断的最大短路电流值。在电路中出现的最大电流值一般是指短路电流值。所以,极限分断能力也反映了熔断器分断短路电流的能力。

三、常用的熔断器

(一)瓷插式熔断器

采用的瓷插式熔断器为 RCIA 系列,其结构如图 7-2 所示。它由瓷底座 1、动触点 2、熔体 3 和静触点 5 组成,瓷插件 4 突出部分与瓷底座之间的间隙形成灭弧室。

RCIA 系列熔断器用于频率 50 Hz,额定电压 380 V 及以下的电路末端,作为供配电系统导线及电气设备的短路保护,也可作为民用照明等电路的保护。

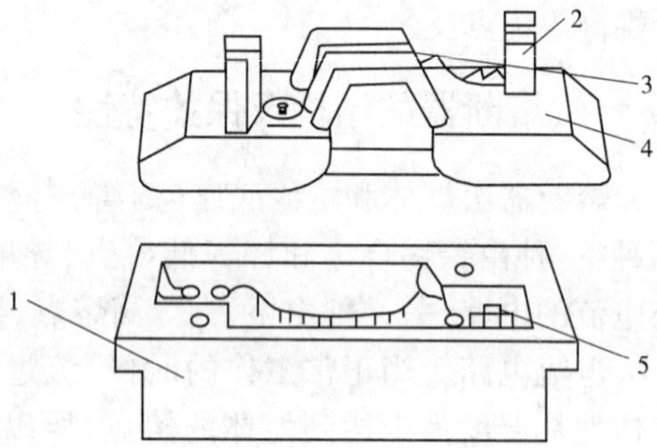

1—瓷底座;2—动触点;3—熔体;
4—瓷插件;5—静触点

图 7-2　瓷插式熔断器

(二)RM10 系列无填料封闭管式熔断器

RM10 系列熔断器由熔断管、熔体和静插座等部分组成,静插座结构与刀开关静插座相似而装于绝缘底板上。熔断管由钢质纤维(俗称反白管)制成圆管状,管的两端由铜螺帽封闭,管内不充填料。熔体为变截面的锌片,由螺钉固定于熔断器两端的接触刀上,并装于熔断管内。熔体熔断时,电弧在管内不会向外喷出,钢质纤维管在电弧的高温下,局部分解而产生大量气体,气体一方面在管内壁形成旋涡,加强了离子的复合作用,另一方面又产生强大的压力,增强了消电离作用,从而促使电弧很快熄灭,相应地提高了熔断器的分断能力。RM10 系列熔断器的结构如图 7-3 所示,它的优点是更换熔体方便,使用比较安全,恢复供电较快。

RM10 系列熔断器适用于经常发生过载和短路故障的场合,作为低压电力线路或成套配电装置的连续过载及短路保护是比较合适的。

RM10 系列技术数据如表 7-2 所示。

表 7-2　RM10 系列无填料封闭管式熔断器的基本技术数据

型号	额定电流(A)	熔体额定电流(A)	极限分断能力(kA)
RM10－15	15	6、10、15	1、2
RM10－60	60	15、20、25、35、45、60	3、5
RM10－100	100	60、80、100	
RM10－200	200	100、125、160、200	
RM10－350	350	200、225、260、300、350	10、12
RM10－600	600	350、430、500、600	
RM10－1000	1 000	600、700、850、1 000	

(三)有填料封闭管式熔断器

目前,熔断器最广泛使用的灭弧介质填料是石英砂。因为石英砂具有热稳定性好、熔点高、化学惰性好、热导率高和价格低等优点。

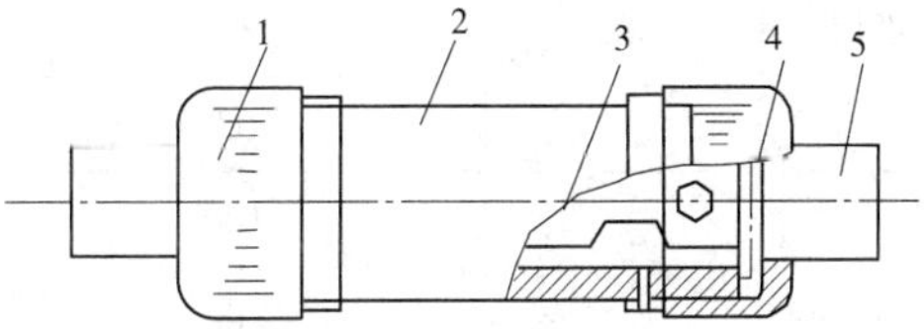

1—铜帽;2—绝缘管;3—熔体;
4—垫片;5—接触刀

图 7-3　RM10 系列熔断器

熔断器熔断时,一方面电弧在石英砂颗粒间的窄缝中受到强烈的消电离作用而熄灭;另一方面,电弧在极短的时间内、在很小的容积里产生巨大的能量,使熔管型腔内温度非常高,而且温升很快。这时,颗粒填料层的存在就保护了熔断器零件,使之免遭电弧的强烈作用。

常用的有填料封闭管式熔断器有:螺栓连接的 RT12、RT15 系列,产品符合国际电工 IEC269 低压电器标准;圆筒形帽熔断器 RT14、RT18 系列,其结构如图 7-4 所示。

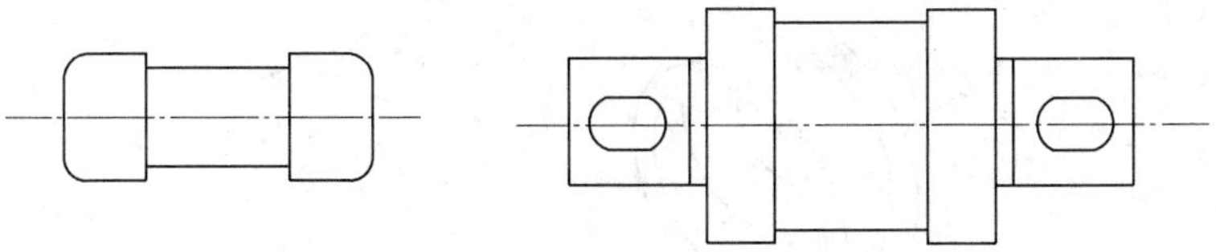

(a)RT14系列　　(b)RT15系列

图 7-4　有填料封闭管式熔断器

RT14、RT19 系列配带撞击器,与熔断式隔离器配合使用时,可作为电动机的缺相保护,其型号及其含义如下:

RT 14-□ / □□

- 熔体额定电流
- 熔断撞击器代号("0" 无, "1" 有)
- 熔断器额定电流
- 设计代号(圆筒形帽)
- 有填料封闭管式熔断器

RT14、RT15 系列熔断器的主要技术参数如表 7-3 所示。

表 7-3　RT 型熔断器的主要技术参数

型号	额定电压（V）	支持件额定电流（A）	熔体额定电流（A）	额定分断能力（kA）
RT14	380	20	2、4、6、10、16、20	100
		32	2、4、6、10、20、25、32	
		63	10、16、25、32、40、50、60	
RT15	415	100	40、50、63、100	80
		200	125、160、200	
		315	250、315	
		400	350、400	

(四)螺旋式熔断器

螺旋式熔断器的结构如图 7-5 所示,主要由瓷帽 1、熔心 2 和底座 3 组成,适用于在电气线路中作输配电设备、电缆、导线过载和短路保护元件。常用的螺旋式熔断器有 RL6 系列中的 RL6-25、RL6-63 以及 R024、R026 等。产品全部符合 IEC269 标准。

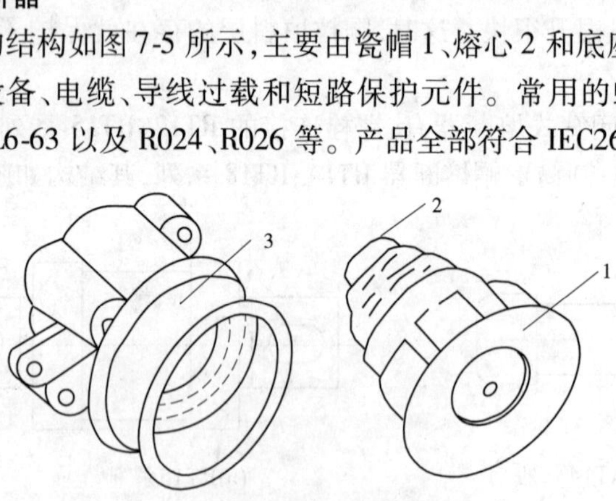

1—瓷帽;2—熔心;3—底座

图 7-5　螺旋式熔断器

其型号及含义如下:

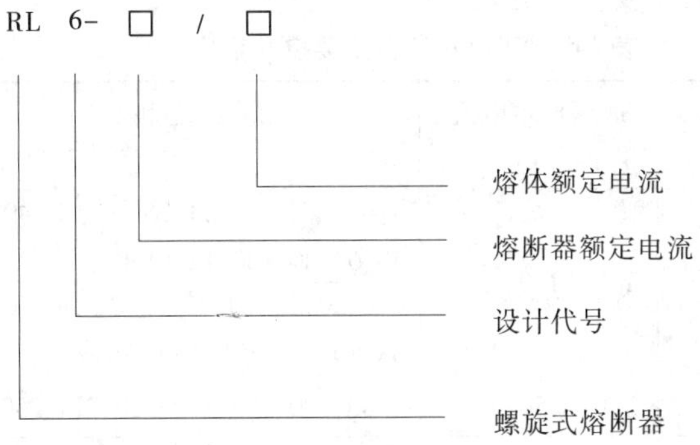

螺旋式熔断器的主要技术参数如表 7-4 所示。

表 7-4 螺旋式熔断器的主要技术参数

型号	额定电压(V)	熔断器 I_N(A)	熔断体 I_N(A)	额定分断能力(kA)
R021(RL6-25)	500	25	2、4、6、10、20、25	50
R022(RL6-63)		63	35、50、63	

(五)半导体器件保护用熔断器

由于半导体元件的工作能力很低,只能在极短时间内承受较大的过载电流,因此要求短路保护具有快速熔断的特性。目前常用的半导体保护性熔断器有 NGT 和 RSO、RS3 系列快速熔断器,以及 RS21、RS22 型螺旋式快速熔断器。其中,NGT 系列是引进德国 AEG 公司熔断器技术制造的,是国内率先符合 IEC269 标准的产品。

NGT 型熔断器具有分断能力强、限流特性好、周期性负载特性稳定、低功耗等优点,能可靠地保护半导体元件晶闸管及其成套装置。产品的电压等级为交流 380 ~ 1 000 V,电流规格齐全,技术数据完整。NGT 型熔断器主要技术参数见表 7-5。

表 7-5 NGT 型熔断器主要技术参数

型号	额定电压(V)	熔断体额定电流(A)	额定分断能力(kA)
NGT00	380、800	25、32、40、50、63、80、100、125	100
NGT1	380	100、125、160、200、250	
NGT2	600	200、250、280、315、355、400	
NGT3	1 000	355、400、450、500、560、630	

(六)NT 型低压高分断能力熔断器

NT 型熔断器是引进德国 AEG 公司制造技术生产的产品,具有体积小、重量轻、功耗小、分断能力强等特点。广泛用于额定电压至 660 V、额定频率 50 Hz,额定电流至 1 000 A 的电路,作为工业电气设备工作和短路保护使用。产品符合 IEC269 标准,与国外同类产品具有通用性和互换性。

NT 型熔断器额定电压可至 660 V,因此还可以作为 660 V 矿用电气设备的工作和短路保护之用。NT 型熔断器主要参数见表 7-6。

表 7-6 NT 型熔断器主要技术参数

型号	额定电压（V）	底座额定电流（A）	熔体额定电流（A）	额定分断能力（kA）
NT00	500、660	160	4、6、10、16、20、25、32、35、40、50、63、80、100、125、160	120(500 V)、50(660 V)
NT0	500、660		6、10、16、20、25、32、35、40、50、63、80、100、125、160	
NT1	500、660	250	80、100、125、160、200、224、250	
NT2	500、660	400	125、160、200、224、250、300、355、400	
NT3	500、660	630	315、355、400、425、500、630	
NT4	380	1 000	800、1 000	100

(七)自复式熔断器

自复式熔断器是一种限流元件，其本身不能分断电路，而是与低压断路器串联使用，以提高分断能力。当故障消除后，它又能迅速复原，重新投入运行。因此，这种限流元件被称为自复式熔断器或永久熔断器。

自复式熔断器的外壳用不锈钢制成，内部有一个绝缘管，外壳与绝缘管之间浇注填充剂，一般以云母玻璃或低熔点玻璃浇注。电流从一个端子通过氧化铍陶瓷绝缘管细孔内的金属钠熔体通向另一个端子，形成通路。一旦发生故障，巨大的故障电流使钠熔体急剧发热、迅速汽化，并处于高温、高压和高电阻率的等离子状态，限制了故障电流的增大。熔体汽化后，其高压力作用于一个活塞上，活塞移动，压缩氩气。当断路器切断已被自复式熔断器限制了的故障电流后，钠蒸气温度下降，压力也下降。此时，原来受压的氩气膨胀，推动活塞复位，熔断器迅速复原。由于钠蒸气又凝固，其电阻也降低为原值，为下一次工作做好准备。

从工作原理来看，自复式熔断器实质是一个非线性电阻。为了抑制分断时出现的过电压，并保证断路器的脱扣机构始终有一个动作电流，以保证其工作的可靠性，自复式熔断器要并联一附加电阻 R，一般为 80 ~ 120 mΩ，如图 7-6 所示。自复式熔断器的工业产品有 RZ1 系列等，它用于交流 380 V 的电路，与断路器配合使用。熔断器的额定电流有 100 A、200 A、400 A、600 A 四个等级，在 $\cos\varphi \leqslant 0.3$ 时的分断能力为 100 kA。

必须指出，尽管自复式熔断器可多次重复使用，但其技术特性却逐渐劣化，故一般只能重复工作几次。

熔断器的图形符号和文字符号如图 7-7 所示。

四、熔断器的选择与维护

(一)熔断器的选择

工业上选择熔断器一般应从以下几个方面考虑：

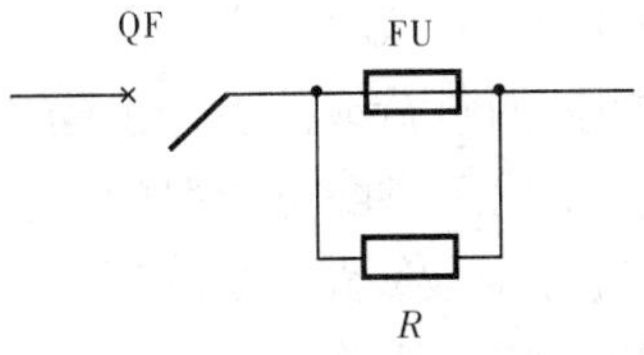

图 7-6　自复式熔断器

图 7-7　熔断器的图形符号和文字符号

(1)熔断器的类型应根据线路的要求、使用场合及安装条件进行选择。

(2)熔断器的额定电压必须等于或高于熔断器工作点的电压。

(3)熔断器的额定电流根据被保护的电路及设备的额定负载电流选择。熔断器的额定电流必须等于或高于所装熔体的额定电流。

(4)熔断器的额定分断能力必须大于电路中可能出现的最大故障电流。

(5)熔断器的选择需考虑电路中其他配电电器、控制电器之间选择性配合等要求。为此,应使上一级(干线)熔断器的熔体额定电流比下一级(支线)大 1 ~2 个级差。

(6)熔断器所配熔体额定电流的选择:①对于照明线路等没有冲击电流的负载,应使熔体的额定电流等于或稍大于电路的工作电流,即 $I_{FU} \geqslant I$(式中,I_{FU} 为熔体的额定电流,I 为电路的工作电流)。②对于电动机类负载,要考虑起动冲击电流的影响,应按 $I_{FU} \geqslant (1.5 \sim 2.5) I_N$ 计算。对于多台电机由一个熔断器保护时,熔体的额定电流按 $I_{FU} \geqslant (1.5 \sim 2.5) I_{N\max} + \sum I_N$(其中,$I_{N\max}$ 为容量最大的一台电动机的额定电流,$\sum I_N$ 为其余电动机额定电流的总和)确定。降压起动的电动机选用熔体的额定电流应等于或略大于电动机的额定电流。

(二)熔断器在使用维护方面的注意事项

熔断器在使用维护方面应注意以下事项:

(1)安装前检查熔断器的型号、额定电流、额定电压、额定分断能力等参数是否符合规定要求。

(2)安装时应注意熔断器与底座触刀接触要良好,以避免因接触不良造成温升过高,引起熔断器误动作和周围电器元件损坏。

(3)熔断器熔断时,应更换同一型号规格的熔体。

(4)工业用熔断器应由专职人员更换,更换时应切断电源。

(5)使用时应经常清除熔断器表面尘埃,在定期检修设备时,如发现熔断器有损坏,应及时更换。

第二节　低压开关

一、刀开关

刀开关是一种手动电器,常用的刀开关有 HD 型单投刀开关、HS 型双投刀开关、HR 型熔断器式刀开关、HZ 型组合开关、HK 型开启式负荷开关、HY 型倒顺开关、HH 型封闭式负荷开关等。

HD 型单投刀开关、HS 型双投刀开关、HR 型熔断器式刀开关在成套配电装置中主要作隔离开关用，装有灭弧装置的刀开关也可以控制一定范围内的负荷线路。作为隔离开关的刀开关的容量比较大，其额定电流为 100～1 500 A，主要用于供配电线路的电源隔离。隔离开关没有灭弧装置，不能操作带负荷的线路，只能操作空载线路或电流很小的线路，如小型空载变压器、电压互感器等。操作时应注意，停电时应将线路的负荷电流用断路器、负荷开关等开关电器切断后再将隔离开关断开，送电时操作顺序相反。隔离开关断开时有明显的断开点，有利于检修人员的停电检修工作。隔离刀开关由于控制负荷能力很小，也没有保护线路的功能，所以通常不能单独使用，一般要和能切断负荷电流、故障电流的电器（如熔断器、断路器和负荷开关等电器）一起使用。

HZ 型组合开关、HK 型开启式负荷开关一般用于电气设备及照明线路的电源开关。

HY 型倒顺开关、HH 型封闭式负荷开关装有灭弧装置，一般可用于电气设备的起动、停止控制。

（一）HD 型单投刀开关

HD 型单投刀开关按极数分为 1 极、2 极、3 极几种，其示意图及图形符号如图 7-8 所示。

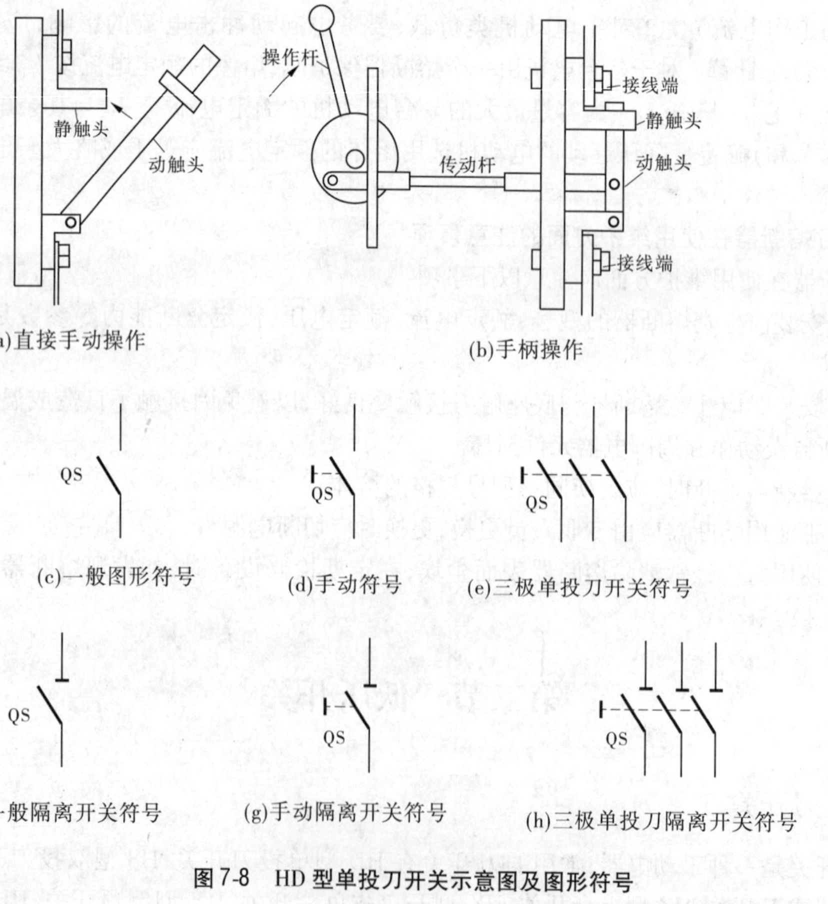

(a)直接手动操作　(b)手柄操作

(c)一般图形符号　(d)手动符号　(e)三极单投刀开关符号

(f)一般隔离开关符号　(g)手动隔离开关符号　(h)三极单投刀隔离开关符号

图 7-8　HD 型单投刀开关示意图及图形符号

单投刀开关的型号含义如下：

H D 13B-200/3

- H：刀开关
- D：单投式
- 13：设计代号
- B：系列派生：B—底板改进
- 200：额定电流：200 A
- 3：极数：3极

设计代号:11 代表中央手柄式,12 代表侧方正面杠杆操作机构式,13 代表中央正面杠杆操作机构式,14 代表侧面手柄式。

(二)HS 型双投刀开关

HS 型双投刀开关也称转换开关,其作用和单投刀开关类似,常用于双电源的切换或双供电线路的切换等,其示意图及图形符号如图 7-9 所示。由于双投刀开关具有机械互锁的结构特点,因此可以防止双电源的并联运行和两条供电线路同时供电。

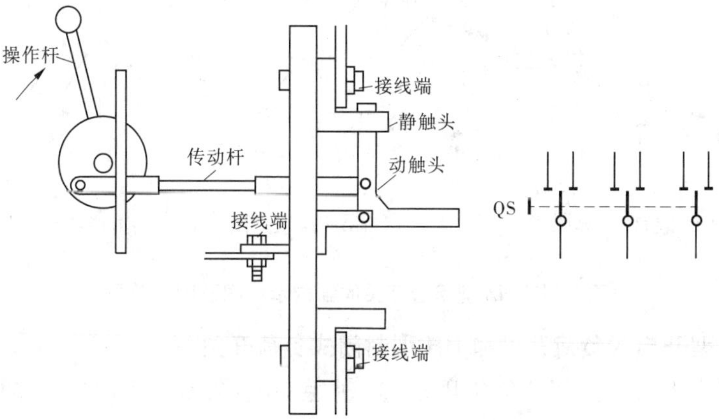

图 7-9 HS 型双投刀开关示意图及图形符号

(三)HR 型熔断器式刀开关

HR 型熔断器式刀开关也称刀熔开关,它实际上是将刀开关和熔断器组合成一体的电器。刀熔开关操作方便,并简化了供电线路,在供配电线路上应用很广泛,其示意图及图形符号如图 7-10 所示。刀熔开关可以切断故障电流,但不能切断正常的工作电流,所以一般应在无正常工作电流的情况下进行操作。

(四)HZ 型组合开关

组合开关又称转换开关,控制容量比较小,结构紧凑,常用于空间比较狭小的场所,如机床和配电箱等。组合开关一般用于电气设备的非频繁操作、切换电源和负载,以及控制小容量感应电动机和小型电器。

组合开关由动触头、静触头、绝缘连杆转轴、手柄、定位机构及外壳等部分组成。其动、静触头分别叠装于数层绝缘壳内,当转动手柄时,每层的动触头随转轴一起转动。

常用的产品有 HZ5、HZ10 和 HZ15 系列。HZ5 系列是类似万能转换开关的产品,其结构与一般转换开关有所不同。组合开关有单极、双极和多极之分。

组合开关的结构示意图及图形符号如图 7-11 所示。

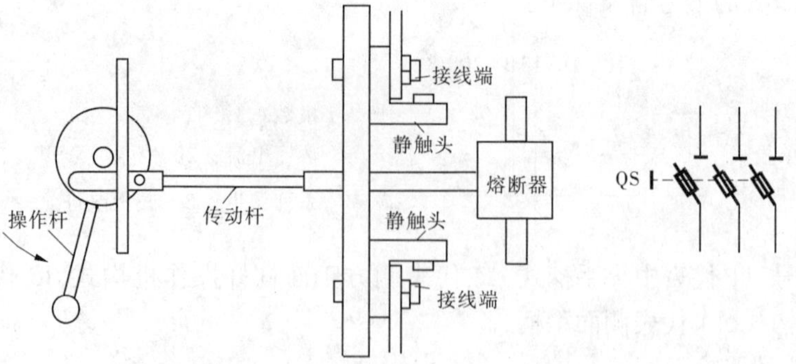

图 7-10　HR 型熔断器式刀开关示意图及图形符号

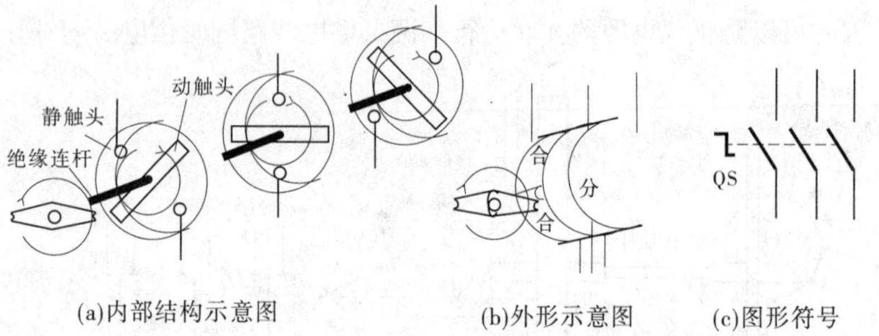

图 7-11　HZ 型组合开关的结构示意图及图形符号

(五)HK 型开启式负荷开关和 HH 型封闭式负荷开关

开启式负荷开关和封闭式负荷开关是一种手动电器,常用于电气设备中作隔离电源用,有时也用于直接起动小容量的鼠笼式异步电动机。

1. HK 型开启式负荷开关

HK 型开启式负荷开关俗称闸刀开关或胶壳刀开关,由于其结构简单、价格便宜、使用维修方便,故得到广泛应用。HK 型开启式负荷开关主要用做电气照明电路和电热电路、小容量电动机电路的不频繁控制开关,也可用做分支电路的配电开关。

胶底瓷盖刀开关由熔丝、触刀、触点座和底座组成,如图 7-12(a)所示。此种刀开关装有熔丝,可起短路保护的作用。

闸刀开关在安装时,手柄要向上,不得倒装或平装,以避免由于重力自动下落而引起误动合闸。接线时,应将电源线接在上端,负载线接在下端,这样拉闸后刀开关的刀片与电源隔离,既便于更换熔丝,又可防止可能发生的意外事故。

2. HH 型封闭式负荷开关

HH 型封闭式负荷开关俗称铁壳开关,主要由钢板外壳、触刀开关、操作机构、熔断器等组成,如图 7-12(b)所示。刀开关带有灭弧装置,能够通断负荷电流,熔断器用于切断短路电流。一般用于小型电力排灌、电热器、电气照明线路的配电设备中,可用于不频繁地接通与分断电路,也可以直接用于异步电动机的非频繁全压起动控制。

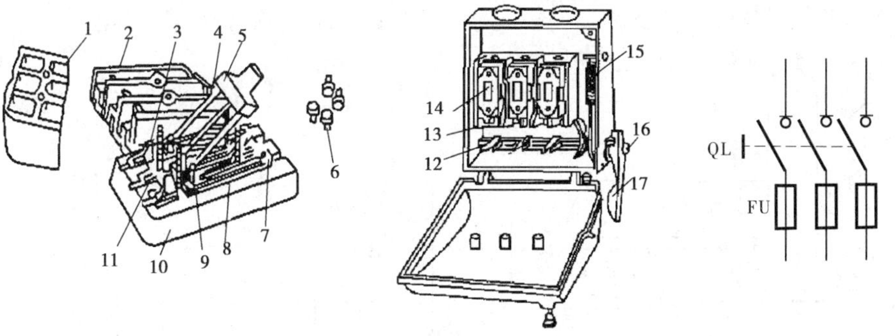

(a)HK 型开启式负荷开关　　(b)HH 型封闭式负荷开关　　(c)图形文字符号

1—上胶盖;2—下胶盖;3,13—插座;4,12—触刀;5,17—操作手柄;6—固定螺母;7—进线端;8—熔丝;9—触点座;10—底座;11—出线端;14—熔断器;15—速断弹簧;16—转轴

图 7-12　负荷开关

铁壳开关的操作结构有两个特点:一是采用储能合闸方式,即利用一根弹簧以执行合闸和分闸的功能,使开关闭合和分断时的速度与操作速度无关。它既有助于改善开关的动作性能和灭弧性能,又能防止触点停滞在中间位置。二是设有联锁装置,以保证开关合闸后不能打开箱盖,而在箱盖打开后,不能再合开关,起到安全保护作用。

HK 型开启式负荷开关和 HH 型封闭式负荷开关都是由负荷开关和熔断器组成的,其图形符号也是由手动负荷开关 QL 和熔断器 FU 组成的,如图 7-12(c)所示。

二、断路器

低压断路器俗称自动开关或空气开关,用于低压配电电路中不频繁的通断控制。在电路发生短路、过载或欠电压等故障时能自动分断故障电路,是一种控制兼保护电器。

断路器的种类繁多,按其用途和结构特点可分为 DW 型框架式断路器、DZ 型塑料外壳式断路器、DS 型直流快速断路器和 DWX 型、DWZ 型限流式断路器等。框架式断路器主要用做配电线路的保护开关,而塑料外壳式断路器除可用做配电线路的保护开关外,还可用做电动机、照明电路及电热电路的控制开关。

下面以塑壳断路器为例简单介绍断路器的结构、工作原理、使用与选用方法。

(一)断路器的结构和工作原理

断路器主要由 3 个基本部分组成,即触头、灭弧系统和各种脱扣器,包括过电流脱扣器、失压(欠电压)脱扣器、热脱扣器、分励脱扣器和自由脱扣器。

图 7-13 是断路器工作原理示意图及图形符号。断路器开关是靠操作机构手动或电动合闸的,触头闭合后,自由脱扣机构将触头锁在合闸位置上。当电路发生上述故障时,通过各自的脱扣器使自由脱扣机构动作,自动跳闸以实现保护作用。

过电流脱扣器用于线路的短路和过电流保护,当线路的电流大于整定的电流值时,过电流脱扣器所产生的电磁力使挂钩脱扣,动触点在弹簧的拉力下迅速断开,实现短路器的跳闸功能。

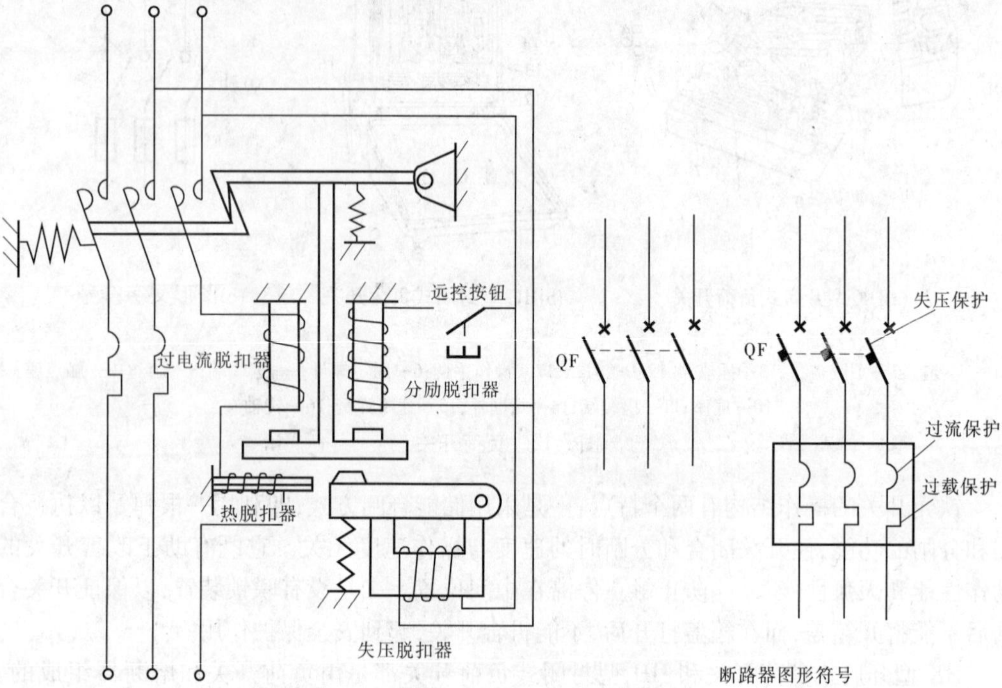

图 7-13 断路器工作原理示意图及图形符号

热脱扣器用于线路的过负荷保护,工作原理和热继电器相同。

失压(欠电压)脱扣器用于失压保护,如图 7-13 所示,失压脱扣器的线圈直接接在电源上,处于吸合状态,断路器可以正常合闸;当停电或电压很低时,失压脱扣器的吸力小于弹簧的反力,弹簧使动铁芯向上令挂钩脱扣,实现短路器的跳闸功能。

分励脱扣器用于远方跳闸,当在远方按下按钮时,分励脱扣器得电产生电磁力,使其脱扣跳闸。

不同断路器的保护是不同的,使用时应根据需要选用。在图形符号中也可以标注其保护方式,如图 7-13 所示,断路器图形符号中标注了失压、过负荷、过电流 3 种保护方式。

(二)低压断路器的选择原则

低压断路器的选择应从以下几方面考虑:

(1)断路器类型的选择:应根据使用场合和保护要求来选择。例如,一般选用塑壳式,短路电流很大时选用限流型,额定电流比较大或有选择性保护要求时选用框架式,控制和保护含有半导体器件的直流电路时应选用直流快速断路器等。

(2)断路器额定电压、额定电流应大于或等于线路、设备的正常工作电压、工作电流。

(3)断路器极限通断能力大于或等于电路最大短路电流。

(4)欠电压脱扣器额定电压等于线路额定电压。

(5)过电流脱扣器的额定电流大于或等于线路的最大负载电流。

三、控制器

控制器是一种手动操作，直接控制主电路大电流(10～600 A)的开关电器。常用的控制器有 KT 型凸轮控制器、KG 型鼓形控制器和 KP 型平面控制器，各种控制器的作用和工作原理基本类似，下面以常用的凸轮控制器为例进行说明。

凸轮控制器是一种大型的手动控制器，主要在起重设备使用中直接控制中小型绕线式异步电动机的起动、停止、调速、换向和制动，也适用于有相同要求的其他电力拖动场合。

凸轮控制器主要由触头、转轴、凸轮、杠杆、手柄、灭弧罩及定位机构等组成。图 7-14 为凸轮控制器的结构原理示意图及图形符号。凸轮控制器中有多组触点，并由多个凸轮分别控制，以实现对一个较复杂电路中的多个触点进行同时控制。由于凸轮控制器中的触点多，每个触点在每个位置的接通情况各不相同，所以不能用普通的常开、常闭触点来表示。图 7-14(a)所示为 1 极 12 位凸轮控制器示意图，图 7-14(c)所示图形符号表示这一个触点有 12 个位置，图中的小黑点表示该位置触点接通。由示意图可见，当手柄转到 2 号、3 号、4 号和 10 号位时，由凸轮将触点接通。图 7-14(b)所示为 5 极 12 位凸轮控制器示意图，它是由 5 个 1 极 12 位凸轮控制器组合而成的。图 7-14(d)所示为 4 极 5 位凸轮控制器图形符号，表示有 4 个触点，每个触点有 5 个位置，图中的小黑点表示触点在该位接通。例如，当手柄打到右侧 1 号位时，2、4 触点接通。

由于凸轮控制器可直接控制电动机工作，所以其触头容量大且有灭弧装置。凸轮控制器的优点为控制线路简单、开关元件少、维修方便等；缺点为体积较大、操作笨重、不能实现远距离控制。目前使用的凸轮控制器有 KT10、KTJ14、KTJ15 及 KTJ16 等系列。

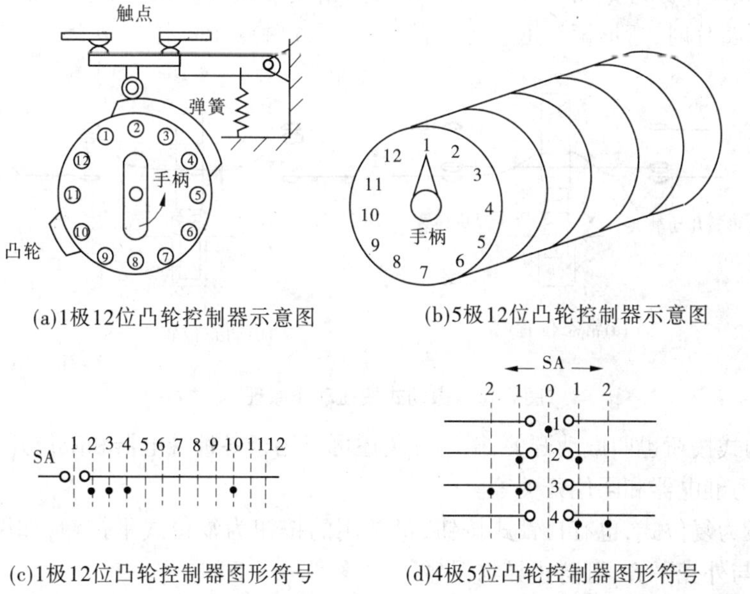

图 7-14　凸轮控制器的结构原理示意图及图形符号

四、按钮

按钮是一种最常用的主令电器，其结构简单，控制方便。

(一)按钮的结构、种类及常用型号

按钮由按钮帽、复位弹簧、桥式触点和外壳等组成，其结构示意图及图形符号如图 7-15所示。触点采用桥式触点，额定电流在 5 A 以下。触点又分常开触点(动断触点)和常闭触点(动合触点)两种。

按钮从外形和操作方式上可以分为平按钮和急停按钮，急停按钮也叫蘑菇头按钮，如图 7-15(c)所示，此外还有钥匙钮、旋钮、拉式钮、万向操纵杆式钮、带灯式钮等多种类型。

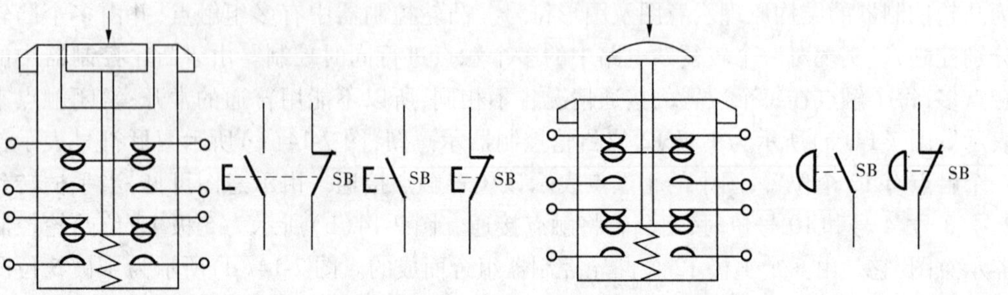

(a)按钮示意图　(b)按钮图形符号　(c)急停按钮示意图　(d)急停按钮图形符号

图 7-15　按钮结构示意图及图形符号

从按钮的触点动作方式可以分为直动式和微动式两种，图 7-15 中所示的按钮均为直动式，其触点动作速度和手按的速度有关，而微动式按钮的触点动作变换速度快，和手按的速度无关，其动作原理如图 7-16 所示。动触点由变形簧片组成，当弯形簧片受压向下运动低于平形簧片时，弯形簧片迅速变形，将平形簧片触点弹向上方，实现触点瞬间动作。

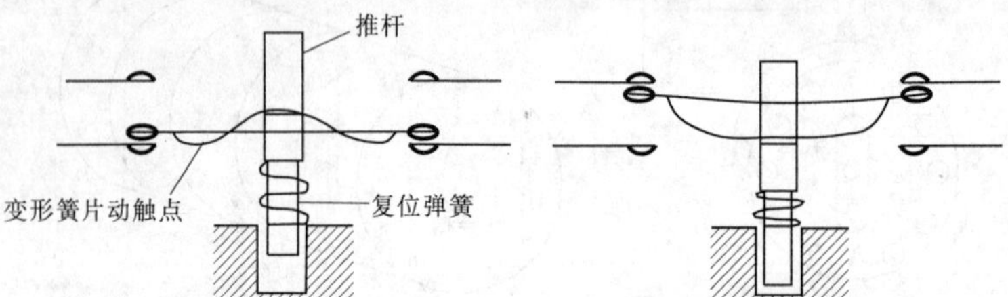

(a)常态位置　(b)动态位置

图 7-16　微动式按钮动作原理

小型微动式按钮也叫微动开关，微动开关还可以用于各种继电器和限位开关中，如时间继电器、压力继电器和限位开关等。

按钮一般为复位式，也有自锁式按钮，最常用的按钮为复位式平按钮，如图 7-15(a)所示，其按钮与外壳平齐，可防止异物误碰。

(二)按钮的颜色

红色按钮用于停止、断电或事故。绿色按钮优先用于起动或通电，但也允许选用黑

色、白色或灰色按钮。一钮双用的起动与停止或通电与断电，即交替按压后改变功能的，不能用红色按钮，也不能用绿色按钮，而应用黑色、白色或灰色按钮；按压时运动，抬起时停止运动（如点动、微动）的，应用黑色、白色、灰色或绿色按钮，最好用黑色按钮，而不能用红色按钮；单一复位功能的，采用蓝色、黑色、白色或灰色按钮；同时有复位、停止与断电功能的用红色按钮；灯光按钮不得用做事故按钮。

（三）按钮的选择原则

按钮的选择原则为：

（1）根据使用场合，选择控制按钮的种类，如开启式、防水式、防腐式等。

（2）根据用途，选用合适的型式，如钥匙式、紧急式、带灯式等。

（3）按控制回路的需要，确定不同的按钮数，如单钮、双钮、三钮、多钮等。

（4）按工作状态指示和工作情况的要求，选择按钮及指示灯的颜色。

表 7-7 给出了按钮颜色的含义。

表 7-7　按钮颜色的含义

颜　色	含　义	举　例
红	处理事故	紧急停机 扑灭燃烧
	停止或断电	正常停机 停止一台或多台电动机 装置的局部停机 切断一个开关 带有停止或断电功能的复位
绿	起动或通电	正常起动 起动一台或多台电动机 装置的局部起动 接通一个开关装置（投入运行）
黄	参与	防止意外情况 参与抑制反常的状态 避免不需要的变化（事故）
蓝	上述颜色未包含的任何指定用意	凡红色、黄色和绿色未包含的用意，皆可用蓝色
黑、灰、白	无特定用意	除单功能的停止或断电按钮外的任何功能

五、行程开关

行程开关又叫限位开关，它的种类很多，按运动形式可分为直动式、微动式、转动式等，按触点的性质可分为有触点式和无触点式。

(一)有触点行程开关

有触点行程开关简称行程开关,其工作原理和按钮相同,区别在于它不是靠手按压的,而是利用生产机械运动的部件碰压来使触点动作,从而发出控制指令的主令电器。它用于控制生产机械的运动方向、速度、行程大小或位置等,结构形式多种多样。图 7-17 所示为几种行程开关结构示意图及图形符号。

有触点行程开关的主要参数有型式、动作行程、工作电压及触头的电流容量。目前,国内生产的行程开关有 LXK3、3SE3、LX19、LXW 和 LX 等系列,常用的行程开关有 LX19、LXW5、LXK3、LX32 和 LX33 等系列。

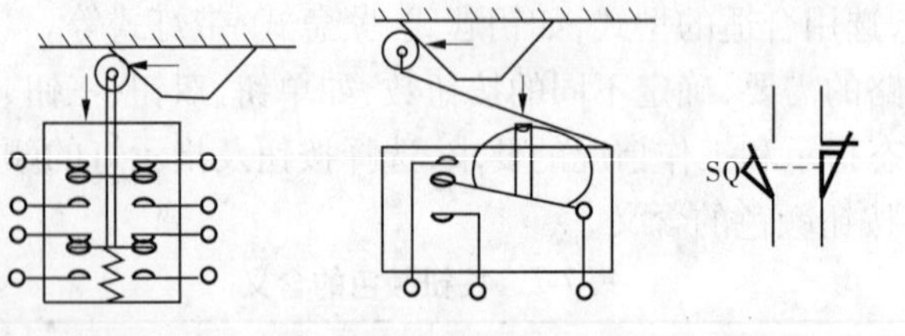

(a)直动式行程开关　(b)微动式行程开关　(c)图形符号

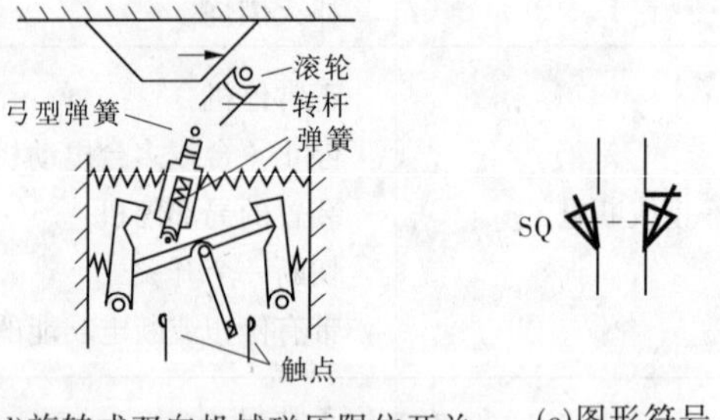

(d)旋转式双向机械碰压限位开关　(e)图形符号

图 7-17　行程开关结构示意图及图形符号

(二)无触点行程开关

无触点行程开关又称接近开关,它可以代替有触头行程开关来完成行程控制和限位保护,还可用于高频计数、测速、液位控制、零件尺寸检测、加工程序的自动衔接等的非接触式开关。由于它具有非接触式触发、动作速度快、可在不同的检测距离内动作、发出的信号稳定无脉动、工作稳定可靠、寿命长、重复定位精度高以及能适应恶劣的工作环境等特点,所以在机床、纺织、印刷、塑料等工业生产中应用广泛。

无触点行程开关分为有源型和无源型两种,多数无触点行程开关为有源型,主要包括检测元件、放大电路、输出驱动电路三部分,一般采用 5 ~ 24 V 的直流电流,或 220 V 交流电源等。如图 7-18 所示,为三线式有源型接近开关结构框图。

接近开关按检测元件工作原理可分为电容式、霍尔元件式、超声波式、高频振荡式、电磁感应式、永磁式、磁敏元件式等。不同型式的接近开关所检测的被检测体不同。

电容式接近开关可以检测各种固体、液体或粉状物体,其主要由电容式振荡器及电子电路组成,它的电容位于传感界面上,当物体接近时,将因改变了电容值而振荡,从而产生

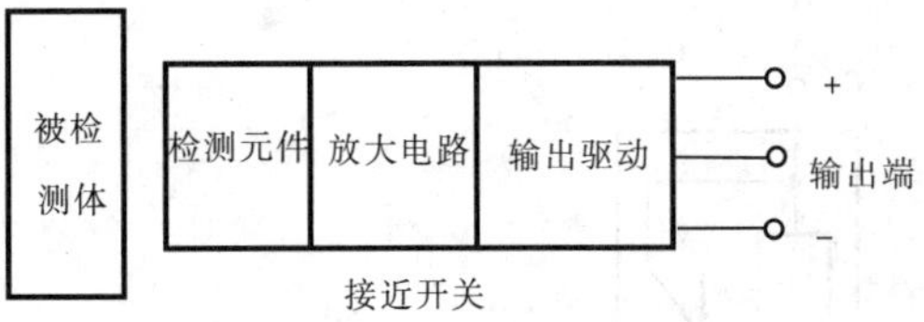

图 7-18　三线式有源型接近开关结构框图

输出信号。

霍尔元件式接近开关用于检测磁场，一般用磁钢作为被检测体。其内部的磁敏感器件仅对垂直于传感器端面的磁场敏感，当磁极 S 极正对接近开关时，接近开关的输出产生正跳变，输出为高电平；当磁极 N 极正对接近开关时，输出为低电平。

超声波式接近开关适于检测不能或不可触及的目标，其控制功能不受声、电、光等因素干扰，检测物体可以是固体、液体或粉末状态的物体，只要能反射超声波即可。其主要由压电陶瓷传感器、发射超声波和接收反射波用的电子装置及调节检测范围用的程控桥式开关等几个部分组成。

高频振荡式接近开关用于检测各种金属，主要由高频振荡器、集成电路或晶体管放大器和输出器三部分组成。其基本工作原理是：当有金属物体接近振荡器的线圈时，该金属物体内部产生的涡流将吸取振荡器的能量，致使振荡器停振。振荡器的振荡和停振这两个信号经整形放大后转换成开关信号输出。

接近开关的输出形式有两线式、三线式和四线式几种，晶体管输出类型有 NPN 和 PNP 两种，外形有方形、圆形、槽形和分离型等多种，图 7-19 为槽形三线式 NPN 型光电式接近开关的工作原理图和远距分离型光电开关工作示意图。

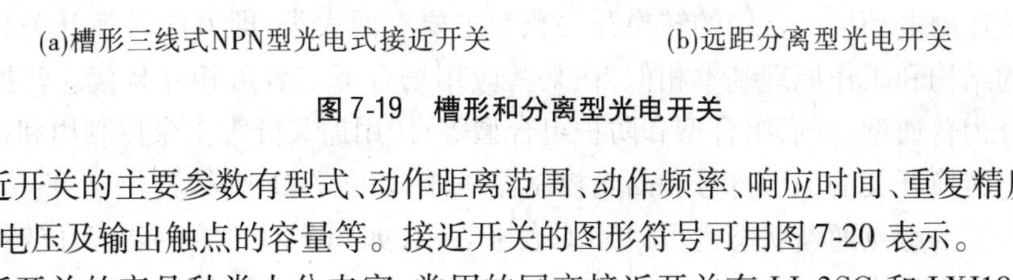

(a)槽形三线式NPN型光电式接近开关　　(b)远距分离型光电开关

图 7-19　槽形和分离型光电开关

接近开关的主要参数有型式、动作距离范围、动作频率、响应时间、重复精度、输出型式、工作电压及输出触点的容量等。接近开关的图形符号可用图 7-20 表示。

接近开关的产品种类十分丰富，常用的国产接近开关有 LJ、3SG 和 LXJ18 等多种系列，国外进口及引进产品亦在国内有大量的应用。

（三）有触点行程开关的选择

有触点行程开关的选择应注意以下几点：

（1）应用场合及控制对象选择；

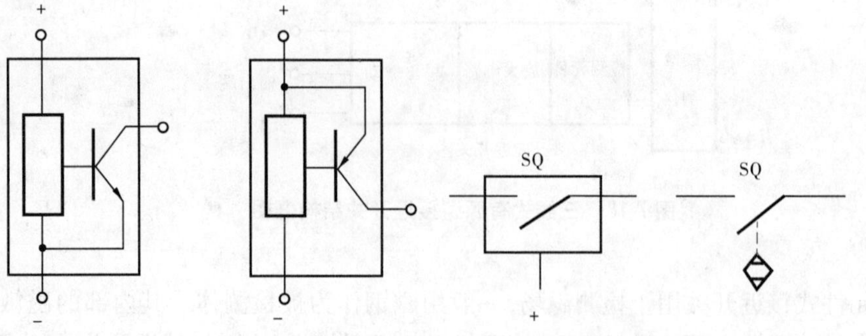

(a)NPN型　(b)PNP型　(c)有源接近开关　(d)无源接近开关

图7-20　接近开关的图形符号

(2)依安装环境选择防护形式,如开启式或保护式;

(3)控制回路的电压和电流;

(4)要根据机械与行程开关的传力和位移关系选择合适的头部形式。

(四)接近开关的选择

接近开关的选择应注意以下几点:

(1)工作频率、可靠性及精度;

(2)检测距离、安装尺寸;

(3)触点形式(有触点、无触点)、触点数量及输出形式(NPN型、PNP型);

(4)电源类型(直流、交流)、电压等级。

六、转换开关

转换开关是一种多挡位、多触点、能够控制多回路的主令电器,主要用于各种控制设备中线路的换接、遥控和电流表、电压表的换相测量等,也可用于控制小容量电动机的起动、换向、调速。

转换开关的工作原理和凸轮控制器一样,只是使用地点不同,凸轮控制器主要用于主电路,直接对电动机等电气设备进行控制,而转换开关主要用于控制电路,通过继电器和接触器间接控制电动机。常用的转换开关类型主要有两大类,即万能转换开关和组合开关。二者的结构和工作原理基本相似,在某些应用场合下二者可相互替代。转换开关按结构类型分为普通型、开启组合型和防护组合型等;按用途又分为主令控制用和控制电动机用两种。转换开关的图形符号和凸轮控制器一样,如图7-21所示。

转换开关的触点通断状态也可以用图表来表示,如图7-21中的4极5位转换开关,其触点通断状态见表7-8。

转换开关的主要参数有型式、手柄类型、触点通断状态表、工作电压、触头数量及其电流容量,在产品说明书中都有详细说明。常用的转换开关有LW2、LW5、LW6、LW8、LW9、LW12、LW16、VK、3LB和HZ等系列。其中,LW2系列用于高压断路器操作回路的控制,LW5、LW6系列多用于电力拖动系统中对线路或电动机实行控制,LW6系列还

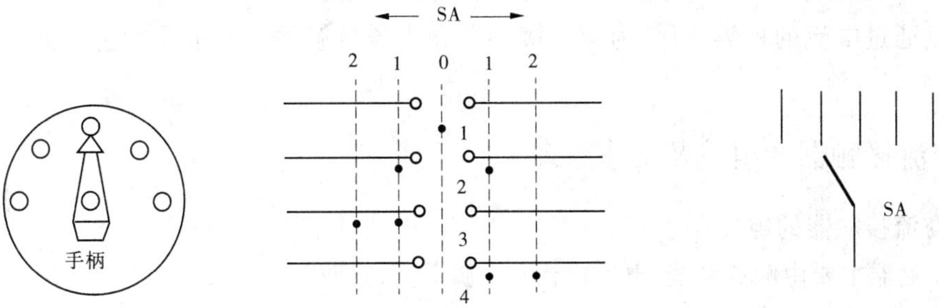

(a)5位转换开关示意图　(b)4极5位转换开关图形符号　(c)单极5位转换开关图形符号

图 7-21　转换开关示意图及图形符号

可装成双列型式，列与列之间用齿轮啮合，并由同一手柄操作，此种开关最多可装 60 对触点。

表 7-8　转换开关触点通断状态

触点号	位置				
	←	↖	↑	↗	→
	90°	45°	0°	45°	90°
1			×		
2		×		×	
3	×	×			
4				×	×

注：×表示触点接通。

转换开关的选择可以根据以下几个方面进行：

(1)额定电压和工作电流。

(2)手柄型式和定位特征。

(3)触点数量和接线图编号。

(4)面板型式及标志。

第三节　交流接触器

接触器是一种用来自动地接通或断开大电流电路的电器。大多数情况下，其控制对象是电动机，也可用于其他电力负载，如电热器、电焊等。接触器不仅能自动地接通和断开电路，还具有控制容量大、低电压释放保护、寿命长、能远距离控制等优点，所以在电气控制系统中应用十分广泛。

接触器的触点系统可以用电磁铁、压缩空气或液体压力等驱动，因而可分为电磁式接触器、气动式接触器和液压式接触器，其中以电磁式接触器应用最为广泛。根据接触器主触点通过电流的种类，可分为交流接触器和直流接触器。本节我们主要研究交流接触器。

一、交流接触器的组成及工作原理

（一）交流接触器的组成

交流接触器主要由触点系统、电磁机构和灭弧装置等组成。

1. 触点系统

触点是接触器的执行元件，用来接通和断开电路。交流接触器一般采用双断点桥式触点，两个触点串于同一电路中，同时接通或断开。接触器的触点有主触点和辅助触点之分，主触点用以通断主电路，辅助触点用以通断控制电路。

2. 电磁机构

电磁机构的作用是将电磁能转换成机械能，操纵触点的闭合或断开，交流接触器一般采用衔铁绕轴转动的拍合式电磁机构和衔铁做直线运动的电磁机构。由于交流接触器的线圈通交流电，在铁芯中存在磁滞和涡流损耗，会引起铁芯发热。为了减少磁滞损耗和涡流损耗，以免铁芯发热过甚，铁芯由硅钢片叠铆而成。同时，为了减小机械振动和噪声，在静铁芯极面上要装设分磁环。

3. 灭弧装置

交流接触器分断大电流电路时，往往会在动、静触点之间产生很强的电弧。电弧一方面会烧伤触点；另一方面会使电路切断时间延长，甚至引起其他事故。因此，灭弧是接触器的主要任务之一。

容量较小（10 A 以下）的交流接触器一般采用的灭弧方法是双断触点和电动力灭弧。容量较大（20 A 以上）的交流接触器一般采用灭弧栅灭弧。

4. 其他部分

交流接触器的其他部分有底座、反力弹簧、缓冲弹簧、触点压力弹簧、传动机构和接线柱等。反力弹簧的作用是吸引线圈断电时，迅速使主触点和动合辅助触点断开；缓冲弹簧的作用是缓冲衔铁在吸合时对静铁芯和外壳的冲击力；触点压力弹簧的作用是增加动、静触点的压力，增大接触面积以及降低接触电阻，避免触点由于接触不良而过热灼伤，并有减振作用。

（二）交流接触器的工作原理

如图 7-22 所示，当交流接触器电磁系统中的线圈 6、7 间通入交流电以后，铁芯 8 被磁化，产生大于反力弹簧 10 弹力的电磁力，将衔铁 9 吸合。一方面，带动了动合主触点（1、2、3）的闭合，接通主电路；另一方面，动断辅助触点（4、5）首先断开，接着，动合辅助触点（4′、5′）闭合。当线圈断电或外电压太低时，在反力弹簧 10 的作用下衔铁释放，动合主触点断开，切断主电路；动合辅助触点首先断开，接着，动断辅助触点恢复闭合。图 7-22 中 11 ~ 17 和 21 ~ 27 为各触点的接线柱。

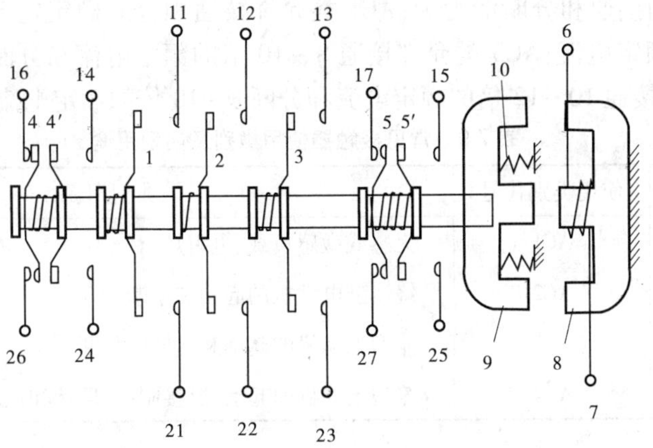

图 7-22　交流接触器工作原理

二、接触器的主要技术参数、常用的接触器和图形符号

(一)接触器的主要技术参数

1. 额定电压

额定电压指主触点的额定工作电压,此外还应规定辅助触点及吸引线圈的额定电压。交流线圈常用的电压等级为 36 V、127 V、220 V 及 380 V 等。

2. 额定电流

额定电流指主触点的额定工作电流。它是在规定条件下(额定电压、使用类别、额定工作制和操作频率等),保证电器正常工作的电流值。若改变使用条件,额定电流也要改变。

3. 机械寿命和电气寿命

接触器是频繁操作电器,应有较长的机械寿命和电气寿命,目前有些接触器的机械寿命已达 1 000 万次以上,电气寿命达 100 万次以上。

4. 操作频率

操作频率是指每小时允许的操作次数,目前一般为 300 次/h、600 次/h、1 200 次/h 等几种。操作频率直接影响接触器的电气寿命及灭弧室的工作条件,对于交流接触器还影响线圈温升,是一个重要的技术指标。

5. 接通与分断能力

接通与分断能力是指接触器的主触点在规定的条件下,能够可靠地接通和分断的电流值。在此电流值下,接通时,主触点不应发生熔焊;分断时,主触点不应发生长时间燃弧。

根据接触器的不同使用类别对接触器主触点的接通和分断能力的要求也不一样,而不同使用类别的接触器是根据其不同的控制对象的空载方式所规定的。根据我国低压电器基本标准中所规定的使用类别,其分类比较多,但在电力拖动控制系统中,常见的接触器使用类别及其典型用途如表 7-9 所示。

接触器的使用类别代号通常标注在产品的铭牌上或产品手册中。表 7-9 中要求接触器主触点达到的接通和分断能力为：AC1 类允许接通和分断额定电流；AC2 类允许接通和分断 4 倍的额定电流；AC3 类允许接通 8 ~ 10 倍的额定电流和分断 6 ~ 8 倍的额定电流；AC4 类允许接通 10 ~ 12 倍的额定电流和分断 8 ~ 10 倍的额定电流。

表 7-9　常见接触器使用类别及典型用途

电流种类	使用类别代号	典型用途
AC(交流)	AC1	无感或微感负载、电阻炉
	AC2	绕线型电动机的起动和中断
	AC3	笼型电动机的起动和运转中分断
	AC4	笼型电动机的起动、反接制动、反转和点动

目前常用的交流接触器有：CJ40、CJ20、CJ12、CJ10、CJX1、CJX2 系列以及 B 系列等。其中，CJ40 系列交流接触器，执行最新的国际、国内标准，符合 IEC 947—4—1 和 GB 14048.4—93标准，是我国接触器产品第一个执行以上标准的产品。CJ40 系列产品的主要技术参数都达到甚至超过国外产品。因为 CJ40 系列是对 CJ20 系列产品的二次开发，所以 CJ40 系列产品的价格同 CJ20 非常接近，部分规格还低于 CJ20 相应规格的售价。

CJ20 系列交流接触器为直动式、双断点、立体布置，结构紧凑，外形及安装较 CJ10、CJ8 等系列老产品大大缩小和简化。其中，某些型号的辅助触点可以任意组合，只需改变交流桥及少数零件即可，共有四动断、三动断一动合、二动断二动合、一动断三动合、四动合五种组合，如表 7-10 所示。

CJX1 系列是引进德国西门子公司制造技术而研发的产品，性能等同于 3TB 和 3TF 系列；CJX2 系列是引进法国 TE 公司的 LC1 系列接触器；B 系列为引进德国 ABB 公司的产品。

接触器的型号及其含义如下：

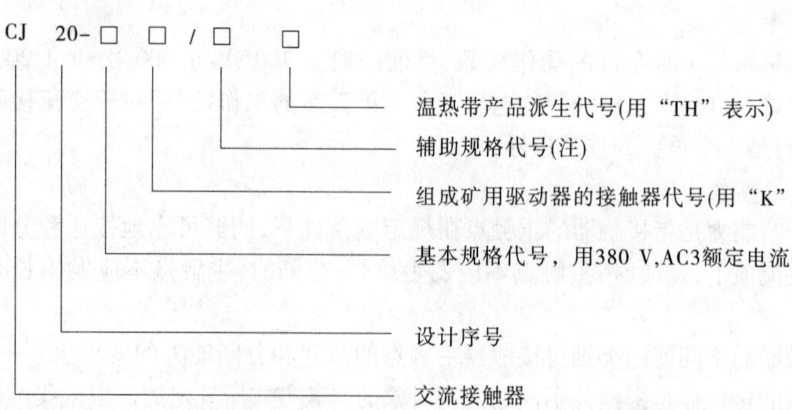

注：以数字代表额定工作电压：03 代表 380 V，一般可不写；06 代表 660 V，当其产品结构无异于 380 V 的产品结构时，也可不写；“11”代表 1 140 V。

表 7-10　CJ20 系列交流接触器的主要技术参数

型号	额定工作电压(V)	额定工作电流(A)	AC3 使用类别下的额定控制功率(kW)	约定发热电流(A)	结构特征	机/电寿命(万次)和操作频率(次/h)
CJ20－10	220	10	2.2	10	辅助触点 10 A，二动合、二动断	1 000/100 和 1 200
	380	10	4			
	660	5.8	7.5			
CJ20－16	220	16	4.5	16		
	380	16	7.5			
	660	13	11			
CJ20－25	220	25	5.5	32		
	380	25	11			
	660	14.5	13			
CJ20－40	220	40	11	55		
	380	40	22			
	660	25	22			
CJ20－63	220	63	18	80		600/120 和 1 200
	380	63	30			
	660	40	35			
CJ20－100	220	100	28	125		
	380	100	50			
	660	63	50			
CJ20－160	220	160	48	200		
	380	160	85			
	660	100	85			
CJ20－160/11	1 140	80	85			
CJ20－250	220	250	80	315	辅助触点 16 A，其组合型式为四动合、二动断；三动合、三动断；二动合、四动断	300/600 和 600
	380	250	132			
CJ20－250/06	660	200	190			
CJ20－400	220	400	115	400		
	380	400	200			
CJ20－400/06	660	250	220			
CJ20－630	220	630	175	630		
	380	630	300			
CJ20－630/06	660	400	350	400		
CJ20－630/11	1 140	400	400			300/12 和 120

(二)图形符号

接触器的图形符号如图 7-23 所示。

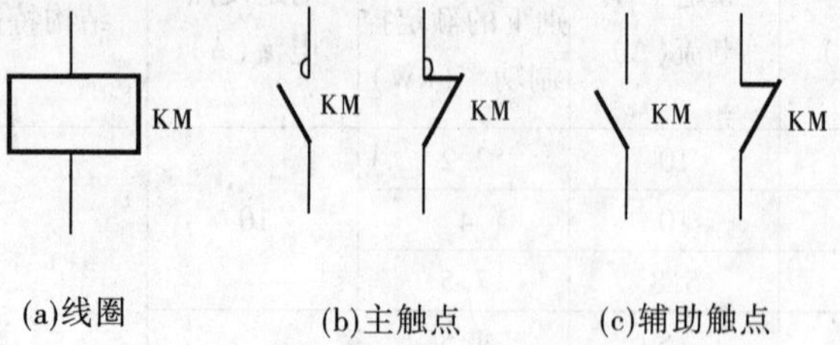

图 7-23　接触器的图形符号

三、接触器的选用

为了保证系统正常运行,必须根据以下原则正确选择接触器,使接触器的计算参数满足控制线路的要求。

(一)接触器类型的选择

接触器的类型应根据电路中负载电流的种类来选择,即交流负载应选用交流接触器,直流负载应选用直流接触器。

根据使用类别选用相应系列产品,接触器产品系列是按使用类别设计的,所以应根据接触器负担的工作任务来选择相应的使用类别。若电动机承担一般任务,其接触器可选 AC3 类;若承担重任务可选用 AC4 类。如选用 AC3 类用于重任务时,应降低容量使用。例如,AC3 类设计的控制 4 kW 电动机的接触器,用于重任务时,应降低一个容量等级,只能控制 2.2 kW 电动机等。

(二)接触器主触点的额定电压选择

被选用的接触器主触点的额定电压应大于或等于负载的额定电压。

(三)接触器主触点额定电流的选择

对于电动机负载,接触器主触点额定电流 I_N(A)按下式计算,即

$$I_N = \frac{P_N \times 10^3}{\sqrt{3}\,U_N \eta \cos\varphi}$$

式中　P_N——电动机功率,kW;

U_N——电动机额定线电压,V;

$\cos\varphi$——电动机功率因数,为 0.85 ~0.9;

η——电动机效率,为 0.8 ~0.9。

在选用接触器时,其额定电流应大于计算值,也可以根据电气设备手册给出的被控电动机的容量和接触器额定电流相应的数据选择。

在实际应用中,接触器的额定电流也可以按下面的经验公式计算,即

$$I_N = \frac{P_N \times 10^3}{K'U_N}$$

式中　K——经验系数,取 1 ~1.4。

在确定接触器主触点电流等级时，如果接触器的使用类别与所控制负载的工作任务相对应时，一般应使主触点的电流等级与所控制的负载相当或者稍大；如果不对应，例如用 AC3 类的接触器控制 AC3 与 AC4 混合类负载时，则需要降低电流等级使用。表 7-11 列出了 CJ10－10 型交流接触器降低等级使用情况。

表 7-11　CJ10－10 型交流接触器降低等级使用情况

AC4 类负载在混合负载中所占百分数(%)	降级使用情况	
	可控制电动机功率(kW)	电寿命(万次)
0	4	60
10	2.2	30
100	2.2	6.7%×60
100	4	2%×60

由表 7-11 可知，当用 CJ10－10 型交流接触器控制 AC3 类负载的 380 V、4 kW 笼型电动机时，其电寿命可达 60 万次。如果用它来控制混合类负载，只能降级使用。所以，是否降级使用取决于电寿命的要求，而电寿命又取决于操作频率。如果控制对象的平均操作频率超过接触器的额定操作频率时，则对短时间控制尚可使用，否则就应降级使用。降级使用后，其操作频率也不是可以任意提高的，因为一是灭弧有困难、二是线圈也会因过热而损坏。

当负载为电容器或白炽灯时，接通时的冲击电流可达额定工作电流的十几倍。这时宜选用 AC4 类的接触器。如果不得不用 AC3 类，则应降低为 70%～80% 额定容量来使用。

(四)接触器吸引线圈电压的选择

如果控制线路比较简单，所用接触器数量少，则交流接触器线圈的额定电压一般直接选用 380 V 或 220 V。如果控制线路比较复杂，使用的电器又较多，为了安全起见，可将额定电压选低一些。

第四节　接触器的使用与维护

一、安装前的检查

接触器安装前需检查以下几项：

(1)检查接触器铭牌与技术数据是否符合控制线路的要求。

(2)检查接触器的外观，应无机械损伤，用手推动接触器的活动部分时要动作灵活，无卡住现象。

(3)必要时，对新购进或搁置已久的接触器作解体检查。

(4)检查接触器在 85% 额定电压时能否正常动作，在失压或电压过低时能否释放。

(5)检测产品的绝缘电阻。

二、日常维护

接触器的日常维护主要在以下几方面：

(1)定期检查接触器的各部件，观察螺丝是否松动，可动部分是否灵活，对有故障的元件应及时处理。

(2)当触点表面因电弧烧蚀而有金属颗粒时，应及时清除，但当银和银基合金触点表面因电弧而烧黑时，因为氧化银的导电能力很好，所以不要锉去，锉掉会缩短触点的寿命。当触点磨损到1/3时要及时更换。

(3)灭弧罩往往较脆，拆装时应注意不要损坏。不允许将灭弧罩去掉，否则容易发生电流短路。

三、常见故障及处理方法

(一)触点接触不良

触点接触不良的原因及处理方法为：

(1)铜触点表面日久氧化或因维持不当产生积垢，因此要刮掉氧化层或清除积垢。

(2)触点过热导致压力弹簧变形，应在消除过热原因后更换触点压力弹簧。

(3)触点因电弧温度过高而使触点金属汽化等原因造成触点磨损，必须更换触点。

(二)触点过热

触点过热的原因及处理方法为：

(1)触点压力不够，需调整触点压力或更换弹簧及触点。

(2)触点表面氧化或积垢，需对症处理。

(3)触点容量不够，必须更换容量较大的接触器。

(三)触点烧毛或熔焊

触点在闭合或分断时产生电弧，在电弧的作用下，使触点表面形成许多凸出的斑点，而后斑点面积扩大，这就是烧毛。触点闭合时，如果跳动，电弧会将触点熔化而导致熔焊。触点烧毛，要用整形锉整修。触点熔焊需更换触点。

(四)接触器线圈通电后不能完全吸合

接触器线圈通电后不能完全吸合的主要原因是动铁芯被卡住、反作用弹簧反力过大、电源电压太低等。查清原因，对症处理即可。

(五)接触器线圈断电后衔铁不释放

接触器线圈断电后衔铁不释放的原因及处理方法为：

(1)E形铁芯中柱端面与底面间的气隙应为0.05～0.2 mm，若因多次吸合碰撞变形导致气隙减小，使剩磁过大，则断电后仍能吸住衔铁。这时，只要将中柱端面锉去少许，使气隙为0.05～0.2 mm即可。

(2)反作用弹簧因疲劳变形造成弹力不足，需更换反作用弹簧。

(3)可动部分被卡住，需对症处理。

(4)触点熔焊，需更换新触点。

（六）接触器吸合后噪声过大

接触器吸合后噪声过大的原因及处理方法为：

（1）动、静铁芯的端面接触不良或有油垢，前者要用细纱布磨平，后者要用汽油或四氯化碳清洗。

（2）铁芯上的短路环断裂，需更换或焊接。

（3）电源电压太低，需提高电源电压。

（4）铁芯卡住不能完全吸合，需找出原因，让铁芯能完全吸合。

（七）接触器线圈过热或烧毁

接触器线圈过热或烧毁的原因及处理方法为：

（1）线圈匝间短路，更换新线圈即可。

（2）动、静铁芯不能完全吸合。处理方法同本部分（六）中所述。

（3）电源电压低，吸力不足而使衔铁振动，需调整电压到额定值。

（4）操作频繁，需减少操作次数或更换更高一级的接触器。

（八）灭弧困难

灭弧困难的原因及处理方法为：

（1）灭弧罩受潮，需设法烘干。

（2）灭弧罩破碎，需更换新的灭弧罩。

（3）灭弧线圈匝间短路，需更换新线圈。

（4）灭弧栅片脱落或损坏，可用铁板制作予以更换。

习　题

7-1　熔体的熔断电流一般是额定电流的多少倍？

7-2　低压断路器可以起到哪些保护作用？

7-3　低压开关有哪些种类？

7-4　如何选择熔体和熔断器的规格？

7-5　交流接触器的铁芯端面上为什么要安装短路环？

7-6　交流接触器频繁操作后线圈为什么会发热？其衔铁卡住后会发生什么后果？

7-7　交流接触器能否串联使用？为什么？

7-8　如何选择交流接触器？

第八章 高压开关电器

在电力系统中，高压开关电器是最重要的电气设备之一，其所承担的任务是：在正常工作情况下可靠地接通或开断电路；在改变运行方式时灵活地切换操作；在系统发生故障时迅速切除故障部分正常运行；在设备检修时隔离带电部分以保证工作人员的安全。本章首先介绍高压开关电器的工作条件、技术性能，然后分别介绍常用的几种高压开关电器的工作原理和基本结构，以及高压开关电器的操动机构等。

第一节 概 述

一、高压开关电器的分类和工作条件

高压开关电器根据其在电路中担负任务的不同可以分为高压断路器、熔断器、隔离开关和负荷开关等几类。断路器和熔断器的灭弧能力强，能熄灭短路电流产生的电弧，将短路电路开断。负荷开关也和断路器一样具有灭弧装置，但灭弧能力不强，只能开断负荷电流。隔离开关则主要用于检修时隔离电源。

高压开关电器的正常使用条件为：海拔1 000 m或2 000 m；环境温度最高+40 ℃，最低温度户内为-5 ℃，户外一般不低于-30 ℃，高寒地区-40 ℃；风速不大于35 m/s；户内相对湿度不大于90%（+25 ℃时）；地震烈度不超过Ⅷ度。

开关电器在正常工作时，各部分的最高发热温度不应超过规定的数值。在正常使用的条件下，流过开关电器的电流为额定值时，发热温度应该满足规定。但环境温度高于+40 ℃时，每增高1 ℃，则额定电流减少1.8%；每降低1 ℃，则可增加额定电流0.5%，但不得超过额定值的20%。

二、高压断路器的类型及其基本要求

高压断路器是最重要的高压开关电器，它结构完善并有灭弧装置和高速的传动机构，它能关合和开断各种状况下高压电路中的电流，包括负荷电流和短路电流，用以完成电力系统运行方式的改变和尽快切除故障电路。

高压断路器是高压电力系统中主要的运行操作电器与短路保护电器，要求其工作可靠，具有足够的开断能力、尽可能短的动作时间和重合闸的性能。对于电力用户，高压断路器应能满足各自的一些特殊要求。例如，冶金工业要求断路器能频繁地操作，具有足够的防污能力；煤矿要求断路器能防火、防爆。此外，断路器还需具有结构简单、维护方便、体积小、重量轻等优点。

高压断路器根据装置地点可分为户内式和户外式两种；而根据使用的灭弧介质则可分为油断路器、SF_6断路器、真空断路器、压缩空气断路器、磁吹断路器、产气断路器等。

（一）油断路器

油断路器是采用绝缘油作为灭弧介质的，根据油量的多少又可分为多油断路器和少油断路器。目前，我国生产的多种高压油断路器主要是少油断路器，多油断路器除 35 kV 及以下还保留若干产品外，多数已被淘汰。

（二）压缩空气断路器

压缩空气断路器是利用压缩空气吹灭电弧的，它开断能力大、动作速度快，但结构复杂、工艺要求高、有色金属消耗多，现已逐渐被 SF_6 断路器取代。

（三）真空断路器

真空断路器是利用真空的高介电强度来灭弧的，它具有灭弧速度快、寿命长、检修周期长、体积小等优点，目前在我国 10 kV 成套装置中已逐渐得到广泛应用。

（四）SF_6 断路器

SF_6 断路器采用具有优良灭弧性能和绝缘能力的 SF_6 气体作为灭弧介质，具有开断能力强、动作快、体积小等优点，但有色金属消耗多、价格较昂贵。近年来，SF_6 断路器在我国发展很快，在高压和超高压系统中得到较广泛应用，尤其是在以它为主体的封闭式组合电器中，其为高压和超高压电器的重要发展方向。

（五）产气断路器和磁吹断路器

产气断路器是利用有机固体介质在电弧高温下分解出的气体来熄灭电弧的。磁吹断路器是利用被开断电路的电流本身所产生的磁场，将电弧吹入用耐高温的绝缘材料制成的狭缝内，从而使电弧拉长、冷却而熄灭的。这两种断路器的电压级别较低、使用也较少。

三、高压断路器的基本参数

高压断路器的特性和工作性能可以用以下基本技术参数来表征。

（一）额定电压

额定电压是表征断路器绝缘强度的参数，是断路器长期正常工作的线电压，其标准值就是系统的额定电压值。在 220 kV 及其以下的电压等级中，断路器和其他开关电器可以在比额定电压高 15% 的电压下长期工作（称为最高工作电压）。

（二）额定电流

额定电流是表征断路器通过长期电流能力的参数，即断路器允许长期连续通过而各部分温度不会超过规定值的最大电流，额定电流的标准值都是从 R10 系列中选取的，其最小值为 200 A。

（三）额定开断电流周期分量有效值

额定开断电流周期分量有效值是表征断路器的开断能力的参数，即在额定电压下，断路器能可靠开断的最大电流，通常也简称为额定开断电流。

（四）额定动稳定电流和额定关合电流

额定动稳定电流是表征断路器通过短时电流能力的参数，即断路器承受最大非对称短路电流时，能承受其产生的电动力效应的能力。额定关合电流则是表征断路器关合电流能力的参数，即当断路器关合于短路电路时，其触头不会因最大非对称短路电流产生的电动力而分开、引起跳动从而被电弧熔焊的能力。这两个参数的数值相等，并为该断路器额定开断电流周期分量有效值的 2.5 倍,此数值的大小是由断路器各部分的机械强度决定的。

(五)额定热稳定电流和额定热稳定时间

额定热稳定电流也是表征断路器通过短时电流能力的参数,但它反映了断路器承受短路电流热效应的能力。其值和额定开断电流相等,相应的额定热稳定时间为 2 s,也可以采用 4 s 以及相应的热稳定电流值。

(六)开断时间和合闸时间

从操作机构跳闸线圈接通跳闸脉冲起,到三相电弧完全熄灭为止的一段时间称为断路器的开断时间。它等于断路器的固有分闸时间和熄弧时间之和,现代快速断路器的开断时间一般为 0.1 s 左右。合闸时间则是指从断路器合闸线圈加上电压起,到断路器接通时为止的一段时间。

在断路器的技术参数中,还有断流容量、操作循环合闸与分闸装置的额定操作电压等。

第二节　油断路器

油断路器是用绝缘油(一般用 45 号或 25 号变压器油)作为灭弧介质的。现在的油断路器大多是使用在密闭的空间内、被电弧分解成为高压油气,对电弧形成纵、横吹以熄灭电弧的。

一、多油断路器

在多油断路器中,油的作用除灭弧外,还用于相对地(金属油箱)的绝缘;在断路器分闸后,作为断路器的绝缘;当负荷电流流过时,绝缘油能将电流在动、静触头间以及其他部位产生的热量传导出去,限制了触头和其他部分运行温度的升高。

35 kV 以上电压等级的多油断路器,由于用油量太多、体积庞大、运行维护困难,早已不再生产;35 kV 及以下的多油断路器的技术经济指标尚属可取,但也已经逐步被取代。现在尚在使用的 35 kV 的多油断路器有:DW1 - 35、DW2 - 35、DW6 - 35 和 DW8 - 35G 等型号。10 kV 的多油断路器有 DW - 10 和 DN - 10(其中 N 表示户内式)等型号。多油断路器型号中的 D 表示多油式、W 表示户外式,W 后的数字表示设计序号,35 表示 35 kV 电压等级。

二、少油断路器

在少油断路器中,油的作用主要是灭弧,也可在断路器分闸后作为断口间绝缘,当有负荷电流流过时,将触头产生的热量传导出去,起到散热的作用。但少油断路器中的油不能作为相对地绝缘,其相对地绝缘由支持绝缘子、绝缘瓷套管或有机绝缘部件等构成,故少油断路器用油量少。例如,同为 35 kV 级断路器,SN10 - 35 型少油断路器三相只用油 15 kg,而 DW8 - 35G 型多油断路器用油量为 380 kg。

少油断路器由于用油少,比较安全,且外形尺寸小,便于成套设备中装设,所以长期以来在 6 ~ 35 kV 户内配电装置中多采用少油断路器。

我国现在生产的少油断路器,户内型有 SN10 系列,6 ~ 10 kV 电压等级为 SN10 - 10,35 kV 电压等级为 SN10 - 35;户外型有 SW2、SW3、SW4、SW6 等系列,电压等级为 35 ~

330 kV。少油断路器型号中的 S 表示少油断路器，N 表示户内式，W 表示户外式，N 或 W 后的数字表示设计序号，再后面的数字表示电压等级。

(一)SN10－10 型少油断路器

SN10－10 型少油断路器是目前 6～10 kV 电压等级使用最广泛的断路器，根据额定工作电流和额定开断电流的不同，又分为 SN10－10 Ⅰ型、SN10－10 Ⅱ型和 SN10－10 Ⅲ型。这 3 种型号的断路器，除工作性能不同外，它们的尺寸也不相同。

SN10－10 型断路器是三相分箱结构，每相一个断口。SN10－10 Ⅰ型、SN10－10 Ⅱ型和额定电流为 1 250 A 的 SN10－10 Ⅲ/1250 型断路器的外形如图 8-1 所示，其结构由框

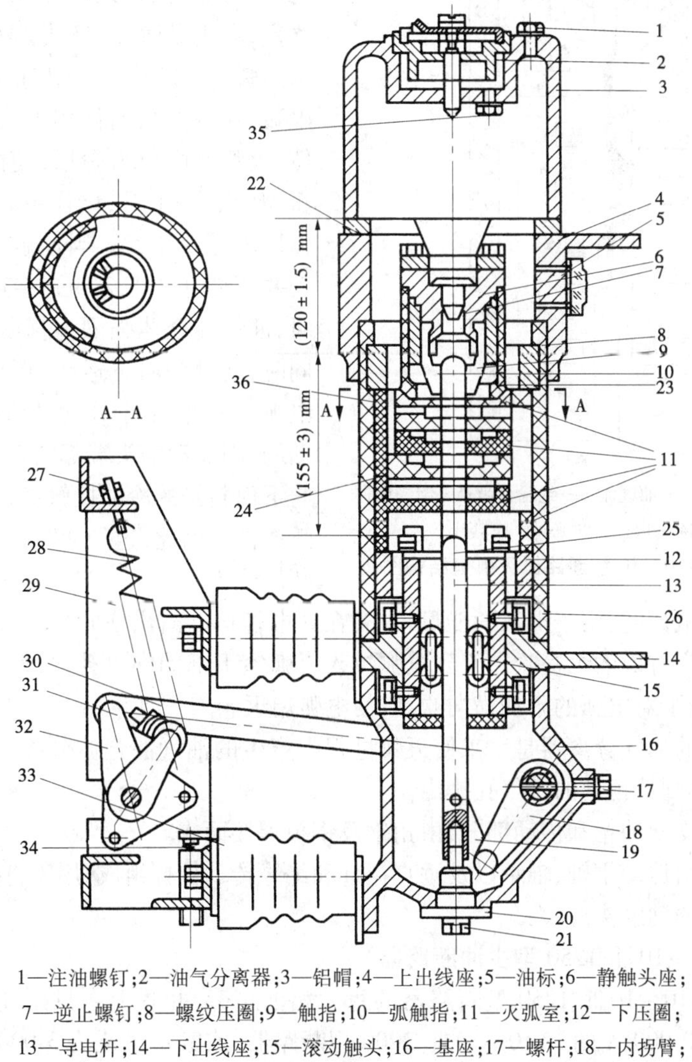

1—注油螺钉；2—油气分离器；3—铝帽；4—上出线座；5—油标；6—静触头座；
7—逆止螺钉；8—螺纹压圈；9—触指；10—弧触指；11—灭弧室；12—下压圈；
13—导电杆；14—下出线座；15—滚动触头；16—基座；17—螺杆；18—内拐臂；
19—连杆；20—分闸缓冲；21—放油螺钉；22—定位销；23—绝缘套筒；24—绝缘垫圈；
25—弧(动)触头；26—绝缘筒；27—螺母；28—分闸弹簧；29—框架；30—绝缘拉杆；
31—分闸限位器；32—拐臂；33—绝缘子；34—合闸缓冲器；35—逆止阀；36—隔弧壁

图 8-1　SN10－10 Ⅲ型断路器一相本体结构

架、传动部分和油箱三大部分组成。油箱是核心部分。油箱下部是高强度铸铁基座，操作动触头的转轴和拐臂等传动机构均装在基座内。油箱中部装有灭弧室，灭弧室外面套的是高强度绝缘油筒。油箱上部是铝帽。铝帽上部是油气分离室，下部装有插座式静触头。

断路器合闸时，动触头(导电杆)插入静触头。这时的导电回路是：上出线座→静触头→弧触指→动触头(导电杆)→中间滚动→触头下出线座。

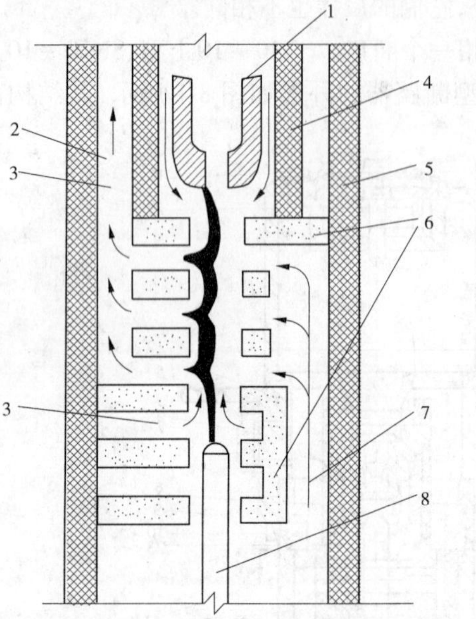

1—静触指；2，3—油气流；4—绝缘套筒；5—绝缘筒；6—隔弧板；7—油流；8—导电杆

图 8-2　SN10－10 型断路器灭弧室结构图

SN10－10 型断路器的灭弧室(见图 8-2)是由高强度的玻璃钢支撑绝缘筒，并采用三聚氰胺玻璃纤维压制的隔弧板(共 5 片)叠成，形成三道横吹口和一个纵吹室，利用纵横气体和机械油吹联合作用来灭弧。当断路器分闸时，触头分离产生电弧，在电弧高温作用下，油被分解为气体，灭弧室内压力骤增，使静触头内的逆止阀(钢珠)上升，堵住中心孔，从而使灭弧压力更快增大。当动触头继续向下运动并相继打开 1、2、3 道横吹口和纵吹室时，油气混合体强烈地横吹和纵吹电弧；同时，动触头向下运动，形成附加油射向电弧。另外，由于分闸时动触头是向下运动的，因而动触头端部的弧根部分不断地与下面新鲜的冷油接触，进一步改善了灭弧条件。因此，这种油断路器具有较大的断流能力。

当切断小电流时，由于电弧的能量较小，在导电杆运动露出横吹口后，灭弧室内的压力还不足以产生有效的纵横吹。直到电弧拉入灭弧室下部的中央孔内，使下部油囊内的油变成气，形成了对电弧的附加横向吹动，使电弧熄灭。

油箱上部的油气分离器是用来使灭弧过程中产生的油气混合体分离的，油滴下落返回油箱，而气体则从顶部的排气孔排出。

框架用于支承油箱和传动部分，由角钢及钢板焊接而成。

传动部分由传动主轴、轴承以及垂直拉杆和绝缘传动拉杆组成，用于将操动机构的动力传给油箱中的动触头。

(二)SN10－10Ⅲ/1250 型少油断路器

在一台 SN10－10Ⅲ/1250 型断路器的每一相油箱旁，并联上一只副油箱，就构成一台额定电流为 2 000 A 的 SN10－10Ⅲ/2000 型断路器，或额定电流为 3 000 A 的 SN10－10Ⅲ/3000 型断路器。

原有的油箱成为主油箱。副油箱由上下出线座、半透明绝缘筒基座等组成。副油箱的作用仅仅在断路器流过负荷电流时增加一个并联的载流回路，不需要它来增加灭弧能力。因此，副油箱的绝缘筒内只有动、静触头，没有灭弧室。动、静触头也浸于绝缘油内。

副油箱的基座上也有连杆、拐臂等传动部件，与主油箱的传动部分连接，由操动机构使之统一动作。但是，在断路器合闸时，主油箱触头先接通，副油箱触头后接通。断路器分闸时则相反，副油箱触头分开 12 mm 后，主油箱触头才分开。这样，不论断路器是在关合电流还是在分断电流，电弧都只在具有灭弧室的主油箱内产生，而不会在副油箱内产生。这样既保证了足够的开断短路电流的能力，又增大了通过负荷电流的能力。

（三）SN10－35 型断路器

SN10－35 型断路器和上述 SN10－10 型断路器是设计序号相同的同一系列断路器，它们的外形和结构基本相同，主要不同之处在于：SN10－35 型断路器分闸后断口间的距离较大，为 200 mm，而 SN10－10 型断路器约为 120 mm；SN10－35 型断路器灭弧室高，隔弧板有 9 片，从上面的第一片到下面的第七片之间，形成 6 个横吹口；SN10－35 型断路器外形尺寸大，油箱高 1.31 m，而 SN10－10 型断路器油箱高只有 0.815 m，即使是 SN10－10Ⅲ型断路器油箱也只有 0.925 m。

（四）SW6－110G 型断路器

SW6－110G 型断路器是目前 110 kV 系统中使用很广泛的断路器，它是 SW6－110 型的改进型，故在型号后加汉语拼音字母 G。SW3 型和 SW6 型断路器的本体基本上相同，不同之处在于所配的操动机构：SW3－110 型配 CD5－XG 型电磁式操动机构；SW6－110G 型配 CY3 型液压操动机构。

SW6－110G 型断路器是三相分离式结构，每相由两个结构完全相同的灭弧室串联，对称地布置成 V 形，固定在中间机构箱上，与支柱绝缘子一起组成一个 Y 形落地式结构。三相共用一套操动机构以实现三相联动。其本体的一相外形如图 8-3 所示。

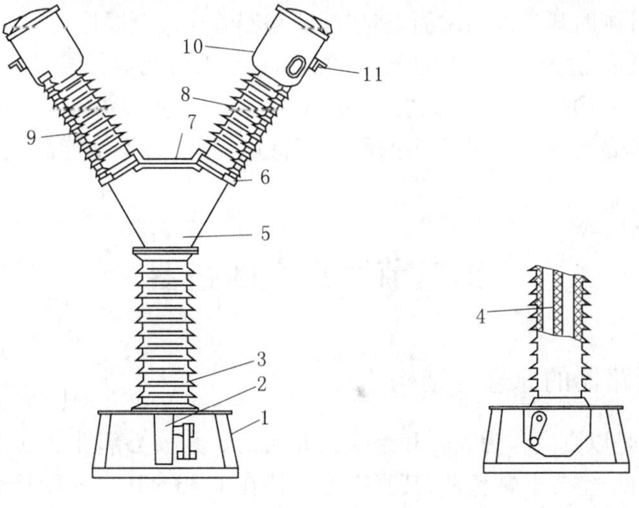

1—底架；2—底架油盒；3—支柱瓷套管；4—绝缘提升杆；5—中间机构箱；
6—铝法兰；7—中间导电板；8—灭弧室；9—均压电容；10—铝帽；11—接线板

图 8-3　SW6－110G 型少油断路器一相外形图

SW6－110G 型断路器的导电回路为：一侧铝帽上的接线板→铝帽→装于铝帽内的静触头→导电杆→铝法兰内的中间触头→铝法兰→中间导电杆→另一侧铝法兰，再经过另一断口的相应部件直至另一铝帽上的接线板。

SW6－110G型断路器的灭弧室由高强度的玻璃钢筒及其内的6片隔弧板相叠而成。隔弧板上有贮气孔(又称空气垫)，每两片隔弧板之间组成一个油囊。采用逆流原理(即当断路器开断电流时，导电杆向下运动，电弧产生的气泡向上运动，动触头端部的弧根总是与下面冷态且新鲜的油接触，称为逆流原理)，电弧直接将油囊内的油变为油气，并沿电弧轴线方向向上纵吹，使电弧冷却并熄灭。故这种灭弧室称为多油囊灭弧室。

(五)少油断路器的优缺点

少油断路器具有结构比较简单、材料消耗少、体积小、重量轻、用油量少、便于生产、性能稳定、运行和检修方便及价格便宜等一系列优点；其主要缺点是不适应于频繁操作，操作一定次数后，油损失量大，就要停电补充油，同时开断几次短路电流后就要检修，这对于生产过程中要求频繁操作的用电企业是很不方便的。

三、油断路器的运行维护

电气运行中应注意油断路器的使用方法，对其进行定时的巡视检查，并对检查中发现的问题及时处理，以便保持断路器的良好运行状态，保证系统安全运行。

(1)断路器位置的检查。不仅要根据合闸机械位置指示器指示进行检查，而且还应检查分合闸弹簧的状态及传动机构水平拉杆或外拐臂的位置变化，以确认油断路器分合闸实际位置。

(2)油位的检查。应检查三相每个断口的油位，要求其应在油标上、下两监视线之间。否则，若油位太高，可能使油箱内缓冲空间不足，事故分闸时断路器油喷；若油位太低，可能使事故分闸时弧光冲出油面，造成油断路器着火甚至爆炸。

(3)运行温度的检查。应保持油温，外壳、引接线头等的运行温度不超标。

(4)套管、绝缘子的检查。应无裂纹、破损，无放电痕迹，无放电声和电晕声。

(5)操动机构的检查。操动机构的所有部件应完好，各操动能源应在允许的动作范围内。

第三节　真空断路器

一、真空断路器的原理与结构

真空断路器是以真空作为灭弧和绝缘的介质的。其核心部件是真空灭弧室，真空灭弧室内的压力很低，空气非常稀薄，其真空度保持在$1.33\times10^{-8}\sim1.33\times10^{-11}$ Pa。真空空间内的气体稀薄，分子的自由行程大，发生碰撞的几率小，因而真空的绝缘强度高。真空灭弧室内触头开断电流时产生的电弧主要是在金属蒸气中产生的，金属蒸气又由触头最后分离的个别炽热的点上蒸发出来。电弧产生后，弧柱中的带电粒子很容易向周围扩散，去游离作用特别强烈，故真空的介电强度恢复快，灭弧性能好，往往电流被强制减小到零。在电流尚未达自然过零时，电弧即已熄灭。

真空灭弧室由真空容器(外壳)、动触头、静触头、波纹管、保护罩(屏蔽罩)、法兰、支持件等构成,见图 8-4。动触头和静触头等都密封在抽为真空的外壳内,触头要求用难以蒸发的良性导体作为材料,如铜铋合金或铜钨合金等,而外壳由玻璃或陶瓷做成。不锈钢波纹管的一端与外壳端面焊接;另一端与动触杆焊接,在动触头运动时利用波纹管的弹性保持灭弧室内的真空。包围触头的屏蔽罩由铜板制成,其作用是防止触头间产生电弧时的金属蒸气等附着并沉积在外壳的内表面而破坏外壳两端间的绝缘。

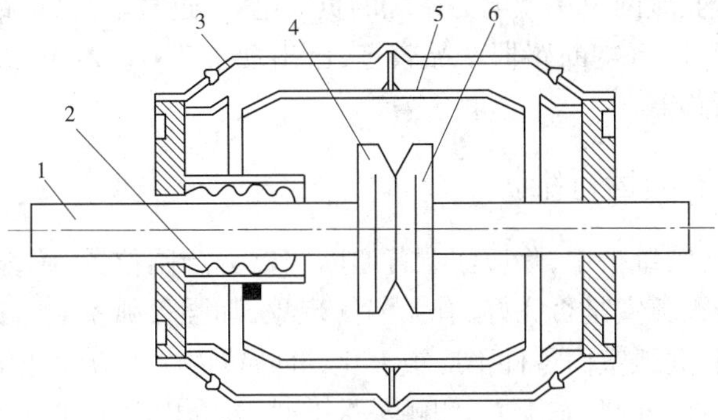

1—动触杆;2—波纹管;3—外壳;4—动触头;
5—保护罩(屏蔽罩);6—静触头

图 8-4　真空灭弧室的原理结构图

二、真空断路器的特点

真空断路器的特点为:

(1)灭弧室不需检查,电池寿命长(比油断路器长 50 ~ 100 倍),机械寿命长(一般可达 12 000 次以上),适用于频繁操作。这对电气机车牵引和在一日内投、切数十次的冶金企业具有很大的价值。

(2)真空灭弧室没有爆炸和火灾危险。这对于要求防火防爆的工矿企业优点是很突出的。

(3)触头间开距短,绝缘性能好。如 10 kV 等级真空断路器的触头开距只有 10 ~ 12 mm,而同电压等级的少油断路器的触头开距约为 120 mm。由于触头开距短,因而断路器体积小、重量轻。

(4)灭弧性能强、燃弧时间短、动作快,一般全开断时间小于 0.1 s。

(5)熄弧后,触头间隙的破坏性放电电压恢复速度快,开断性能好,但截流过电压高,需要采用限制过电压的措施,如装设阻容吸收器、氧化锌避雷器等。

(6)真空断路器开断时没有副产品产生,也不存在介质劣化问题。

三、真空断路器产品介绍

我国目前生产的真空断路器主要有 ZN、ZN1、ZN3、ZN4、ZN5、ZN8 等系列,电压为 6 ~ 35 kV。真空断路器型号中 Z 表示真空断路器,N 表示户内式,W 表示户外式,N 或 W 后的数字表示设计序号,再后面的数字表示额定电压级。

如 ZN - 27.5 型,为额定电压 27.5 kV、单相交流 50 Hz 的户内真空断路器,用于电气化铁路。额定电压 10 kV 的 ZN3 - 10I 型断路器的额定电流为 630 A，额定开断电流 8 kA，触头开距 10 mm，全开断时间不大于 0.07 s。

ZW8 - 12 系列为额定电压 12 kV、额定电流 630 A、额定开断电流 20 kA 的户外真空断路器，其总体结构为三相共箱式，三相真空灭弧室置于金属箱内，利用绝缘材料实现相间绝缘和对地绝缘，性能可靠，全开断时间在正常操作电压下可以限于 0.05 s 以内，主要用来开断和关合农网、城网及小型电力系统的负荷电流、过载电流、短路电流。

我国目前 10 kV 的真空断路器产品较多，已出现了 ZN12、ZN14、ZN20、ZN28 等性能可靠、灵活使用的断路器。

四、真空断路器的运行维护

真空断路器在运行维护中，除应注意普通断路器分合闸位置、绝缘子、运行温度等常规项目外，还应检查灭弧室是否完好、有无漏气现象，加强灭弧室真空度的管理。正常情况下，玻璃泡应清晰，灭弧室内零件不应被氧化，屏蔽罩内颜色应无变化。开断电路时，分闸弧光呈微蓝色；且在分闸状态下，一侧触头带电时，外壳内壁不能有红色或乳白色出现。

第四节　SF_6 断路器

SF_6 断路器是利用 SF_6 气体作为灭弧介质的断路器，目前国际上已有额定电压为 765 kV 成熟的产品，而且还发展到以 SF_6 断路器为核心的全封闭组合电器。

一、SF_6 断路器的原理与结构

（一）SF_6 气体的性质

SF_6 在常温下是一种无色、无臭、无毒、不燃烧的惰性气体，分子量为空气的 5.1 倍，具有良好的绝缘性能和灭弧性能。

在 SF_6 的分子结构中，6 个氟原子对称地均匀分布在最外层，容易吸附周围的自由电子，故 SF_6 是一种电负性气体。开断电流时，在电弧作用下，SF_6 分解成氟原子、低氟化合物等，能迅速地游离，再结合成 SF_6 分子，从而弧隙破坏性放电电压恢复极快。因此，断路器在开断过程中气体损耗甚微，可以在封闭系统中反复使用。

（二）几种 SF_6 断路器的原理结构

SF_6 断路器按灭弧室的形式分为压气式、旋弧式等类型。

压气式灭弧室是在开断电流时，利用压气活塞形成 SF_6 气体，吹灭电弧的。其分为双压式（现在已经淘汰）和单压式，适用于中、高电压断路器中。

旋弧式灭弧室适用于中等电压等级的断路器，其原理结构如图 8-5 所示。断路器开断电流时，空心导电杆（动触头）离开静触头，电弧产生在动触头与环形触头之间，电流流过吹弧线圈，产生纵向磁场。环形触头的内径较大，电弧与纵向磁力线间因有一定角度而受力，此力使电弧沿环形触头高速旋转，强烈去游离，同时电弧加热气体，使压力升高，在导电杆的孔口处形成吹弧气流，冷却电弧。在电流过零时，SF_6 的破坏性放电电压快速增长，电弧不再重燃，这称为旋弧纵吹灭弧。

在开断小电流时，磁场不够强，电弧受到的力小，旋转速度小。为了帮助灭弧，在导电杆上有压气活塞。动触头向下运动分闸时，压气活塞使 SF_6 经内绝缘筒的小孔吹向电弧，帮助熄灭小电流电弧。故上述灭弧室的灭弧原理为旋弧纵吹加压气灭弧。

旋弧式结构正常工作时的导电回路为：上出线板、静触头、导电杆、中间触头、下出线板。

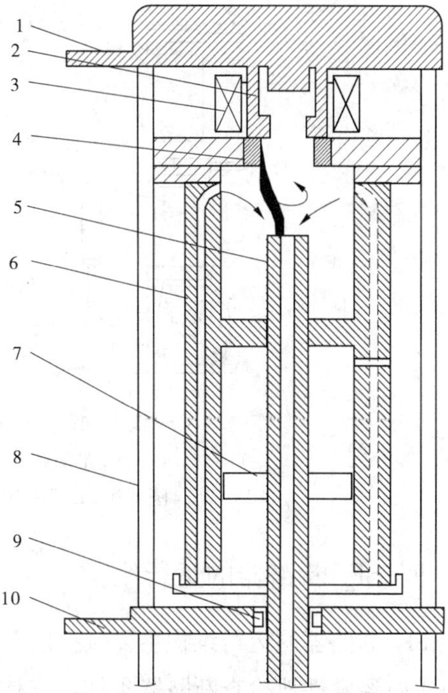

1—上出线板；2—静触头；3—吹弧线圈；4—环形触头；5—导电杆（动触头）；6—内绝缘筒；7—压气活塞；8—灭弧室；9—中间触头；10—下出线板

图 8-5　旋弧式灭弧室原理结构图

二、SF_6 断路器的特点

SF_6 断路器的特点为：

（1）绝缘性能好，断路器设计更为紧凑，节省空间，操作功率小，噪声小。

（2）检修周期间隔时间长、寿命长，适用于频繁操作。如 LN2－10 型 SF_6 断路器经过开断额定电流 2 000 次，或操作 6 000 次，或运行 10 年后才需检修。

（3）使用安全、可靠，无火灾、爆炸危险。

（4）要求密封良好，防止漏气和潮气侵入，故加工工艺和材料要求高。

（5）可以发展为 SF_6 全封闭组合电器，节省大量土地，降低投资和运行成本。

三、SF_6 断路器产品说明

目前，我国生产的 SF_6 断路器适用范围为 10～500 kV，有 LW、LN 等系列。SF_6 断路器型号中 L 表示 SF_6 断路器，W 表示户外式，N 表示户内式。图 8-6 为 LN2－10 型 SF_6 断路器的外形图，断路器额定电压 10 kV，旋弧式灭弧室，其上、下出线座和灭弧室经下绝缘筒固定于底箱上，底箱及绝缘筒、灭弧室内充有约 0.65 MPa（约 6.5 个大气压（表压））的 SF_6 气体，额定气压 0.55 MPa，SF_6 的压力可由电触点压力表（压力继电器）来监视。

在断路器的下绝缘筒内装有吸附器，而吸附器内装有吸附剂，用以吸附灭弧后生成的微量低氟化合物和金属氟化物。这些对人体有毒的物质经吸附后，SF_6 气体仍然对人体无毒。

LN2－10 型 SF_6 断路器配用 CT12 型弹簧操动机构，通过主轴上的内外拐臂使断路器动作。断路器相间可装绝缘隔板（在图 8-6 中未画出），以增强相间绝缘。

国产 SF_6 断路器主要型号还有 LW6、LW7、LW8、LW17 等系列的产品。

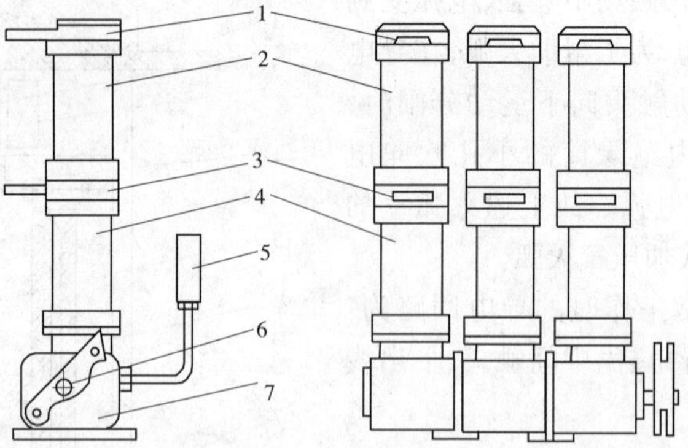

1—上出线座；2—上绝缘筒；3—下出线座；4—下绝缘筒；

5—电触点压力表；6—主轴；7—底箱

图 8-6　LN2－10 型 SF_6 断路器的外形图

四、SF_6 断路器的运行维护

SF_6 断路器的运行维护主要包括以下几个方面：

(1)经常性地检查断路器本体。本体应清洁，无严重污秽现象；绝缘子应完好，无破损、无裂痕、无放电痕迹和无闪络现象。

(2)检查运行的声音。断路器内无噪声和放电声，断路器各部分通道应无漏气声和振动声。

(3)SF_6 气体压力的检查。断路器内 SF_6 气体的额定压力一般为 0.4～0.6 MPa(20 ℃)，应保证其处于正常范围。

(4)断路器运行温度的检查。断路器接头处及流通部位应无过热功当量及变色发红现象。否则应停止运行，待消除后方可投入运行。

五、SF_6 全封闭组合电器简介

SF_6 全封闭组合电器是指将电气一次系统中除变压器外的高压元件(断路器、隔离开关、接地刀闸、互感器、母线、避雷器、电缆头等)按电气主接线的连接方式组合在一起，并全部装在充有 SF_6 气体的封闭金属壳内，形成一套封闭的高压开关装置，简称 GIS。

GIS 在与敞开式电器的竞争中，已显现出它巨大的优势：

(1)SF_6 气体绝缘大大缩小了绝缘距离，一般 GIS 的占地面积和安装空间只有相同电压等级常规电器的百分之几到 20% 左右。

(2)全部电器元件都被封闭在接地的金属壳体内，带电体不暴露在空气中(除采用架空引出线的部分)，运行中不受自然条件的影响，其可靠性和安全性比常规电器好得多。

(3)SF_6 气体是不燃不爆的惰性气体，所以 GIS 属防爆设备，适合在城市中心地区和其他防爆场合安装使用。

(4)只要产品的制造和安装调试质量得到保证，大多元件几乎无需检修，因而维修工作量和年运行费用大为降低。

第五节 断路器的操动机构

一、概述

操动机构是断路器的重要组成部分,断路器的工作可靠性在很大程度上依赖于操动机构的动作可靠性。断路器事故分析证明,由于操动机构原因而导致断路器事故的占总事故的60%以上,足见操动机构对断路器工作性能和可靠性起着多么重要的作用。

断路器的全部功能最终都体现在触头的分合闸动作上,触头的分合动作要通过操动机构来实现,人们把从提供能源到触头的全部环节称为操动系统(或操动装置)。因此,操动系统包括了操动机构、传动机构、提升变直机构、缓冲装置和二次控制回路等几个部分。

通常把独立于断路器本体以外的部分称为操动机构(也称操作机构),因此操动机构往往是一个独立的产品,一种型号的操动机构可以配用于不同型号的断路器,而同一型号的断路器也可配装不同型号的操动机构。

根据所提供能源形式的不同,操动机构可分为手动操动机构、电磁操动机构、弹簧操动机构、液压操动机构、气动操动机构和电机操动机构等几种。

操动机构既然是断路器的组成部分,它的动作性能必须满足断路器的工作性能和可靠性的要求,主要有以下几个方面:

(1)具有足够的操作功。在操作合闸时,操动机构要输出足够的操作功,除保证断路器获得一定的合闸速度外,还要克服分闸弹簧的反力并储能于分闸弹簧中,以实现快速的分闸。若操作功不够,在断路器关合短路电路时,有可能出现触头合不到位等情况,对断路器极为不利。

(2)有维持合闸装置。巨大的操作功不能在合闸后继续长时间提供。为保证当操作功消失后,在分闸弹簧的强劲作用下断路器仍能维持合闸状态,操动机构中必须有维持合闸的装置,且该装置不应消耗功率,可实现无功维持。

(3)有可靠的分闸装置和足够的分闸速度。操动机构的分闸装置其实就是解除合闸维持、释放分闸弹簧储能的装置。它除需满足远距离自动和手动操作外,还应能就地进行手动脱扣。为了设备和系统的安全,分闸装置务必工作可靠、灵敏快速,在任何情况下都不允许误动或拒动。断路器分闸后,操动机构应自动回复到准备合闸位置。

(4)具有自由脱扣装置。在断路器进行合闸的过程中又接到分闸命令,操动机构应立即终止合闸过程,迅速进行分闸,这种合闸过程中的分闸称为自由脱扣。可见,自由脱扣装置是分闸装置的重要补充,两者常结合在一起。无论对于自动操动机构还是对于手动操动机构,该装置都是不可缺少的。

(5)结构简单、体积小、价格便宜、便于维修等。

二、电磁式操动机构

电磁式操动机构是利用直流电磁铁驱动断路器合闸的,其结构简单、工作可靠、价格低廉，但直接依赖合闸电源，所需功率较大、结构较笨重、合闸时间较长，一般只用于110 kV 及以下的油断路器。

电磁式操动机构在合闸的同时，通过电磁铁磁力使分闸弹簧拉伸储能。用分闸弹簧使断路器分闸，分闸弹簧又利用电磁式脱扣通过传动系统使之释放能量。

电磁式操动机构现在常用的有 CD、CD2、CD3、CD10、CD11 等系列，各配用于不同的断路器。电磁式操动机构型号中，C 表示操动机构，D 表示电磁式，D 后的数字表示设计序号，它既表示设计的先后，也表示不同生产厂的产品。各类型的操动机构合闸电磁铁线圈的额定电压均为直流 220 V 或 110 V。断路器合闸时要求的功率很大，故电磁式操动机构要求有大功率直流电源。分闸脱扣器线圈的额定电压可选取 220 V、110 V 或 48 V。断路器分闸的能量已在合闸脱扣时由分闸弹簧储存，分闸脱扣线圈要求的功率则很小。接通合闸线圈于合闸电源使断路器合闸，或接通分闸线圈的子分闸电源使断路器分闸的任务由控制回路来实现。另外，手动也能分闸。

常见的 CD10 型电磁式操动机构多配用于 SN10 型少油断路器，由自由脱扣系统、电磁系统、缓冲系统等组成。

三、弹簧式操动机构

弹簧式操动机构是利用储能的合闸弹簧使断路器合闸的，使合闸弹簧拉伸、储能的动力源是电动机，人力也能使合闸弹簧储能。断路器合闸时使分闸弹簧拉伸、储能，因此断路器能在脱扣器作用下分闸。

弹簧式操动机构的最大优点是储能电动机的功率只需很小，不像电磁式操动机构那样要求大功率的直流合闸电源，而且储能电动机是交直流两用。弹簧式操动机构的寿命也比电磁式操动机构的要长，故得到了日益广泛的应用。其缺点是机械结构比较复杂，对加工制造和调整的要求较高。

弹簧式操动机构常用的有 CT2、CT7、CT8、CT9、CT10、CT12、CTS 等产品，其型号中 C 表示操动机构，T 表示弹簧式，S 表示手力操作，T 后的数字表示设计序号。常见的 CT8 型弹簧式操动机构配用于 SN10 - 10 型断路器，它由储能元件、储能维持装置、凸轮连杆机构、合闸维持和分闸脱扣系统等部分组成。

近年来，随着运行、检修经验的积累和丰富，弹簧式操动机构逐渐得到了更为广泛的应用，尤其是 SF_6 断路器几乎全部采用弹簧式操动机构。

四、液压式操动机构

液压式操动机构是利用压缩气体储能，用压力油作为传递动力的介质，并借助各种操作油阀进行控制，从而全面实现操动机构的各项要求的。这类操动机构结构比较复杂，制造工艺和密封要求较高。但压力高、动作迅速且准确、体积小、噪声和冲击力都很小，也不需要大功率合闸电源，短时失去电源仍可进行分合闸。

目前，我国国产的液压式操动机构主要有 CY3、CY4、CY5 等产品，其型号中 C 表示操动机构，Y 表示液压式，Y 后的数字为设计序号。其在 110 kV 及以上的断路器配套中得到广泛应用，在 35 kV 的断路器中亦有采用。

五、气动式操动机构

气动式操动机构中以压缩机产生压缩空气为原动力，多用于 110 kV 以上的压缩空气断路器。随着压缩空气断路器的日渐淘汰，再加上本身结构的复杂性，该操动机构的使用也越来越少，目前仍在使用的主要有 CQ5、CQ7 等型号。

六、电机操动机构

针对上述常规的断路器操动机构存在的结构复杂、不便于实现操作过程的监控等局限性，新型电机操动机构应运而生，最新产品有 CJ7、CJ9 等系列产品。这种新式的操动机构采用先进的数字技术，与简单、可靠、成熟的电动机设备相结合，不仅能满足断路器操动机构的所有要求，还可以提供更多的监控新功能。例如，可通过调制解调器获得工作状态、报警、能量水平、内部故障等信息，通过选配的人机界面可获得动作时间、电流状况、控制单元温度状况、“看门狗”状况等信息。甚至还具有新的微动功能，即通过移动电机转子（断路器触头）向前或向后几毫米的动作来检查整个系统从输入/输出单元到断路器触头各个部分的工作情况。

由于电机操动机构具有先进的监控平台、可实现模块化设计、低功耗、低噪声等优点，可以很方便地应用于各种断路器上，并保持始终如一的性能，为断路器提供了一个非常可靠、灵活的操作平台，促进了断路器控制技术的发展，势必将进一步得到推广。

第六节　隔离开关

一、概述

负荷电路的正常接通或开断、短路电流的开断都用断路器。几乎每次的开断或接通都有电弧发生和熄灭的过程，故断路器操作一定的次数后，就要检修。检修时必须要有能隔离电源的电器，以保证检修安全。用于隔离电源的电器就是隔离开关。

隔离开关没有专门的灭弧装置，所以不能用来接通与开断负荷电流和短路电流。断开电路时，只能在断路器开断后，隔离开关才能断开；接通电路时，只能在隔离开关接通后，才能接通断路器。在发电厂或变电所中装置了大量的隔离开关，其主要用途如下：

（1）隔离电源。用隔离开关把检修的设备与电源可靠地隔离，在分闸时有明显可见的间隙，以确保检修、试验等工作人员的安全。

（2）倒闸操作。在双母线的电气装置中，不用操作断路器，只操作几台隔离开关即可将设备或供电线路从一组母线切换到另一组母线上去，但此时必须遵循等电位原则。这是隔离开关在倒闸操作中的典型应用。

（3）用以接通或开断小电流电路。可使用隔离开关进行以下操作：①接通或开断无故障时的互感器和无雷电活动时的避雷器；②接通或开断无故障母线和直接连接在母线上设备的电容电流；③在系统无接地故障的情况下，接通或开断变压器中性点的接地隔离开关和断开变压器中性点的消弧线圈；④与断路器并联的分路隔离开关，当断路器在合上位置时,可接通或开断断路器的旁路电流;⑤接通或开断励磁电流不超过 2 A 的空载变压器,如 35 kV、1 000 kVA 及以下和 10 kV、320 kVA 及以下的空载变压器;⑥接通或开断电容电流不超 5 A 的空载线路,如 10 km 以内的 35 kV 空载架空线路和 5 km 以内的 10 kV 空载电缆线路;⑦用户外三相隔离开关接通或开断电压 10 kV 及以下且电流在 15 A 以下的负载;⑧接通或开断电压 10 kV 及以下,电流在 70 A 以下的环路均衡电流。

隔离开关的类型很多,按安装地点分为户内式和户外式两种,按断口两侧装设接地刀闸的情况分为单接地(一侧有接地刀闸)、双接地(两侧有接地刀闸)和不接地(无接地刀闸)三种,按触头运动方式分为水平回转式、垂直回转式、拉伸式(即折架式)和插拔式四种。

在检修与隔离开关相连的其他电器,要三相短路接地时,使用带有接地刀闸的隔离开关会非常方便。只要在断路器断开以后,断开隔离开关的工作刀闸,接通接地刀闸,就使三相短路接地。检修完毕通电时,断开隔离开关的接地刀闸,接通工作刀闸,再接通断路器即可。隔离开关的工作刀闸与接地刀闸之间的这种操作程序必须遵循,它是由隔离开关本身的操动机构从构造上保证的。

二、户内隔离开关

户内隔离开关有单极和三极产品。三极隔离开关有 GN2、GN6、GN8、GN10、GN16、GN19、GN21 等系列,其中 G 表示隔离开关,N 表示户内式,N 后的数字表示设计序号。

GN19 型隔离开关有拼装型(如 GN19－10 型)和穿墙型(如 GN19－10C 型)两种。图 8-7 为 GN19－10/400 型三极隔离开关的外形图,其型号中 10 表示额定电压 10 kV,400 表示额定电流 400 A。隔离开关的触头由每相两条铜制刀闸构成,用弹簧紧夹在静触头两边形成线接触。

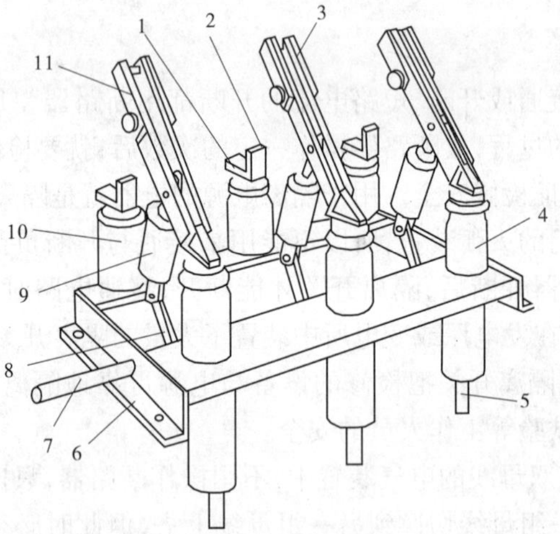

1—上接线座;2—静触头;3—动触头;4—套管绝缘子;5—下接线座;6—框架;
7—转轴;8—拐臂;9—升降绝缘子;10—支柱绝缘子;11—钢片

图 8-7　GN19－10/400 型三极隔离开关的外形图

这种结构的优点是电流平均流过两片闸刀所产生的电动力 F 使接触压力增大。为了提高短路时触头的电动稳定度，在触头上装有磁锁，它是由装在两闸刀外侧的钢片组成的，其作用原理如图 8-8 所示。当电流通过闸刀时，产生磁场，磁通沿钢片及其空隙形成回路，而磁力线力图缩短本身长度，使两侧钢片互相靠拢产生压力 F。在通过最大非对称短路电流时，触头便可得到很大的附加压力，因此提高了它的电动稳定度。

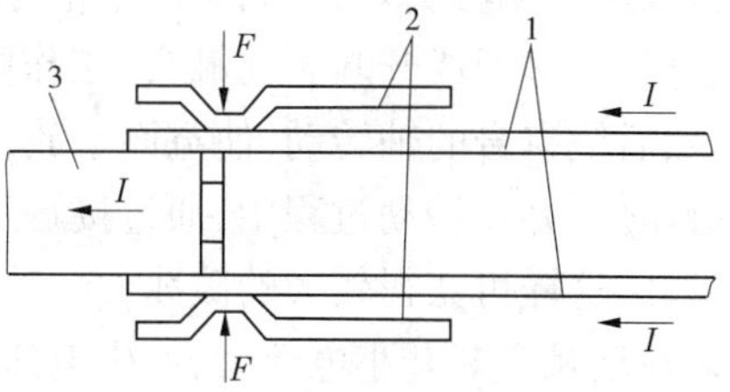

1—平行闸刀；2—钢片；3—静触头

图 8-8　磁锁装置的作用原理

三、户外隔离开关

户外隔离开关的工作条件比较恶劣，要能适应风、雨、冰、雪、灰尘、严寒、酷暑等各种条件，故绝缘强度比户内隔离并关要求高，户外隔离开关也有单极、双极、三极等区别。户外隔离开关有 WG2、WG4、WG5、WG6、WG7、WG8 和 WG9 等系列，其型号中 W 表示户外式。

图 8-9 为 WG4 – 110D 型 110 kV 双柱式户外隔离开关一相的外形图，其型号中 D 表示带接地闸刀。每相有 2 个棒形支柱绝缘子，分别装在底架的轴承座上，并用交叉连杆连接，可以水平转动 90°，动触杆分别固定在绝缘子的顶上。动触头的闭合处在两个绝缘支柱的中间。当进行操作时，操动机构带动一个支柱绝缘子转动，另外一个支柱绝缘子由连杆带动也同时转动，于是动触头向一侧断开或接通。

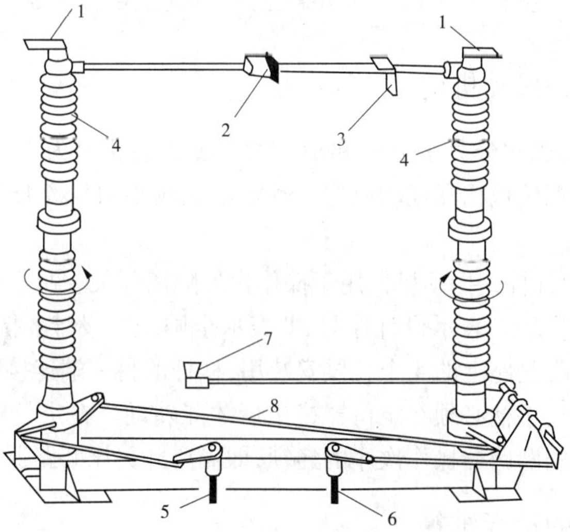

1—接线座；2—主触头；3—接地刀闸触头；4—棒形支柱绝缘子；

5—隔离开关传动轴；6—接地刀闸传动轴；7—接地刀闸；8—交叉连杆

图 8-9　WG4 – 110D 型 110 kV 双柱式户外隔离开关一相的外形图

图 8-10 所示是 WG2 – 35G/600 型户外隔离开关，额定电压 35 kV，额定电流 600 A，G 表示改进型。图 8-10 中只画出了其中的一相。每相有 3 只绝缘子，两端的绝缘子用以支

持接线座及动触头等,中间的一个绝缘子在操动机构作用下可以转动,转动时通过框架使动、静触头接通或开断。动触头(工作闸刀)的端部为扁平形,合闸时,它以窄面插入静触头,然后绕自身的轴转动,使宽面平放,以撑开静触头。这样,动、静触头之间获得较大的接触压力,并在转动过程中,通过接触的摩擦而破坏了氧化层。分闸时,动触头先转动,然后打开,这样可获得较大的破冰力。动触头的转动是靠框架的运动来实现的。

在动触头断开小电流后,产生电弧,通过引弧角使电弧向上运动,因此在电流某次经过零值时电弧熄灭,可以避免电弧烧坏动触头和静触头。

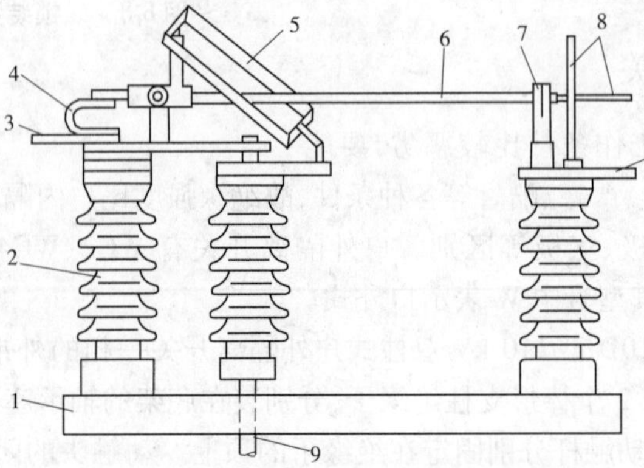

1—支座;2—绝缘子;3—接线座;4—软连接;5—框架;

6—动触头;7—静触头;8—引弧角;9—传动转轴

图 8-10　WG2－35G/600 型户外隔离开关的外形图

四、隔离开关的操动机构

隔离开关的操动机构分为手力的和动力的。手力的又分为手力杠杆式和手力涡轮式,动力的有电动机涡轮机构和气动机构。额定电流较小的隔离开关都采用手力杠杆式操动机构。

CS6－1T 型手力杠杆式操动机构用于操作户外隔离开关(见图 8-11),其型号中 C 表示操动机构,S 表示手力,6 表示设计序号,T 表示全国统一设计。图 8-11 中手柄对应于隔离开关在合闸位置,底座上的 4 个孔供安装用,杠杆的另一端连接隔离开关主轴上的拐臂。定位器为一销子,手柄必须在定位器拔出后才能转动。在定位器处也可以安装电磁锁,以形成隔离开关的断路器操作次序的连锁,即隔离开关比断路器先接通后断开。

五、隔离开关的运行维护

隔离开关的运行维护主要为以下几个方面:

(1)操作隔离开关之前,应检查与隔离开关连接的断路器确实处在断开位置,以防带负荷拉、合隔离开关。

(2)手动拉、合隔离开关时,应按慢—快—慢的过程进行。

(3)隔离开关手动拉闸操作完毕,应锁好定位销子,防止滑脱引起带负荷关合电路或

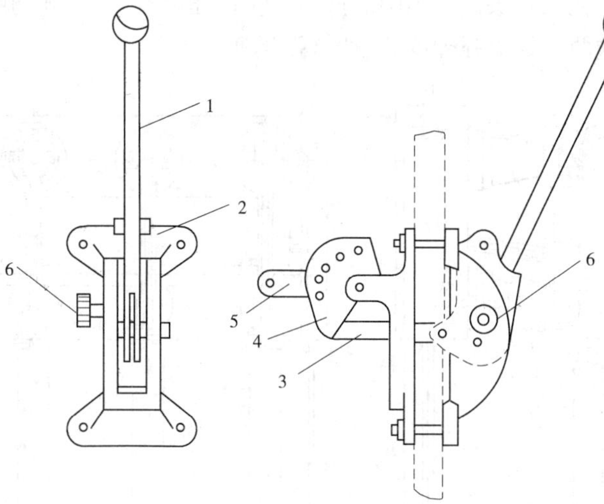

1—手柄;2—底座;3—板片;4—扇形板;5—杠杆;6—定位器

图 8-11　CS6 - 1T 型手力杠杆式操动机构

带地线合闸。

(4)巡视检查隔离开关时,应重点检查其每相触头接触是否紧密,并检查绝缘子的清洁度,本体机械部分有无变形,引线有无松动和烧伤,操动机构各部件是否完好无损等。

第七节　高压负荷开关

高压负荷开关是一种结构比较简单、具有一定开断和关合能力的开关电器。它具有简单的灭弧装置和一定的分合闸速度,主要用于关合、承载、开断正常负荷电流和过负荷电流,并能通过规定的短路电流,但不能开断短路电流。在大多数情况下,负荷开关和高压熔断器配合使用,由负荷开关作为操作电器投、切电路的正常负荷电流,而由熔断器作为短路保护和过载保护用。一般用于 35 kV 及以下的高压电路中。

按高压负荷开关灭弧介质及作用原理分为压气式、油浸式、固体产气式、真空式、压缩空气式和 SF_6 式;按用途分为通用负荷开关和专用负荷开关;按安装地点分为户内型和户外型。我国生产的高压负荷开关主要有 FW1、FW5、FN2、FN3 等型号,其中 F 表示负荷开关,W 表示户外式,N 表示户内式,数字表示设计序号,有些负荷开关具有隔离空间,如 FW5 型。

图 8-12 为 FN3 - 10R 型压气式户内负荷开关的外形图,其额定电压 10 kV,型号中 R 表示带有高压熔断器。

由图 8-12 可见,FN3 - 10R 是有隔离间隙的负荷开关,其上部是 FN3 - 10R 型负荷开关,在框架上装有 6 只绝缘子,其中上部 3 个是绝缘气缸,开关合闸时,灭弧动触头通过气缸的喷嘴插入气缸内,弧触头接通电路后,闸刀才和静触头接触,成为通过电流的主电路,主电路与灭弧电路并联。主电路先断开,主触头不会产生电弧。

在绝缘气缸内有压气活塞,它与闸刀(动触头)联动。操动机构使刀闸开断的同时,活塞也被驱动压气。在弧触头离开喷嘴时产生足量的压缩空气;电弧与喷嘴接触,喷口也产生一定的气体。这两种气流强烈吹弧,使电弧迅速熄灭。

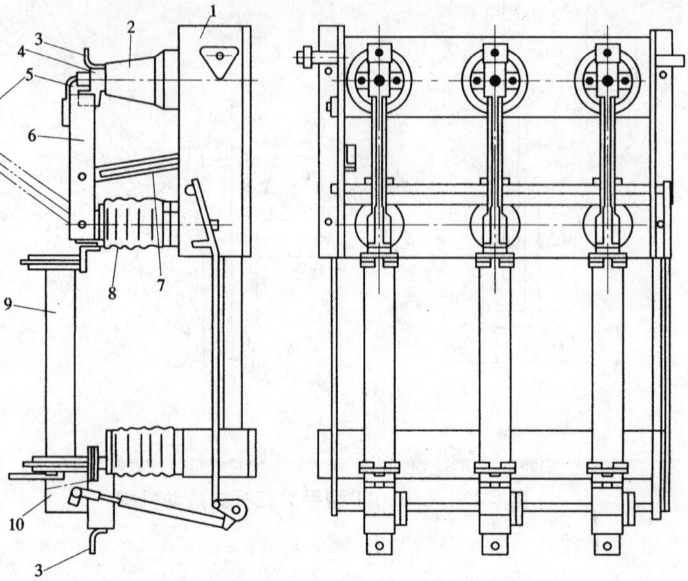

1—框架;2—绝缘气缸;3—接线座 4—静触头;5—灭弧动触头;
6—闸刀;7—绝缘拉杆;8—绝缘子;9—熔断器;10—热脱扣器

图 8-12 FN3-10R 型压气式户内负荷开关外形图

FN3-10R 型负荷开关所带的高压熔断器装在下部。FN3-10RS 型负荷开关所带的高压熔断器装在上部。高压熔断器可装在负荷开关的电源侧或负荷侧。若高压熔断器装在电源侧,高压熔断器能对负荷开关本身起到保护作用,但是更换熔断体要带电操作。高压熔断器装在负荷侧时,不能保护负荷开关,但更换熔断体可在负荷开关断开后无电时进行。

FN3-10R 型负荷开关一般配用 CS2 型手力操动机构。

习 题

8-1 高压开关电器按灭弧能力可分为几种类型?每种类型各有哪些电器?

8-2 断路器可分为哪几种类型?

8-3 在多油断路器和少油断路器中,油各起什么作用?

8-4 真空断路器有何主要特点?

8-5 SF_6 断路器有何主要特点?

8-6 根据所提供的能源形式不同,操动机构可分哪几种?

8-7 隔离开关的主要作用是什么?

8-8 负荷开关有何特点?为何经常与熔断器串联使用?

第九章　照明电路

第一节　白炽灯照明电路

一、白炽灯

白炽灯结构简单、价格低廉、起动迅速、使用方便、显色性好，相应的电路也简单，因而应用广泛，其主要缺点是发光效率较低、寿命较短。白炽灯泡的外形如图 9-1 所示。

(a)卡口式　　(b)螺口式

图 9-1　白炽灯泡的外形图

白炽灯泡由灯头、灯丝和玻璃泡三部分组成。其灯丝一般都是由高熔点的钨丝材料制成的，玻璃泡由透明或不同颜色的玻璃制成。40 W 以下的灯泡，将玻璃泡内抽成真空；40 W 以上的灯泡，在玻壳内充有氩气或氮气等惰性气体，使钨丝不易挥发，以延长寿命。灯泡的灯头，有卡口式和螺口式两种形式，功率超过 300 W 的灯泡，一般采用螺口式灯头，因为螺口灯座比卡口式灯座接触和散热要好。

二、常用的灯座

常用的灯座有卡口式吊灯座、卡口式平灯座、螺口式吊灯座和螺口式平灯座等，其外形结构如图 9-2 所示。

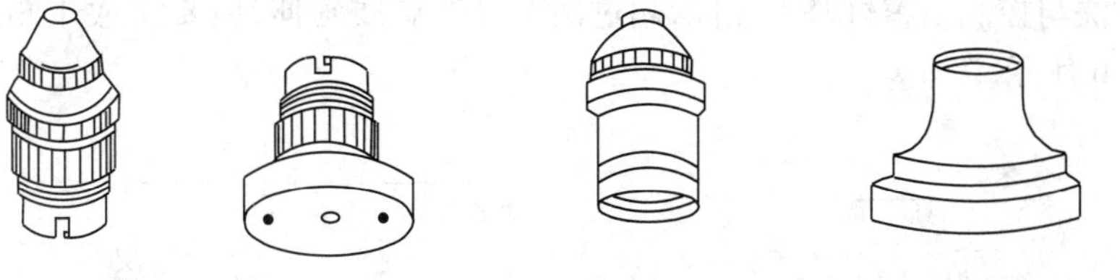

(a)卡口式吊灯座　(b)卡口式平灯座　(c)螺口式吊灯座　(c)螺口式平灯座

图 9-2　常用灯座外形结构

三、常用的开关

开关的品种很多,常用的开关有接线开关、顶装拉线开关、防水接线开关、平开关、暗装开关等,这几种开关的外形图分别如图 9-3 所示。

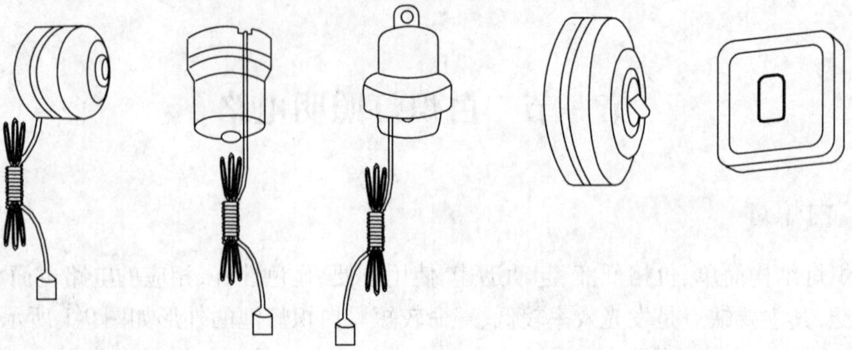

图 9-3　常用开关

四、白炽灯的控制原理

白炽灯的控制方式有单联开关控制和双联开关控制两种方式,如图 9-4 所示。

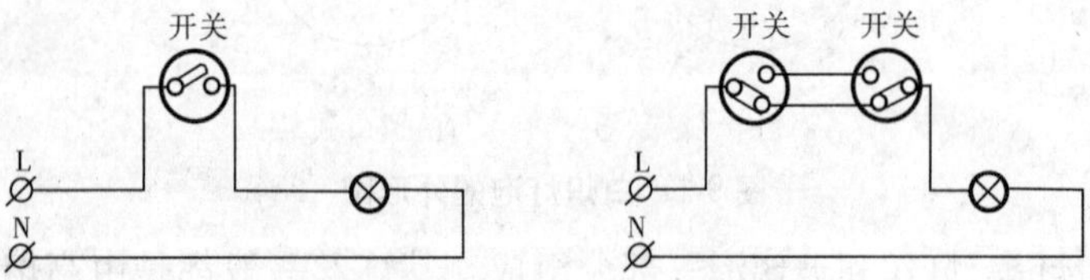

图 9-4　白炽灯的控制原理

五、白炽灯照明电路的安装与接线

白炽灯的基本控制线路如下所述。

(一)一个单联开关控制一盏灯

开关装在相线上,接入灯头中心簧片上,零线接入灯头螺纹口接线柱,接线如图 9-5 所示。

(二)一个单联开关控制两盏灯

接线方法与控制一盏灯基本相同,超过两个灯按虚线延伸,但要注意开关允许容量,接线如图 9-6 所示。

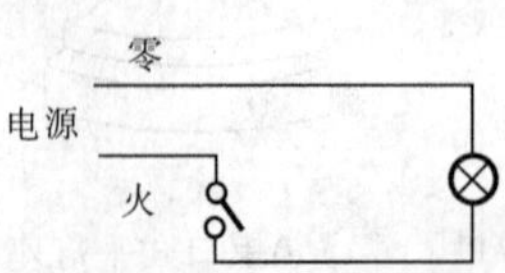

图 9-5　一个单联开关控制一盏灯

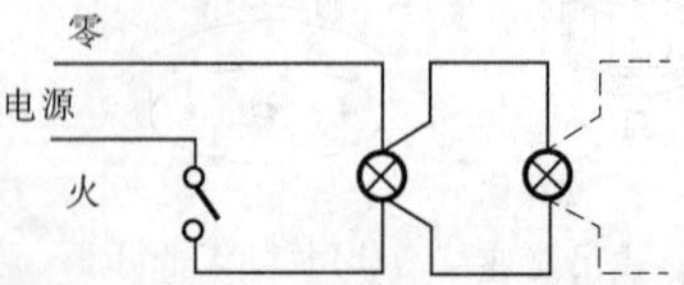

图 9-6　一个单联开关控制两盏灯

(三)两个单联开关,分别控制两盏灯

用于多个开关及多个灯,可延伸接线,接线如图 9-7 所示。

(四)两个双联开关在两地,控制一盏灯

用于楼梯或走廊,两端都能开、关的场合。接线口诀:开关之间三条线,零线经过不许断,电源与灯各一边。接线如图 9-8 所示。

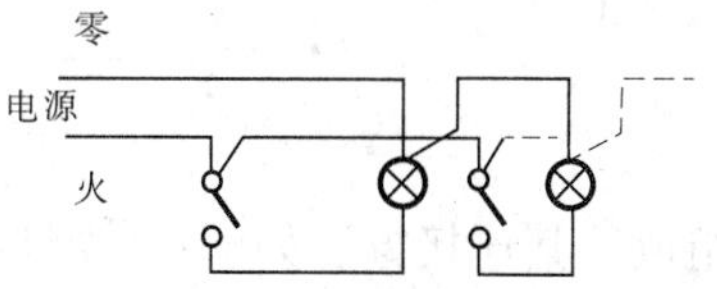

图 9-7　两个单联开关控制两盏灯

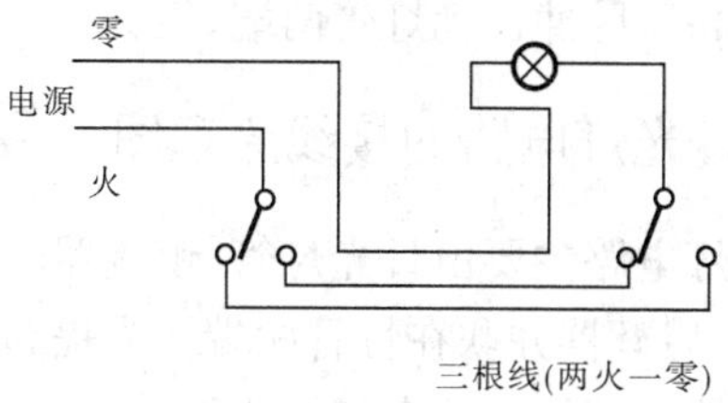

图 9-8　两个双联开关控制一盏灯

第二节　日光灯照明电路

日光灯是目前广泛使用的一种电光源。日光灯可以提供均匀、无影的照明,且最关键的一点是日光灯管比白炽灯泡更加高效。在白炽灯泡中,很多电能是以热能而不是光能消耗掉的,相比之下,日光灯管则更节能。

一、日光灯电路的组成

日光灯电路由日光灯管、镇流器和启辉器三个主要部件组成。

(一)日光灯管

日光灯管两端装有灯丝,玻璃管内壁涂有一层均匀的薄荧光粉,管内被抽成真空后,充入少量惰性气体氩,同时还注入微量的汞。灯管内壁上涂有荧光粉,两个灯丝之间的气体导电时发出紫外线,使荧光粉发出柔和的可见光。

(二)镇流器

镇流器是气体放电灯工作时必不可缺的配套附件,其功能主要有两个:一是产生高压,启辉灯管;二是在灯管启辉后起镇流(限流)作用,使灯管正常稳定地工作。我国常用的镇流器一般分为电感镇流器和电子镇流器两大类,根据其用途和性能的不同,又可分为各种不同的类型。

我国照明用电为 220 V,绝大多数日光灯均配用电感镇流器,由于其功率因数较低,实际使用时,为提高功率因数常在日光灯电路中并联电容器来解决。电感镇流器在我国的应用量为 90% 左右,目前该类镇流器仍有着较广阔的发展前景。但由于电感镇流器笨重,消耗铜、铁多,且浪费电力,因而改进传统电感镇流器,发展节能型电感镇流器是一件十分重要的工作。

电子镇流器随着电力电子技术的发展日臻成熟,逐步取代了工频电感式镇流器,进入实用化、产品化阶段。电子镇流器实质上是一个将低频交流电压转换为高频交流电压的电源变换器。电子镇流器的控制性能、运行特性、经济效益以及价格成本均优于电感镇流器。

（三）启辉器

日光灯启辉器在电路中起开关作用。它的结构很简单，由一个氖气放电管与一个电容并联而成，电容的作用为消除对电源的电磁干扰并与镇流器形成振荡回路，增加起动脉冲电压幅度。放电管中装有两个电极，一个是静触片，一个是由两个膨胀系数不同的金属制成的U形动触片。利用氖泡放电加热，使双金属片在开合时，引起电感镇流器电流突变并产生高压脉冲加到灯管两端。

二、日光灯电路的接线原理图

日光灯电路主要由日光灯管、镇流器和启辉器组成。其连接方法如下：日光灯管与镇流器串联，启辉器并联在灯管两端。为提高日光灯电路的功率因数，可以在日光灯电路上并联电容器。接线原理图如图9-9所示。

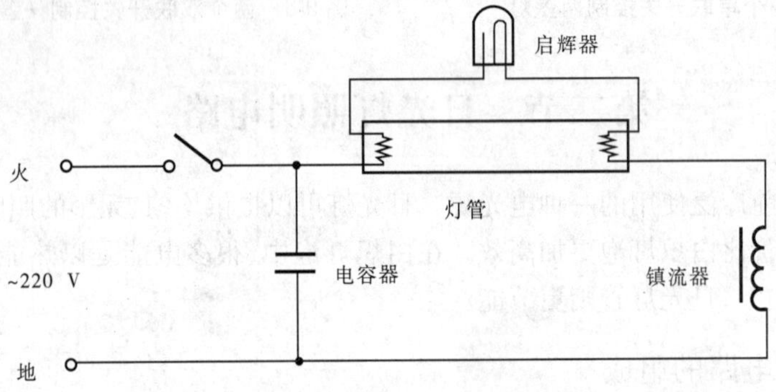

图9-9　日光灯电路接线原理图

三、日光灯电路的工作原理

开关闭合时，日光灯管不导电，电源、镇流器、灯丝和启辉器构成一个闭合回路，全部电压加在启辉器两触片之间，使启辉器中氖气击穿，产生气体放电，此放电产生的热量使双金属片受热膨胀，与固定片接通，于是有电流通过日光灯管的灯丝和镇流器。短时间后双金属片冷却收缩与固定片断开，电路中的电流突然减小；根据电磁感应定律，这时镇流器两端产生一定的感应电动势，使日光灯管两端电压产生400～500 V高压，灯管气体电离，产生放电，日光灯点燃发亮。日光灯点燃后，灯管两端的电压降为100 V左右，这时由于镇流器的限流作用，灯管中电流不会过大。同时，并联在灯管两端的启辉器也因电压降低而不能放电，其触片保持断开状态。

正常工作中的日光灯管等效为一个电阻元件，镇流器等效为电感元件，日光灯电路呈感性，其功率因数通常较低。要提高感性负载的功率因数，可以用并联电容器的办法，使流过电容器的无功电流分量与感性负载的无功电流分量互相补偿，以减小电压和电流之间的相位差，从而提高功率因数。提高负载的功率因数有很大的经济意义，它一方面可以充分发挥电源设备的利用率；另一方面又可以减少输电线路上的功率损失，提高电能的传输效率。

随着时代的发展，日光灯正逐渐被原理相似但体积更小、效率更高的节能灯（三基色荧光灯)取代。

习 题

9-1 白炽灯电路有哪些附件?

9-2 白炽灯电路有哪些基本控制方式?

9-3 简述日光灯管、镇流器、启辉器的构造及其连接方法。

9-4 启辉器中双金属片的工作原理是什么?

9-5 激发灯管中的水银蒸气导电的高电压是怎么获得的?

9-6 当日光灯正常发光后,取下启辉器,会影响灯管发光吗? 为什么?

9-7 为什么安装照明电路时,火线一定要通过保险盒和开关进入灯座?

第十章　电工仪表与测量

电工测量是以电磁规律为基础的测量技术，它不仅具有准确、灵敏、操作简便、反应迅速及容易进行遥测等优点，而且利用它还可以进行非电量（如温度、压力、机械量等）的测量，因此电工测量广泛应用于农村生产、国防建设和科学研究等各个领域。

在电气测量技术发展的过程中，新一代的仪表不断出现，从最早的机械式模拟指示仪表，发展到电子式的模拟指示仪表，进而又有电子式的数字仪表、智能仪表及现在的虚拟仪表，这些都代表了科学技术的进步。然而新一代仪表的出现，并不完全取代旧式仪表，而是发挥各自的特点，应用在不同场合。

电工仪表的种类繁多，按所测电量的性质，分为直流仪表与交流仪表；按测量方法，分为直读式仪表（直接指示出被测值）与比较式仪表（与标准比较后得出被测值）；按被测量的种类，分为安培表、伏特表等；按仪表准确度等级，分为 0.1、0.2、0.5、1.0、1.5、2.5 和 5.0 等七级（数字愈小的等级准确度愈高，开关板上装置的仪表通常为 1.5 级或 2.5 级）；按工作原理，分为磁电式、电磁式、电动式和感应式等。

磁电式仪表只能测直流量，仪表刻度均匀，灵敏度、准确度高，过载能力低。电磁式仪表可交、直两用，结构简单、过载能力强、仪表刻度不均匀、频率特性较差、灵敏度较低。电动式仪表可交、直两用，准确度较高、过载能力较差，功率表大多采用电动式仪表。感应式仪表只适用于交流电路的测量，准确度较低，感应式仪表主要是电能表。

第一节　电流表及电流的测量

一、电流的测量

测量电流的仪表称为电流表，根据仪表测量范围（量程）的不同，分为安培表、毫安表和微安表。在电流为 200 A 以下的低电压电路中测量时，可把电流表直接与被测电路串联，让电路的电流通过仪表，如图 10-1 所示。仪表指针的偏转，就指出了电路的电流值。测量直流电时要注意电流表的极性，应该根据实际电流的方向来连接电流表，使电流由仪表的正端流入、负端流出。

必须指出，电路中接入电流表时，电路的电阻将有所增加。为了不影响电路原来的工作情况，电流表的内阻必须做得很小。正因为电流表的内阻很小，所以使用时不能将电流表不经负载而与电源并联。电流表直接与电源并联相当于将电源短路，很大的短路电流会将电流表立即毁坏。

二、电流表量程的扩大

(一)磁电式电流表

磁电式电流表扩大量程采取的办法是给线圈并联一个电阻进行分流,以使动线圈电流不超过其额定值。分流电阻与动线圈并联的电路图如图 10-2 所示。并联分流电阻以后,测量机构的电流值与被测电流值之间的关系为

$$I' = \frac{R_S}{r_0 + R_S} \times I = KI \tag{10-1}$$

$$K = \frac{R_S}{r_0 + R_S} \tag{10-2}$$

式中 I'——表头电流;

I——被测电流;

r_0——表头内阻;

R_S——分流电阻。

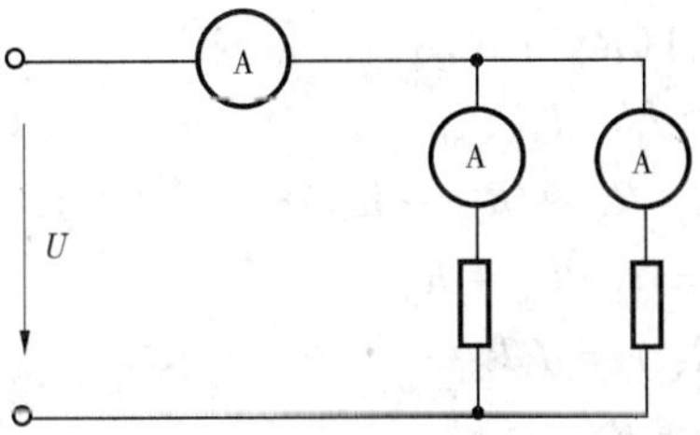

图 10-1 电流表在电路中的接法

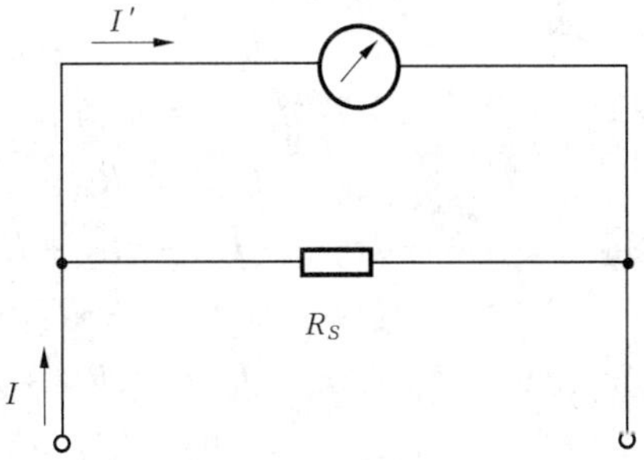

图 10-2 使用分流电阻扩大电流表量限

被测电流的最大允许值(量限)与通过测量机构的满偏电流的比值称为量限扩大倍数,用 n 表示,即

$$n = \frac{I_m}{I_0} = \frac{R_S + r_0}{R_S} = 1 + \frac{r_0}{R_S} \tag{10-3}$$

给定量限扩大倍数 n 时,分流电阻 R_S 的值为

$$R_S = \frac{r_0}{n - 1} \tag{10-4}$$

通过式(10-4)可以求取对应某一量限所需的分流电阻的大小。对于同一个表头,可以通过并联不同的分流电阻,做成不同量限的电流表。

【例 10-1】 有一个磁电式测量机构,它的满偏电流 I_0 为 100 μA,内阻为 200 Ω。要用这个测量机构做成量限为 500 mA 的电流表,需要并联多大的分流电阻?

解:首先求出量限扩大倍数

$$n = \frac{I_m}{I_0} = \frac{500 \times 1\ 000}{100} = 5\ 000$$

再求出 R_S 的值为

$$R_S = \frac{r}{n-1} = \frac{200}{5\,000 - 1} = 0.04\ (\Omega)$$

一般的面板式电流表只有一个量限，而实验室用的便携式电流表通常是多量限的。多量限电流表具有多个分流器，其结构为环行抽头式，如图 10-3 所示。这种结构的优点在于分流电阻始终与表头并联，在改变量限时，不会因为换接而使大电流流过表头导致表头烧坏。图中各个分流电阻可以通过以下的方法求得。

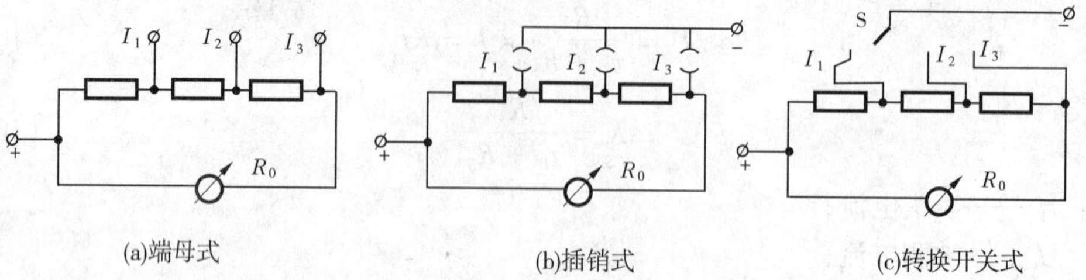

图 10-3　环形分流器

由各量限对应的分流电阻与电流的关系

$$I_0 r_0 = (I_3 - I_0)(R_{S1} + R_{S2} + R_{S3})$$

$$I_0(r_0 + R_{S3}) = (I_2 - I_0)(R_{S1} + R_{S2})$$

$$I_0(r_0 + R_{S2} + R_{S3}) = (I_1 - I_0)R_{S1}$$

整理后得

$$I_0(r_0 + R_{S1} + R_{S2} + R_{S3}) = I_3(R_{S1} + R_{S2} + R_{S3})$$

$$I_0(r_0 + R_{S1} + R_{S2} + R_{S3}) = I_2(R_{S1} + R_{S2})$$

$$I_0(r_0 + R_{S1} + R_{S2} + R_{S3}) = I_1 R_{S1}$$

令

$$R_S = R_{S1} + R_{S2} + R_{S3}$$

由

$$I_0(r_0 + R_S) = I_3 R_S$$

可得

$$R_S = \frac{I_0}{I_3 - I_0} r_0 = \frac{r_0}{n_3 - 1}$$

将 R_S 的值代入前面各式，可依次求得 R_{S1}、R_{S2}、R_{S3}的值。

以上方法可以求解一般的具有 N 个量限的电流表的分流电阻。具体做法是首先利用最小一个电流量限求出总的分流电阻 R_S，再利用最大一个电流量限的分流关系求出 R_{S1}，然后依次利用从大到小的各量限分流关系求出各个分流电阻。

【例 10-2】　一个磁电式测量机构的内阻为 300 Ω，满偏电流为 0.5 mA，要做成一个三量限电流表，量限 $I_1 = 500$ mA，$I_2 = 100$ mA，$I_3 = 50$ mA，求分流电阻 R_{S1}、R_{S2}、R_{S3}。

解：

$$R_S = \frac{r_0}{n_3 - 1} = \frac{300}{\frac{50}{0.5} - 1} = 3\ (\Omega)$$

由

$$I_1 R_{S1} = I_0(r_0 + R_S)$$

得

$$R_{S1} = \frac{I_0(r_0 + R_S)}{I_1} = \frac{0.5 \times (300 + 3)}{500} = 0.303\ (\Omega)$$

由

$$I_2(R_{S1} + R_{S2}) = I_1 R_{S1}$$

得 $$R_{S2}=\frac{I_1R_{S1}}{I_2}-R_{S1}=\frac{500\times0.303}{100}-0.303=1.212\ (\Omega)$$

由 $$R_S=R_{S1}+R_{S2}+R_{S3}$$

得 $$R_{S3}=R_S-R_{S1}-R_{S2}=3-1.212-0.303=1.485\ (\Omega)$$

(二)电磁式电流表

多量程电磁式电流表通常是采用将固定线圈绕组分成几段,然后利用两段或几段线圈的串并联方法来改变电流量程的。图 10-4 所示即双量程电流表改变量程的示意图。这里固定线圈被分成线径相同、匝数相等的两段线圈。端钮之间可用连接片连接成串联和并联两种方式,如图 10-4(a)、(b)所示。若两段线圈串联所对应的电流量程为 I_m,则两段线圈并联时,电流量程就扩大一倍,即为 $2I_m$。

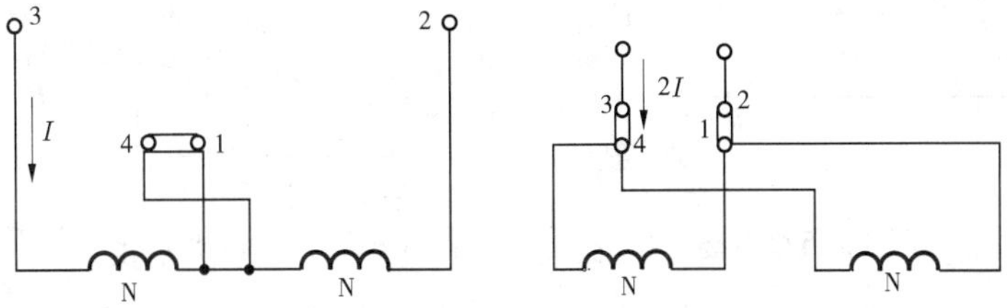

(a)两段线圈串联　　(b)两段线圈并联

图 10-4　双量程电流表改变量程的示意图

为了制成三个量程的电流表,必须将整个固定线圈分成线径相同、匝数相等的四段。当四段线圈完全串联时,如图 10-5(a)所示,电流量程为 I_m;则当四段线圈两两并联再串联时,如图 10-5(b)所示,量程为 $2I_m$;当四段线圈完全并联时,如图 10-5(c)所示,量程为 $4I_m$,和双量程电流表一样,三个量程也可共同使用一条标度尺,各量程的比为 1∶2∶4。

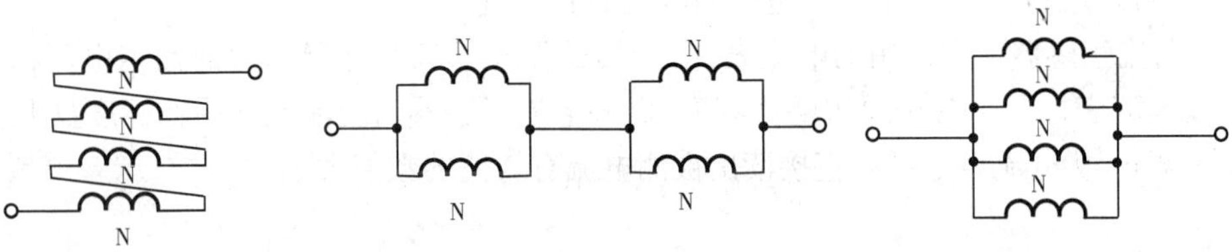

(a)四段串联　　(b)两两并联再串联　　(c)四段并联

图 10-5　分段线圈的串并联

在实际的电磁式电流表的表面上,有供改变电流量程用的连接片、插塞或转换开关,电流量程的改变通常是用连接片连接、插塞换接或用转换开关来实现的。

电磁式电流表测正弦交流电和非正弦交流电时,测得的是它们的有效值。

三、高压电路或大电流的测量

测量交流电流必须用交流电流表。交流电流的测量可以分为以下两种情况。

(一)低压电路中的电流测量

在低压电路中,若被测电流不超过电流表的量程,则可将电流表直接串联在被测电路中,而不必考虑其极性。其接线如图 10-6(a)所示。

(二)高压电路或大电流的测量

测量高压电路中的电流或被测电流超过电流表的量程时,应与电流互感器配合使用。其接线方法如图 10-6(b)所示。接线时,电流互感器的原边和被测电流回路串联。副边两端接电流表。原边两端钮标有 L_1、L_2,副边两端钮标有 K_1、K_2。其中 L_1 和 K_1、L_2 和 K_2 为同名端,不能接错。

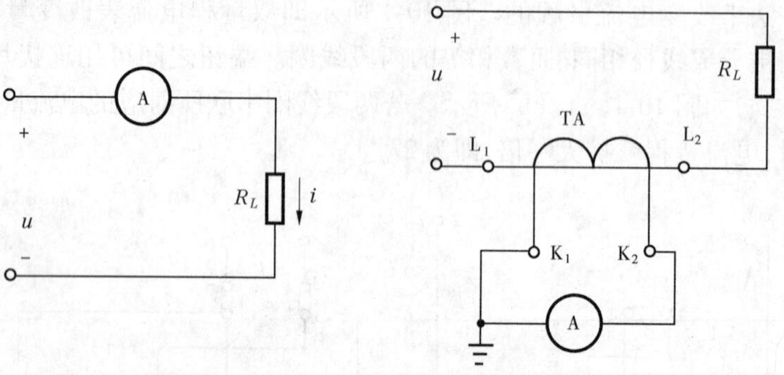

(a)直接串接　　(b)利用电流互感器串联接入

图 10-6　电流表测量交流电流时的接线方法

电流互感器原边额定电流 I_{1e} 与副边额定电流 I_{2e} 之比称为电流互感器的额定变流比,用 K_i 表示,则

$$K_i = \frac{I_{1e}}{I_{2e}} \tag{10-5}$$

额定变流比通常在电流互感器的铭牌上标明。读数时,只需将接在副边上的电流表读数 I_2 乘以变流比 K_i,就得到原边被测电流的有效值。

与电流互感器配套使用的电流表,由于其量程和电流互感器副边的额定电流都是 5 A,所以电流表标尺也常按原边电流刻度,而将电流互感器的变流比注明在标度盘上。在这种情况下,从电流表上可以直接读出被测电流有效值的数值大小。

第二节　电压表及电压的测量

一、电压的测量

测量电压的仪表称为电压表,根据仪表量程的不同有伏特表和毫伏表之分。

一般在电压为 600 V 以下的电路中测量时,可把电压表直接并联在被测电路的两端,如图 10-7 所示,使两点间的电压直接加在仪表上。如果测量的是直流电压,则还要注意仪表的极性,使仪表的正端接于高电位端。

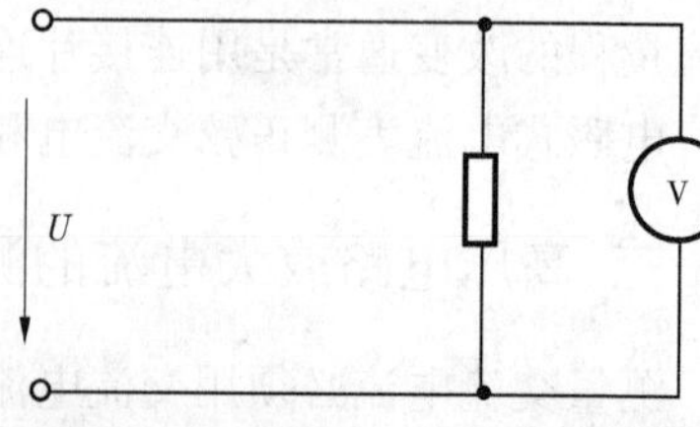

图 10-7　电压表在电路中的接法

电压表的内阻固定不变,所以电压愈高、电流愈大,指针的偏转角也就愈大。因此,电压表的指针就指示了被测的电压值。

必须指出,电路中接入电压表时,电压表中通过的电流必须非常小,才不致影响电路原来的工作情况。为此,必须使电压表的电阻很大,所以电压表只能与被测电路并联。若与电路串联时,则相当于电路断路。

二、电压表量程的扩大

为了测量大的电压,就需要扩大量限。采取的方法是用一个大的电阻与表头串联,这个电阻叫做分压电阻,也称为倍压电阻。根据电阻串联分压的原理,被测量电路两端的大电压主要由大的分压电阻承受,选择合适的分压电阻,就可以使磁电式测量机构所承受的电压在其允许范围内。串联分压电阻构成的电压表电路如图 10-8 所示。

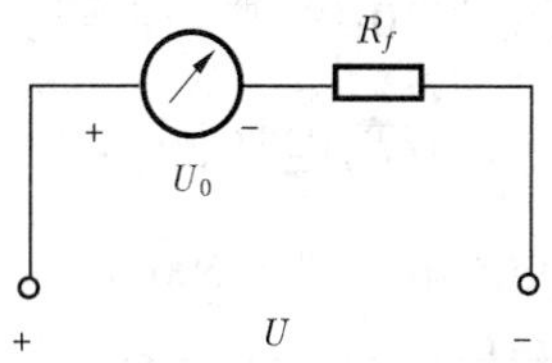

图 10-8　串联分压电阻构成的电压表电路

串联分压电阻以后,被测电压与表头通过的电流关系为

$$U = I(R_f + r_0) \tag{10-6}$$

式中　R_f——分压电阻;

　　r_0——表头内阻。

指针偏转角 α 与被测电压 U 的关系为

$$\alpha - SI - S\frac{U}{R_f + r_0} - K_u'U$$

$$K_u' = \frac{S}{R_f + r_0} \tag{10-7}$$

在附加分压电阻后,标尺刻度的值按照比例系数 K_u' 来刻度,仪表指针指示的刻度值就是实际被测电压值。

电压表量限扩大以后,扩大的量限 U 与测量机构的满偏电压之比称为电压量限扩大倍数,用 m 表示。

$$m = \frac{U}{U_0} = \frac{r_0 + R_f}{r_0}$$

$$R_f = (m - 1)r_0 \tag{10-8}$$

由式(10-8)可计算对应某一个扩大的量限所需要串联的分压电阻值。

一般开关板式电压表是单量限的,而实验室用的便携式电压表则是多量限的。多量限的电压表由磁电式测量机构与多个分压电阻串联构成。在分压电阻间接有抽头,不同的抽头对应不同的量限。电路如图 10-9 所示。

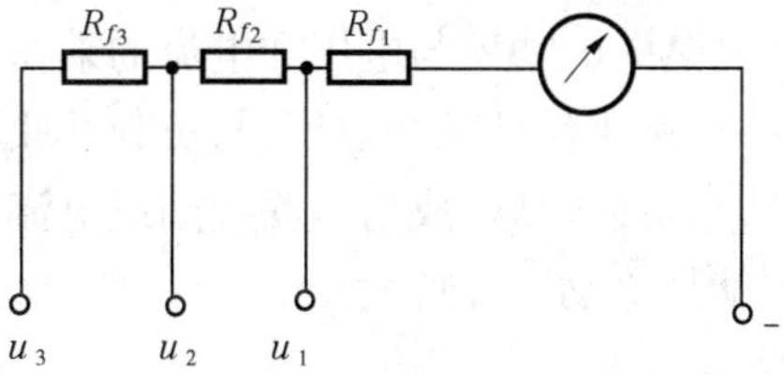

图 10-9　多量限电压表

多量限电压表各个分压电阻的计算比较简单,可采用如下的方法。

首先利用量限电压表计算分压电阻的方法求出最小量限对应的分压电阻

$$R_{f1} = (m_1 - 1)r_0 \qquad (10\text{-}9)$$

式中 m_1——最小量限扩大倍数。

再求各个分压电阻

$$R_{fk} = (m_k - 1)r_0 - R_{f1} - R_{f2} - \cdots - R_{fk-1} \quad (k = 1,2,3,\cdots) \qquad (10\text{-}10)$$

式中 R_{fk}——第 k 个分压电阻;

m_k——第 k 个量限扩大倍数。

使用式(10-10)应当依照从小量限到大量限的顺序进行求解。

三、交流高电压测量

当交流电压超过 600 V 时,应与电压互感器配合进行测量。利用电压互感器,将高电压变换为低电压 100 V,以供测量使用,其接线如图 10-10所示。接线时,电压互感器的原边的两端钮标有 A、X,副边两端钮标有 a、x,以表明它们的极性,其中 A 与 a、X 与 x 是同极性端,不可接错。

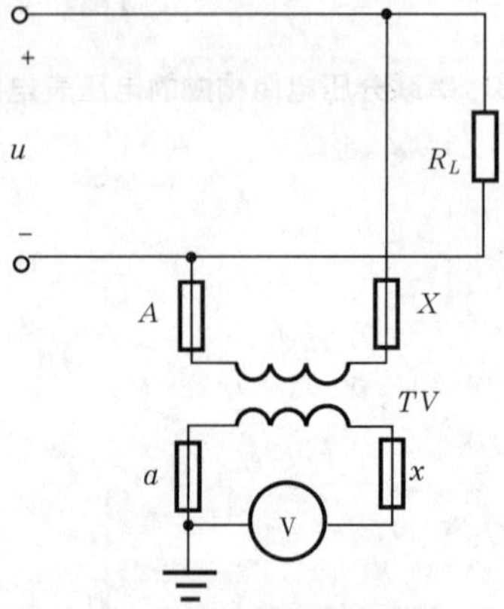

图 10-10 交流电压的测量(电压表经电压互感器并联)

电压互感器原边额定电压 U_{1e} 与副边额定电压 U_{2e} 之比称为电压互感器的额定变压比,以 K_u 表示,则

$$K_u = \frac{U_{1e}}{U_{2e}} \qquad (10\text{-}11)$$

每个电压互感器的铭牌上都标明了该互感器的变压比,读数时,只需将接在副边上的电压表的读数 U_2 乘以变压比 K_u,即可得到原边被测电压的数值。

和电压互感器配套使用的开关板式电压表,由于其量程和电压互感器副边的电压一致,所以电压表的标尺常按原边电压刻度,这种情况便可以从电压表上直接读出被测电压有效值的大小。

第三节 功率表及电功率的测量

测量功率的仪表称为功率表,根据仪表量程的不同分为瓦特表和千瓦表。

电路中的功率与电压和电流的乘积有关,因此用来测量功率的仪表必须具有两个线圈:一个用来反映负载电压,与负载并联,成为并联线圈或电压线圈;另一个用来反映负载电流,与负载串联,成为串联线圈或电流线圈。这样,电动式仪表可以用来测量功率,通常用的就是电动式瓦特表。

一、单相交流和直流功率的测量

图 10-11 是瓦特表(或功率表)的接线图。1 是固定的线圈,它的匝数较少、导线较

粗、与负载串联，作为电流线圈；2 是动线圈，它的匝数较多、导线较细、与负载并联，作为电压线圈。

由于电动式仪表指针的偏转角度 $\alpha \propto I_1 I_2 \cos\varphi$，而 I_2 与电路电压 U 成正比，所以有

$$\alpha \propto IU\cos\varphi \tag{10-12}$$

可见在电动式功率表中，指针的偏转角与电路的功率成正比，因此从指针的偏转角的大小就能得知电路中功率的大小。

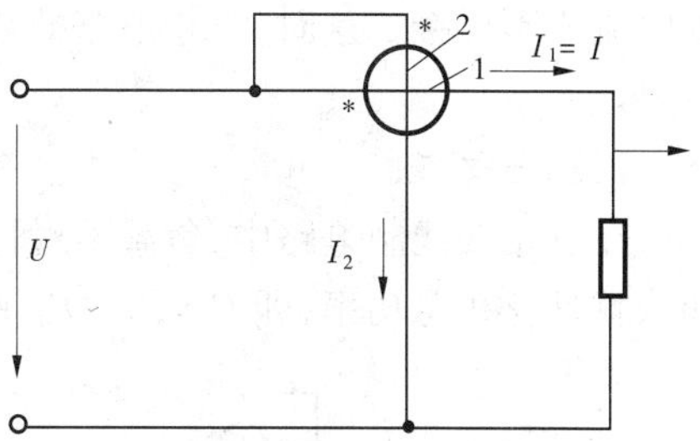

图 10-11　瓦特表的接线图

为了使指针不至反转，电动式瓦特表的两个线圈中的电流方向需要有一定的配合。为此，电流线圈和电压线圈的起端标有"±"或"＊"作为记号，在使用时，把有同样记号的电流线圈端点和电压线圈端点接在被测电路的同一侧。

瓦特表的电压线圈和电流线圈各有其量程。改变电压线圈量程的方法和电压表一样，即改变倍压器的电阻值。电流线圈常常是由两个相同的线圈组成的，当两个线圈并联时，电流量程要比串联时大一倍。

同理，电动式瓦特表也可测量直流功率。

二、三相功率的测量

(一)一表法

如果三相负载是对称的，则只需用一只单相功率表，测出一相功率 P_1，然后乘以 3 就得到三相总功率，即 $P=3P_1$，如图 10-12 所示。

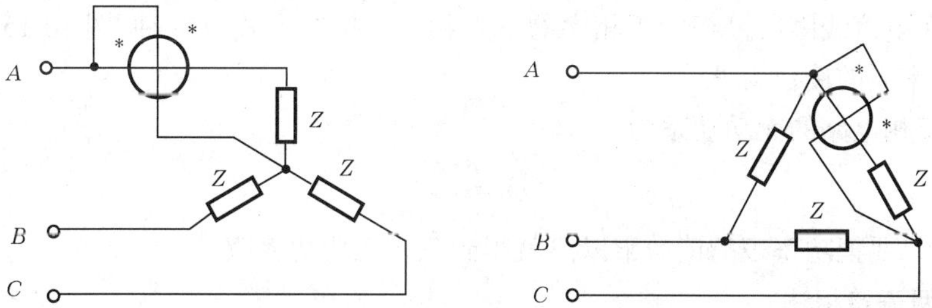

(a)三相对称负载Y形连接　　(b)三相对称负载△形连接

图 10-12　一表法测三相功率

(二)两表法

在三相三线制电路中，无论负载是否对称，也不论负载是 Y 形连接或△形连接，都可以用两只单相功率表按图 10-13 所示的连接方法测量三相总功率 P。

按图 10-13 的方法接线时，可以证明，两只功率表读数 P_1 与 P_2 之和就是三相三线制电路的总功率 P，即

$$P = P_1 + P_2 \tag{10-13}$$

在用两表法测量三相功率时，若两只功率表的接线完全正确，但其中有一只功率表的指针反转，这说明电路的功率因数低于 0.5。在这种情况下，应把反转的那只，如功率表 2

的电流线圈反接。这时,三相电路的总功率应为两表读数之差,即

$$P = P_1 - P_2 \tag{10-14}$$

(三)三表法

在三相四线制电路中,负载不对称时,可以用三只单相瓦特表测出每相功率,然后加起来就是三相总功率,即 $P = P_1 + P_2 + P_3$。其接线如图 10-14 所示。

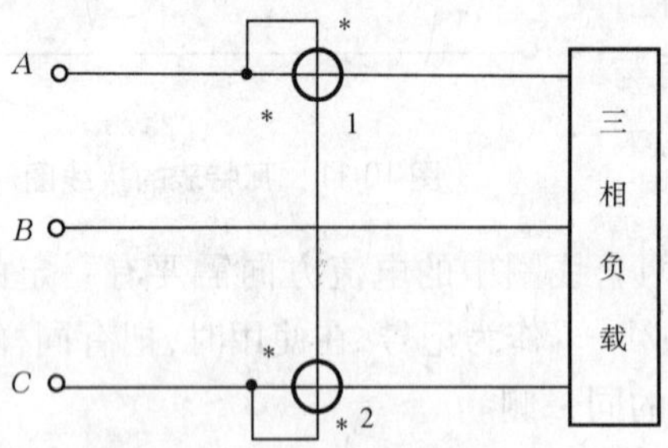

图 10-13 两表法测三相功率

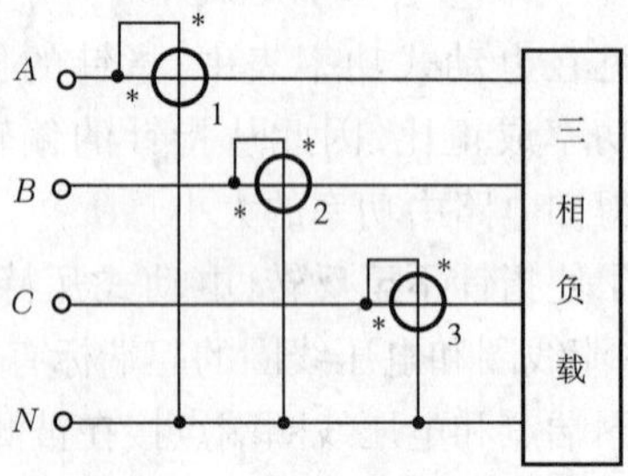

图 10-14 三表法测三相功率

三、三相无功功率的测量

三相无功功率通常可用单相有功功率表来测量,也可用三相无功功率表测量。测量方法如下所述。

(一)一表跨相法

一表跨相法只用于对称三相电路无功功率的测量。接线原则为:将单相功率表的电流线圈串接在任意一相中,其电源端必须接在电源侧;电压线圈跨接在另外两相上,其电源端要接在电流线圈所接相的正相序的下一相上。接线方式有三种,图 10-15 是其中一种,图中功率表的读数为 P。

对称三相电路的无功功率为

$$Q = \sqrt{3}P \tag{10-15}$$

因此,只要把功率表的读数乘以$\sqrt{3}$就得到三相无功功率值。

(二)两表跨相法

两表跨相法就是采用两只单相功率表测量,两表均按一表跨相法的原则接线,如图 10-16所示。

负载对称时,两表读数相等,均为 $U_L I_L \sin\varphi$,于是有

$$P = P_1 + P_2 = 2\,U_L I_L \sin\varphi$$

则三相无功功率为

$$Q = \frac{\sqrt{3}}{2}(P_1 + P_2) \tag{10-16}$$

即用两表跨相法测得的三相无功功率就等于两功率表的读数之和乘以$\sqrt{3}$。这种接线也只适用于对称三相电路。

当三相电源不完全对称时(这在工程上是难免的),两表跨相法的误差较一表跨相法

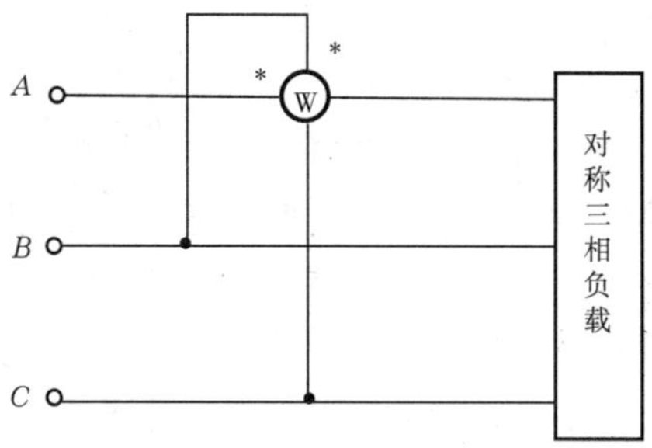

图 10-15　一表跨相法测对称三相电路无功功率

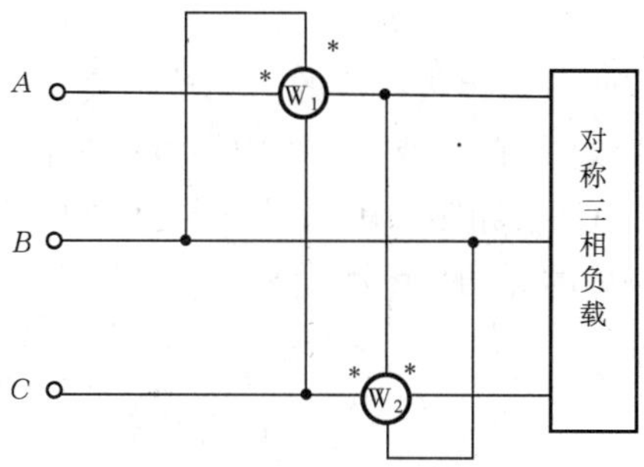

图 10-16　两表跨相法测对称三相电路无功功率

小，因此两表跨相法比一表跨相法更实用。

（三）三表跨相法

对于电源对称而负载不对称的三相电路，可用三只单相功率表测量无功功率，接线图如图 10-17 所示，三只功率表的电流线圈分别接在 A、B、C 三个端线上，它们的电压支路

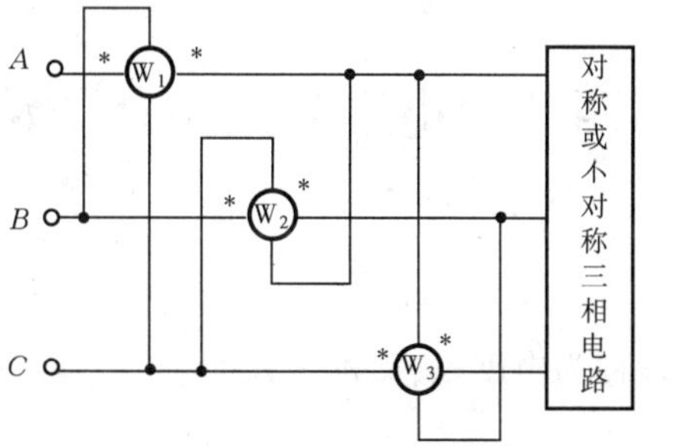

图 10-17　三表跨相法测三相电路无功功率

分别跨接在其他两端线上，则三只功率表的读数分别为 P_1、P_2、P_3，即

$$P_1 = \sqrt{3}U_AI_A\sin\varphi_A$$

$$P_2 = \sqrt{3}U_BI_B\sin\varphi_B$$

$$P_3 = \sqrt{3}U_CI_C\sin\varphi_C$$

所以

$$P_1 + P_2 + P_3 = \sqrt{3}(U_AI_A\sin\varphi_A + U_BI_B\sin\varphi_B + U_CI_C\sin\varphi_c) = \sqrt{3}Q$$

即

$$Q = \frac{1}{\sqrt{3}}(P_1 + P_2 + P_3) \tag{10-17}$$

可见，三相电路的无功功率等于读数之和的 $1/\sqrt{3}$。当负载为三角形连接时，这个结论成立。由此可见，三表跨相法适用于电源对称、负载对称或不对称的三相三线制或三相四线制电路。

（四）用三相无功功率表测三相无功功率

由于上述两表跨相法及三表跨相法所用仪表多、接线复杂且读数不直观，所以发电厂和变电所通常用一块无功功率表进行三相无功功率测量。这种表是根据两表跨相法或借助人工中性点的两表跨相法制成的。安装式三相无功功率表都采用铁磁电动式结构，它们实质上是铁磁电动式二元件三线功率表，通过改变测量接线方式达到测量无功功率的目的。

按两表跨相法构成的无功功率表型号很多,图 10-18 是 1D5 - VAR 型三相无功功率表的接线图,它是借助人工中性点和两表跨相法原理制成的,图中 B 相电阻 R_B 与 A 相及 C 相总电阻(动圈电阻 R_A 或 R_C 之和)相等,以获得人工中性点。此表适用于三相三线制或不对称的无功功率测量。

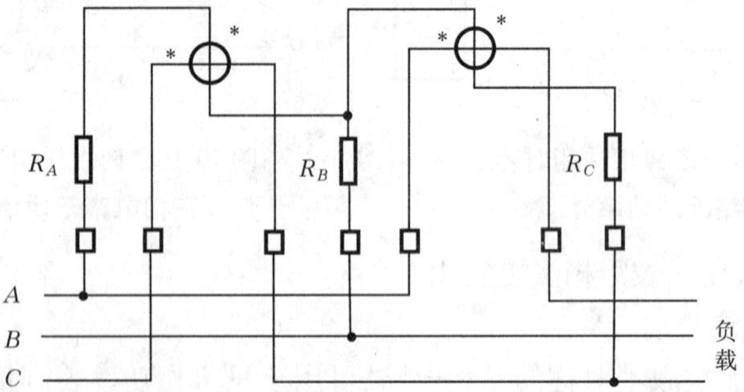

图 10-18　1D5 - VAR 型三相无功功率表的接线图

第四节　电度表及电能的测量

一、电能测量

用来测量电能的仪表称为电度表,又称千瓦时表。目前对交流电能的测量都采用感应式电度表。

感应式电度表的结构原理如图 10-19 所示。它由两个固定的线圈 1 和 2、一个可旋转的铝盘 3、一个永久磁铁 4 和一些计数机构等附件组成。它的接线原理与功率表相同,线圈 1 与电路串联作为电流线圈,线圈 2 与电路并联作为电压线圈。接入被测电路后,两线圈分别产生出磁通 Φ_1 与 Φ_2,磁通在铝盘上分别感应出涡流 i_1 与 i_2。这样,i_1 与 Φ_1,i_2 与 Φ_2 相作用的结果,在铝盘中产生驱动转矩 T。驱动转矩与电路中的功率 P 成正比,即 $T = K_1 P$。

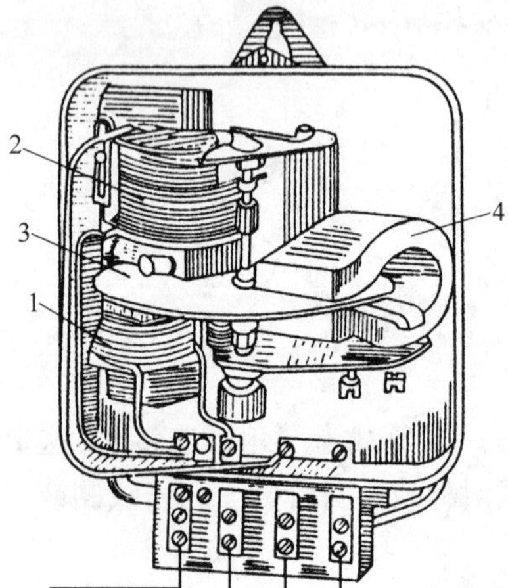

图 10-19　感应式电度表的结构原理

驱动转矩推动铝盘旋转,铝盘切割永久磁铁的磁场,又使处在永久磁铁磁场中的那一部分铝盘产生了感应电流。此感应电流与永久磁铁的磁场的相互作用,产生了与铝盘旋转方向相反的反抗转矩 T_f,其大小与铝盘的转速 n 成正比,即 $T_f = K_2 n$。

当 $T=T_f$ 时，铝盘以匀速旋转，这时 $n=\frac{K_1}{K_2}P=KP$，即铝盘的转速与电路的功率成正比。

设电路的功率 P 保持不变，则在时间 t 内，电路消耗的电能为

$$A=\frac{n}{K}t=K'N \tag{10-18}$$

式中 N——铝盘在 t 时间内的总转数，$N=nt$；

K'——电度表常数，与电度表的结构有关，$K'=1/C$。

式(10-18)说明，电路消耗的电能与电度表铝盘的转数成正比。把铝盘的转数利用计数机构记录下来，并用字码显示出来，这样我们就可以从电度表上的字码得出电路所消耗的电能的度数(kWh)。

测量三相四线制电路的电能可用三只单相电度表，但通常是使用相当于三只单相电度表的三元件电度表(三相四线电度表)，图10-20表示它在三相四线制电路中的接法。

测量三相三线制电路的电能，可用两只单相电度表(接法与两瓦特表测三相三线电路中功率的接法相同)。但通常总是用相当于两只单相电度表的二元件电度表(三相三线电度表)，图10-21表示它在三相三线制电路中的接法。

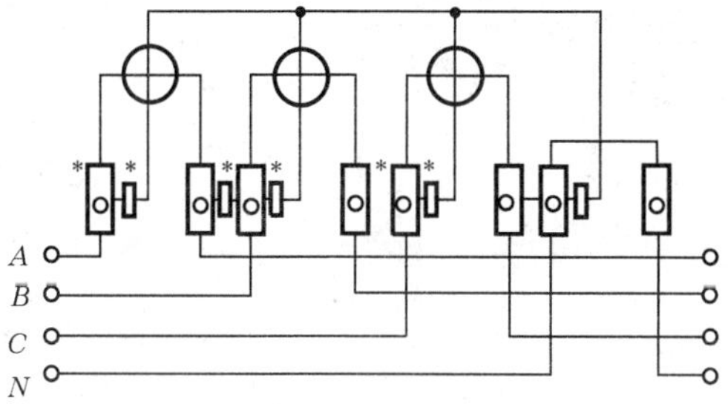

图10-20　三元件电度表的接法

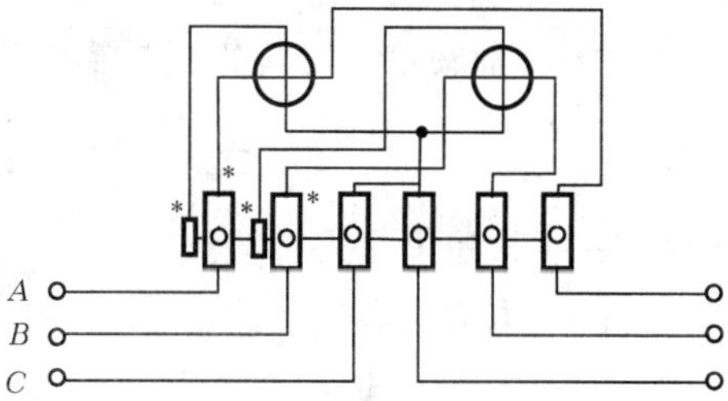

图10-21　二元件电度表的接法

二、电度表的校验

电度表在使用前和使用一段时间后都应进行校验，常用的校验方法有标准表法和功率表－秒表法。

(一)标准表法

标准表法是将一只准确度高的标准电度表和被校电度表接在同一电路中，比较两只电度表在相同的时间内转盘的转数，进而确定被校表误差。

用标准表法进行校验，使用的标准电度表常数与被校电度表常数相等时，误差的计算式为

$$\gamma=\frac{n-n_0}{n_0}\times 100\% \tag{10-19}$$

式中 n——被校电度表转数；

n_0——标准电度表的转数。

如果标准电度表与被校电度表的常数不同，则应将被校电度表转数换算成标准电度

表的转数。换算转数的计算式为

$$n' = n \times \frac{C_0}{C} \tag{10-20}$$

式中　n'——被校表的换算转数；

n——被校表的实际转数；

C_0——标准表常数；

C——被校表常数。

误差的计算式

$$\gamma = \frac{n' - n_0}{n_0} \times 100\% \tag{10-21}$$

使用标准表进行校检时，准确读取标准电度表的转数是一个关键，特别是在标准电度表常数与被校电度表常数不等时，读取的标准电度表的读数一般不是整数。为了消除偶然误差的影响，应增加校检次数。

（二）功率表－秒表法

功率表－秒表法使用一只功率表和一只秒表，功率表用来测量电度表所接的负载的功率，秒表用来测量电度表铝盘转过一定转数所需的实际时间。用实际时间与由电度表常数计算出的理论时间进行比较，从而确定电度表的误差。

电度表铝盘转过一定转数 N 所需的理论时间为

$$T = \frac{N}{CP} = 3\,600\,\frac{N}{CP} \tag{10-22}$$

式中　C——被校电度表常数；

P——电度表所接负载功率。

若由秒表记录的铝盘转过 N 转所需的实际时间为 t(s)，则被校电度表的误差为

$$\gamma = \frac{T - t}{t} \times 100\% \tag{10-23}$$

计算出的相对误差 γ 为正时，$T > t$，表明电度表快了；计算出的相对误差 γ 为负时，$T < t$，表明电度表慢了。

使用功率表－秒表法进行校检时，要求电度表所接负载功率在校检期间恒定，亦即要求电源很稳定，这一点在很多场合是达不到的，特别是在现场校检时尤其如此。另外，这种方法采用的是测量时间来进行误差计算，属于间接测量的范畴，对误差的影响因素也比较多，所以在大多数场合不采用这种校检方法。

第五节　万用表的使用方法

万用表是一种多用途的仪表，一般万用表可以测量直流电路、直流电压、交流电压、直流电阻和音频电平等电量，有的万用表还可以测量交流电流、电容、电感以及晶体管 β 值等。由于万用表的结构紧凑、用途广泛、携带和测量方便等，因此在电气维修和调试工作中得到了广泛的应用。

一、测量的准备工作

测量的准备工作为：

(1)在测电阻前，先要做外观检查，然后再检查一下表内电池电压是否足够。检查的方法是将量程挡转换开关置于电阻挡，倍率开关置于 $R\times1$ 挡，检查 1.5 V 电池；置于 $R\times10$ k 挡，检查较高电压电池，将表笔相碰看指针是否在零位，调整“调零”旋钮后，指针仍不指在零位，更换新电池后再使用。

(2)机械调零。万用表水平放置，检查指针是否指零位。若不在零位，应调整机械调零旋钮，使指针对准刻度盘的零位。

(3)检查表笔位置是否正确。红表笔应接在标有“+”号的接线柱上；黑表笔应接在标有“-”号或“*”号的接线柱上；有些万用表另有交、直流 2 500 V 的高压测量端钮，若测量高压时，可将红表笔插在此接线柱上，黑表笔不动。

二、测电压、电流

测量电压或电流时，属于带电测量，要注意量程挡和量限的选择。根据被测对象，将开关旋置所需要的位置，例如测量 380 V 交流电压，就可选用“V”区间的 500 V 量程挡。若测 6 V 直流电压，可选用“V”区间的 10 V 量程挡。若测量 30 mA 的直流电流，可选用“A”区间的 500 mA 量程挡。

用万用表测量电压或电流时，应注意以下几点：

(1)要有人监护，监护人技术等级要高于测量人。监护人的作用有两个：一个是使测量人与带电体保持规定的安全距离；二是监护测量人正确使用仪表和正确测量，如果测量人不懂测量技术，监护人有权制止测量工作。

(2)测量时，不要用手接触表笔的金属部分，以保证安全和测量的准确性。

(3)测量高压或大电流时，不能在测量时旋动或转换开关，避免转换开关的触头产生电弧而损坏开关。

(4)要注意测量的极性，避免指针反偏而损坏仪表。测量直流量时，红表笔连接正极，黑表笔连接负极。

(5)当不知道电压和电流多大时，应先将量程挡置于最高挡，然后再向低量程挡转换。

三、用欧姆挡测电阻

使用欧姆挡测电阻时，仪表的指针越接近标度尺的中心部分，读数越准确，一般可以比较清楚地读出欧姆表中心阻值的 20 倍，以 500 型万用表为例，“$R\times1$”挡的欧姆表中心阻值是 10 Ω，它的 20 倍为 200 Ω，在这数值以下可以清楚地读数，再大就不准确了，必须另选合适的量限。

关于测电阻时指针在电阻标尺上的指示值。例如，指针指在电阻标尺上的数值是 45，其倍率为 $R\times100$，则倍率为 100，所测电阻的阻值为 $45\times100=4\ 500$ (Ω)。

用万用表欧姆挡测电阻时，应注意以下几点：

(1)每换一次倍率挡,必须重新进行一次欧姆调零。

(2)不允许带电测量电阻。因为测量电阻的欧姆挡是由干电池供电的,带电测量相当于外加一个电压,不但会使测量结果不准确,而且有可能烧坏表头,需要特别注意。

(3)不允许用万用表的电阻挡直接测量微安表表头和检流计等的内阻;否则表内的1.5 V 电池发出的电流将烧坏表头。

(4)不准用两只手拿住笔的金属部分测电阻,否则会将身体的电阻并联在被测电阻两端,引起测量误差。

(5)用万用表电阻挡判断二极管极性时,需注意,表的极性与内部电池极性正好相反。

(6)用万用表电阻挡测量晶体管参数时,应选择电池电压低的高倍率挡,如用 $R\times100$ 挡或 $R\times1$ k 挡进行测量,因为晶体管所能承受的电压较低且允许通过的电流较小,这样选择就可以避开最高倍率挡的高电压和低电压倍率挡的大电流。

(7)测量完毕后,将转换开关旋至交流电压最高挡或空挡,这样可以防止转换开关在欧姆挡时表笔短路,长期消耗电池。更重要的是要防止在下次测量时忘记拨挡就去测量电压,而烧坏万用表。

习　题

10-1　磁电式仪表为什么不能测量交流?电磁式、电动式仪表为什么能交、直两用?

10-2　在测量中误把电流表当做电压表使用,或误把电压表当做电流表使用,各会发生什么现象?后果如何?

10-3　某表头的最大量程为 50 mA,内阻为 20 Ω,现在要用此表头测量 5 A 的电流,问需并联多大电阻的分流器?并绘出电路简图。

10-4　如用习题 10-3 中的表头来测量 150 V 电压,问需串联多大的附加电阻?试绘出电路简图。

10-5　利用单相电度表怎样测单相、三相三线制、三相四线制电路的电能量?画出测量时的接线图。

第十一章　安全用电常识

第一节　电流对人体的作用

当人体发生触电时，电流会对人体造成伤害，其伤害程度与诸多因素有关。

一、电流对人体伤害的种类

(一)电击及其分类

1. 电击

电击是指电流通过人体时所造成的内部伤害，它会破坏人的心脏、呼吸及神经系统的正常工作，甚至危及生命。绝大部分的触电死亡事故是由电击造成的。电击还会给人体留下较明显的特征：电标、电纹或电流斑。

2. 电击的分类

电击分为直接电击和间接电击两种。直接电击是指人体直接触及正常运行的带电体所发生的电击，大多发生在误触相线、闸刀或其他设备带电部分的情况下；间接电击是指电气设备发生故障后，人体触及意外带电部分所发生的电击，大都发生在大风刮断架空线或接户线后，断线搭落到金属物上或电气设备绝缘损坏而引起外壳带电等情况。

(二)电伤及其分类

1. 电伤

电伤是由电流的热效应、化学效应或机械效应对人体造成的伤害。电伤多见于人体外部，常常会在人体留下伤痕。

2. 电伤的分类

电伤通常分为电灼伤、电烙印及皮肤金属化三种类型。电灼伤多由电流的热效应引起，是最常见也最严重的一种电伤；电烙印是当载流导体长时间接触人体时，因电流的化学效应和机械效应的作用，使接触部分的皮肤变硬并形成肿块痕迹；皮肤金属化是由于电弧或电流作用产生的金属微粒渗入皮肤表层而引起的皮肤粗糙并呈特殊颜色。

二、电流对人体伤害程度的影响因素

电流对人体的伤害程度与通过人体电流的大小、电流通过人体的持续时间、电流通过人体的途径、电流的频率、作用于人体的电压以及人体的电阻等多种因素有关，而且各种因素之间，特别是电流大小与作用时间之间有着密切的关系。

(一)伤害程度与电流大小的关系

通过人体的电流越大，人体的生理反应越明显、感觉越强烈，引起心室颤动所需的时间越短，致使的危害就越大。

1. 感知电流

引起人的感觉(麻、刺、痛等)的最小电流称为感知电流。不同的人感知电流也不同,成年男性对工频电的平均感知电流的有效值约为1.1 mA,成年女性约为0.7 mA。

2. 摆脱电流

触电后能自主摆脱电源的最大电流称为摆脱电流。一般男性平均为16 mA,女性为10 mA,儿童的摆脱电流值较成年人小。摆脱电源的能力随触电时间延长而减弱,一旦触电后不能及时摆脱,后果将十分严重。

3. 致命电流

在较短时间内会危及生命的电流称为致命电流。由于引起心室颤动的电流是电击致死的主要原因,因此称之为致命电流。

(二)伤害程度与作用于人体时间的关系

触电电流作用于人体的时间越长,越容易引起心室颤动,危险性越大。

(三)伤害程度与电流途径的关系

首先,电流通过大脑是最危险的,它会立即引起死亡,而这种触电事故极为罕见。其次,电流通过心脏,绝大多数触电死亡事故都是由于电流通过人体的全部以及部分所引起的。

(四)伤害程度与电流频率的关系

由试验得知,频率为30~300 Hz的交流电最易引起心室颤动,而工频50 Hz正好属于这一范围,故而触电最为危险,在此范围外,频率更高或更低,对人体的伤害反而小些。

(五)伤害程度与电压的关系

当人体电阻一定时,电压越高通过人体的电流就越大,伤害越大。

(六)伤害程度与人体电阻的关系

当人体触电时,流过人体的电流由人体的电阻值决定,人体电阻越小,流过人体的电流越大,危险就越大。人体电阻一般为1 500~2 000 Ω,最小值可能达到800~1 000 Ω。

人体电阻与人的皮肤状况、接触面积、皮肤表面是否破损及潮湿等因素有关,清洁、干燥、完好的皮肤电阻值较高。

第二节　安全电流、安全电压

一、安全电流

不同的触电电流通过人体,人体会有不同的反应。以工频电流为例,当1 mA左右的电流通过人体时,会产生麻刺等不舒服的感觉;10~30 mA的电流通过人体,会产生麻痹、剧痛、痉挛、血压升高、呼吸困难等症状,但通常不致有生命危险,因此认为人体允许电流为30 mA;电流达到50 mA以上,就会引起心室颤动而有生命危险;100 mA以上的电流足以致人于死地。

安全电流是指人体所能忍受的极限电流,亦即不致引起心室颤动的极限电流。在安全电流范围内,人若被电击后一般能自主地摆脱带电体,从而解除生命危险。

触电的特定条件和场合不同,触电后的危险程度也不同,安全电流的大小也就不相同。当线路和设备装有防止触电的速断保护装置时,人体的安全电流可按交流 30 mA、直流 80 mA 考虑;在另一些场合,触电有可能发生二次伤害(例如,游泳池、高空等可能因电击而导致摔死、淹死等),这时应以摆脱电流作为安全电流,交流可按 5 mA、直流可按 50 mA 考虑。

二、安全电压

安全电压是指不危及人身安全的电压。安全电压值的大小取决于人体允许电流和电阻的大小。

在触电电源不会自动消除的情况下,我国规定的基本安全电压为 50 V(交流有效值),这是人体允许长期保持的接触电压最大值,是根据人体允许电流 30 mA 和人体电阻 1 700 Ω 的条件定的。

我国还规定工频有效值 42 V、36 V、24 V、12 V、6 V 为安全电压的额定值。如无特殊安全结构或安全措施,应采用 42 V 或 36 V 安全电压,一般环境条件下允许持续接触的安全特低电压是 36 V。金属容器内、隧道内、矿井内等潮湿、狭窄及周围有大面积接地体的环境,应采用 24 V 或 12 V 安全电压;当电气设备采用 24 V 以上的安全电压时,必须采取直接接触电击的防护措施。

第三节　人体触电的方式

经过长期研究和大量分析得知,发生人体触电的方式主要有三类:单相触电,两相触电,跨步电压、接触电压和雷击触电。

一、单相触电

在低压系统中,由于人体的一部分直接或间接接触及到电源的一相,另一部分直接或间接接触大地,使电源和人体及大地之间形成了一个电流的通路,这种触电称为单相触电(如图 11-1所示)。绝大部分的触电均为单相触电。

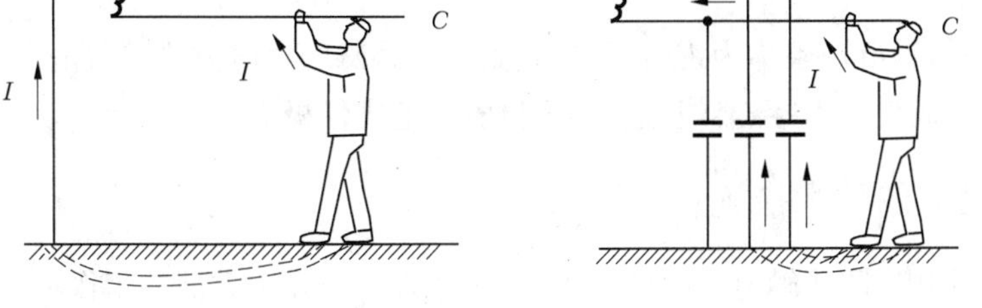

(a)中性点接地系统单相触电　　(b)中性点不接地系统单相触电

图 11-1　单相触电

对于高压带电体,人体虽未直接接触,但由于间距小于安全距离,高压电对人体放电,造成单相接地引起的触电,也属于单相触电。

二、两相触电

两相触电是指人体同时接触带电的任何两相电源而触电的一种方式,如图 11-2 所示。

不论中性点是否接地,两相触电时人体受到的电压均为线电压,触电的后果往往十分严重,两相触电一般比单相触电事故少一些。

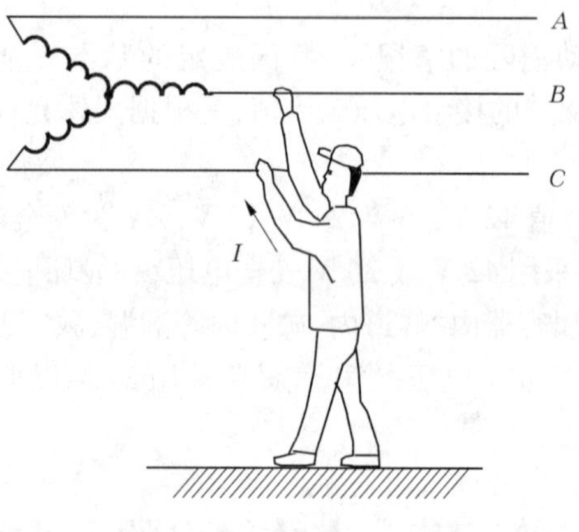

图 11-2　两相触电

三、跨步电压、接触电压和雷击触电

当电气设备或带电导线发生接地故障时,接地点地面电位很高,距离接地点越远则电位越低。此时,如果人在接地点周围行走,则其两脚间的电位差就是跨步电压(如图 11-3 所示)。设备或导线的工作电压越高,跨步电压越大;离故障点越近,跨步电压越大。由跨步电压引起的触电,称为跨步电压触电。

电气设备由于绝缘损坏或其他原因造成接地故障时,如人体两个部分(手和脚)同时接触设备外壳和地面时,人体两部分会处于不同的电位,其电位差即为接触电压(如图 11-4所示)。由接触电压造成的触电,称为接触电压触电。站立处离接地体越远,接触电压越大,越危险。

雷电时发生的触电现象称为雷击触电,它是一种特殊的触电方式。雷击电压非常高,可摧毁建筑物,造成设备击穿、燃烧,造成人身伤亡,危害性极大。

四、防止触电的技术措施

为确保安全用电,防止触电事故的发生,必须做好以下几个方面的工作:

(1)坚决贯彻执行国家及各地区电力部门颁布的规章制度,各用电单位也应根据这些规程来制定现场规程,如定期检修和试验制度、执行工作票和操作票制度等。

(2)采取多种安全技术措施。例如,将带电体进行绝缘,对带电体设置足够的安全距

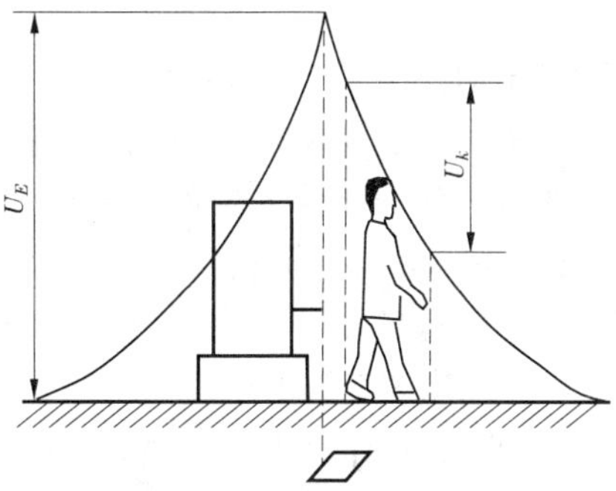

图 11-3　跨步电压触电

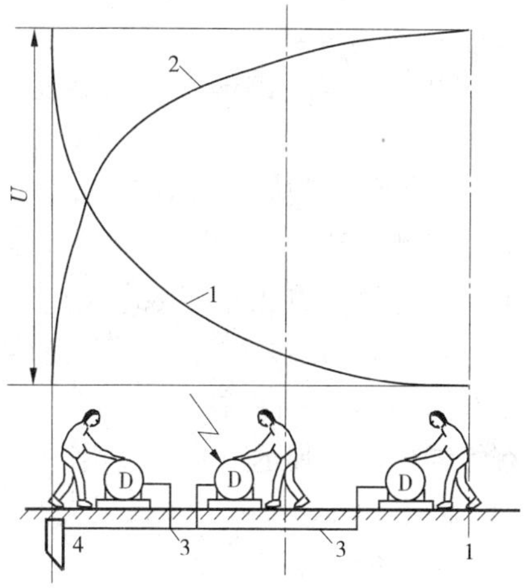

1—地面电压分布曲线；2—接触电压分布曲线；
3—电动机外壳接地线；4—接地体

图 11-4　接触电压触电

离，在运行的电气设备周围设置屏护，悬挂安全标志，采用保护接地或保护接零以及安装漏电保护装置等措施。

(3)积极研究、推广、采用安全用电的先进技术、新工艺、新材料和新设备。

(4)建立安全用电机构，普及安全用电基本知识，经常组织安全检查，积极推动群众性的安全用电活动。

第四节　触电急救

在电力生产及生活用电过程中，尽管人们采取了一系列安全措施，但也只能减少事故的发生，仍然可能发生意外触电伤亡事故，因此学会一定的触电急救知识，才能当机立断，以最快的速度、正确的方法进行急救，从而使伤员脱离危险甚至起死回生。

一、急救通则

触电急救的通则为：

(1)触电急救的基本原则是在现场采取积极措施保护伤员生命、减轻伤情、减少痛苦，并根据伤情需要，迅速联系医疗部门救治。

(2)要认真观察伤员全身情况，防止伤情恶化。发现呼吸、心跳停止时，应立即在现场就地抢救，用心肺复苏法使其恢复呼吸和血液循环，对脑、心等重要脏器供氧。

(3)急救的成功条件是动作快、操作正确，任何拖延和操作错误都会导致伤员伤情加重或死亡。

二、触电急救方法

触电者的生命能否获救关键在于能否迅速脱离电源和进行正确的紧急救护。以下我们简单介绍一些触电急救的具体处理方法。

(一)脱离电源

触电急救,首先要使触电者迅速脱离电源,越快越好。因为电流作用的时间越长,伤害越重。

为使触电者脱离电源,应根据现场具体情况果断地采取适当的方法和措施。一般有以下几种方法和措施:①如果开关距离触电地点很近,应迅速地拉开开关,切断电源(见图 11-5);②如果开关距离触电地点很远,可用绝缘手钳或用装有干燥木柄的斧、刀、铁锹等把电线切断,必须注意应切断电源侧的电线(即来电侧),而且还要注意切断的电线不可触及人体;③当导线搭在触电人身上或压在身下时可用干燥的木棒、木板、竹竿或其他带有绝缘柄的工具迅速将电线挑开,千万不能使用任何金属棒或潮湿的东西去挑线,以免救护人触电(见图 11-6);④如果人在较高处触电,必须采取保护措施,防止切断电源后触电人从高处摔下来。

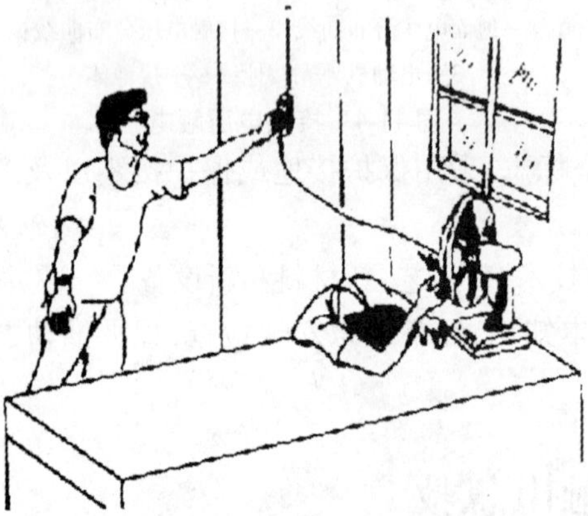

图 11-5　切断电源

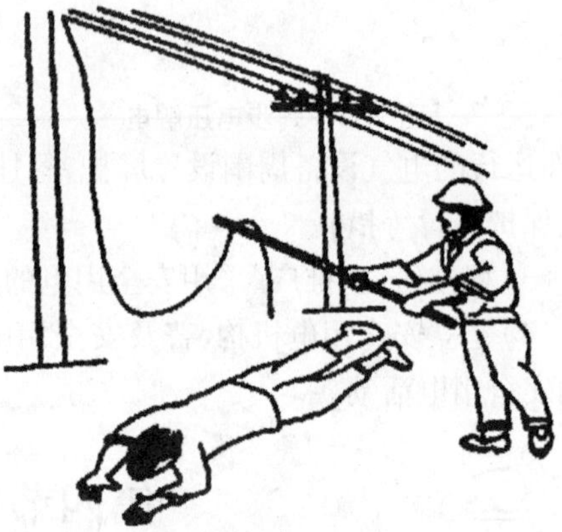

图 11-6　挑开电线

(二)伤员脱离电源后的处理

若触电伤员神志清醒,应使其就地躺平,严密观察,暂时不要站立或走动。

若触电伤员神志不清,应使其就地仰面躺平,确保其气道通畅,并用 5 s 时间呼叫伤员或轻拍其肩部,以判定伤员是否意识丧失。禁止摇动伤员头部呼叫伤员。

需要抢救的伤员,应立即就地坚持正确抢救,并设法联系医疗部门接替救治。

(三)判定伤者的呼吸及心跳情况

触电伤员如意识丧失,应在 10 s 内用看、听、试的方法,判定伤员的呼吸、心跳情况,如图 11-7 所示。看,伤员的胸部、腹部有无起伏动作;听,用耳贴近伤员的口鼻处,听有无呼气声音;试,试测口鼻有无呼气的气流,再用两根手指轻试一侧(左或右)喉结旁凹陷处的颈动脉有无搏动。

若看、听、试的结果为既无呼吸又无颈动脉搏动,则可判定呼吸、心跳停止。

(四)现场抢救的方法——心肺复苏法

触电伤员呼吸和心跳均停止时,应立即采取心肺复苏法正确进行就地抢救。心肺复苏主要有以下三种基本措施。

1. 通畅气道

触电伤员呼吸停止,重要的是始终确保气道通畅。如发现伤员口内有异物,可将其身

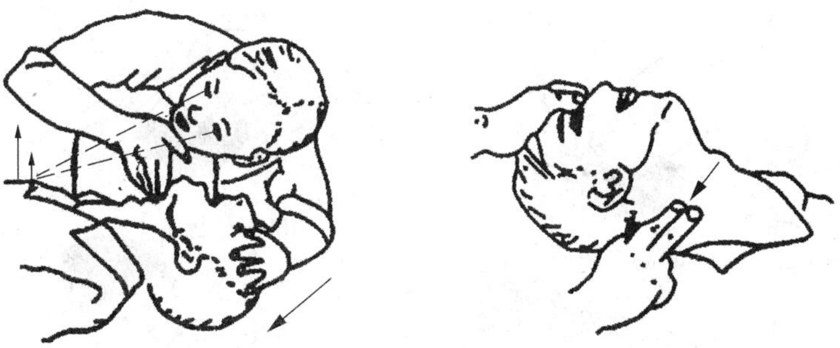

(a) 看和听　　(b) 试

图 11-7　呼吸、心跳情况的判断

体及头部同时侧转迅速用一个手指或两手指交叉从口角处插入，取出异物。操作中要注意防止将异物推到咽喉深部，如图 11-8 所示。

通畅气道可采用仰头抬颌法，用一只手放在触电者前额，另一只手的手指将其下颌骨向上抬起，两手协同，将其头部推向后仰，舌根随之抬起，气道即可通畅。严禁用枕头或其他物品垫在伤员头下，头部抬高前倾会加重气道阻塞，并使胸外按压时流向脑部的血流减少，甚至消失，如图 11-9 所示。

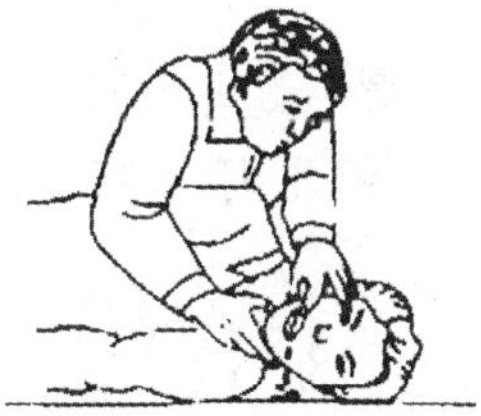

图 11-8　清除异物

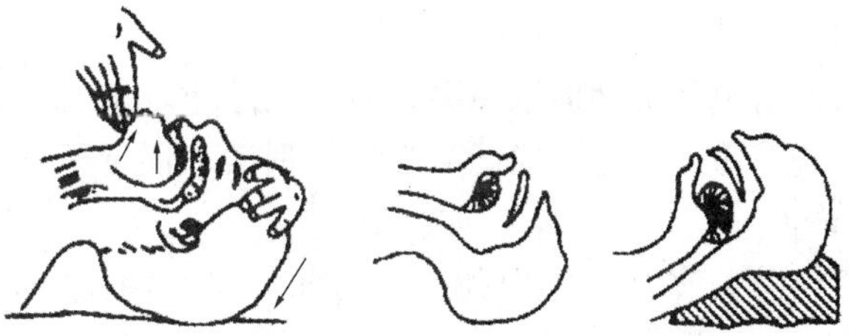

图 11-9　抬头仰颌法

2. 口对口(鼻)人工呼吸

在保持伤员气道通畅的同时，救护人员用放在伤员额上的手的手指捏住伤员鼻翼，救护人员深吸气后，与伤员口对口紧合，在不漏气的情况下，先连续大口吹气两次，每次 1 ~ 1.5 s，如图 11-10 所示。如两次吹气后试测颈动脉，若仍无搏动，可判断心跳已经停止，要立即同时进行胸外按压。

除开始时大口吹气两次外，正常口对口(鼻)人工呼吸的吹气量不需过大，以免引起胃膨胀。吹气和放松时要注意伤员胸部应有起伏的呼吸动作。吹气时如有较大阻力，可能是头部后仰不够，应及时纠正。触电伤员若牙关紧闭，可口对鼻人工呼吸。口对鼻人工呼吸吹气时，要将伤员嘴唇紧闭，防止漏气。

3. 胸外按压

胸外按压时应注意正确的按压位置、按压姿势和按压频率。

按压位置是保证胸外按压效果的重要前提。确定正确按压位置的步骤为：

(1)右手的食指和中指沿触电伤员的右侧肋弓下缘向上，找到肋骨和胸骨接合处的中点。

(2)两手指并齐，中指放在切迹中点(剑突底部)，食指平放在胸骨下部。

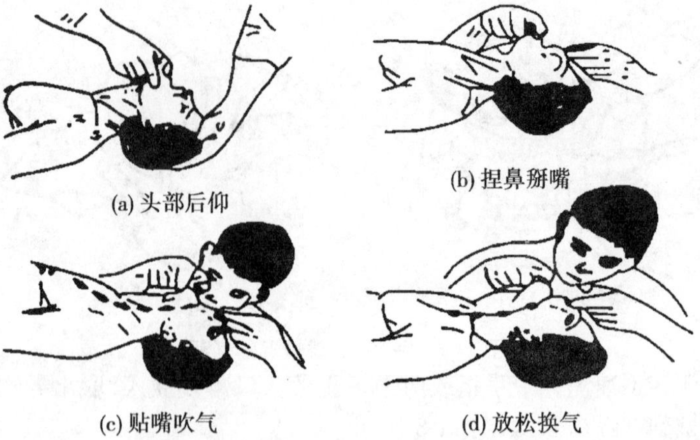

(a) 头部后仰　(b) 捏鼻掰嘴

(c) 贴嘴吹气　(d) 放松换气

图 11-10　人工呼吸的步骤

(3)另一只手的掌根紧挨食指上缘,置于胸骨上,即为正确按压位置。如图 11-11 所示。

正确的按压姿势(见图 11-12)是达到胸外按压效果的基本保证,正确的按压姿势应符合以下要求:

(1)使触电伤员仰面躺在平硬的地方,救护人员或立或跪在伤员一侧肩旁,救护人员的两肩位于伤员胸骨正上方,两臂伸直,肘关节固定不屈,两手掌根相叠,手指翘起,不接触伤员胸壁。

(2)以髋关节为支点,利用上身的重力,垂直将正常成人胸骨压陷 3 ~5 cm(儿童和瘦弱者酌减)。

(3)压至要求程度后,立即全部放松,但放松时救护人员的掌根不得离开胸壁。按压必须有效,有效的标志是按压过程中可以触及颈动脉搏动。如图 11-13 所示。

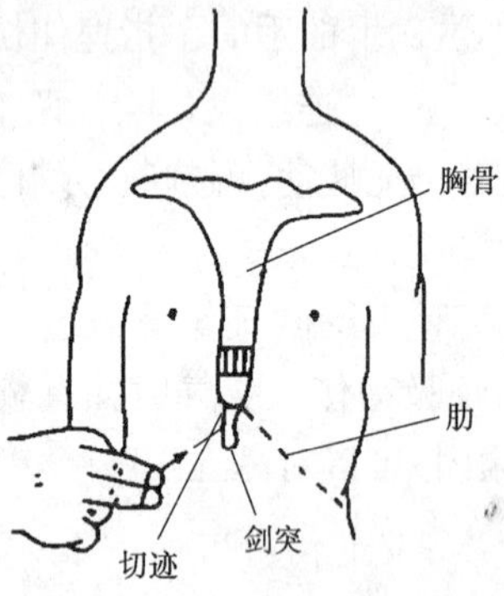

图 11-11　寻找正确的按压位置

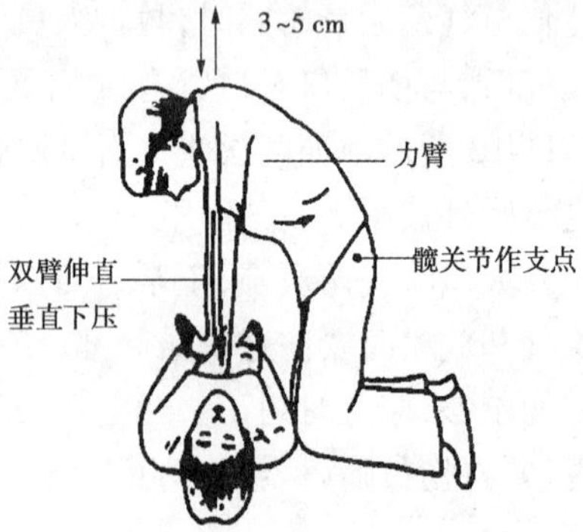

图 11-12　正确的按压姿势

按压频率的正确操作:

(1)胸外按压要以均匀度进行,每分钟 80 次左右,每次按压和放松的时间相等。

(2)胸外按压与口对口(鼻)人工呼吸同时进行,其节奏为:单人抢救,每按压 15 次后

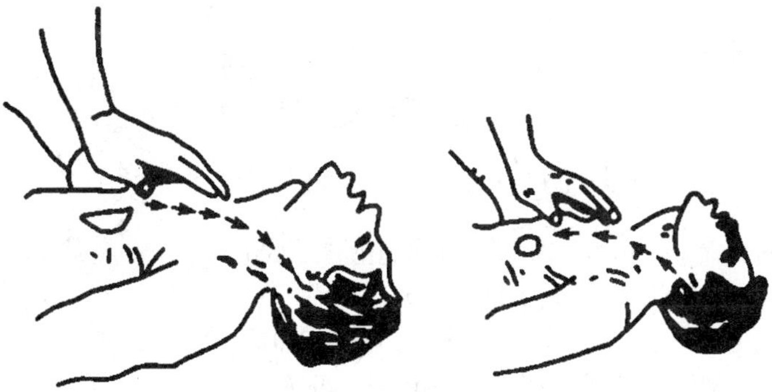

图 11-13　按压操作

吹气 2 次（15∶2），反复进行；双人抢救时，每按压 5 次后另一人吹气 1 次（5∶1），反复进行。

按压吹气 1 min 后（相当于单人抢救时做了 4 个 15∶2压吹循环），应用看、听、试方法在 5 ~7 s 时间内完成对伤员呼吸和心跳是否恢复的再判定。若判定颈动脉已有搏动但无呼吸，则暂停胸外按压，而再进行 2 次口对口人工呼吸，接着 5 s 吹气一次（即 12 次/min）。如脉搏和呼吸均未恢复，则继续坚持心肺复苏方法抢救。

在抢救过程中，要每隔数分钟再判定一次，每次判定时间均不得超过 5 ~7 s。在医务人员未接替抢救前，现场抢救人员不得放弃现场抢救。

（五）抢救过程中伤员的移动与转院

心肺复苏应在现场就地坚持进行，不要为方便而随意移动伤员，如确需移动时，抢救中断时间不应超过 30 s。

移动伤员或将伤员送往医院时，除应使伤员平躺在担架上并在其背部垫以平硬阔木板外，移动或送医院过程中还应继续抢救。心跳呼吸停止者要继续心肺复苏法抢救，在医务人员未接替救治前不能终止。

如伤员的心跳和呼吸抢救后均已恢复，可暂停心肺复苏方法操作，但心跳呼吸恢复的早期有可能再次骤停，应严密监护，不能麻痹，要随时准备再次抢救。初期恢复后，神志不清或精神恍惚、跳动，应设法使伤员安静。

习　题

11-1　电流对人体会造成哪些种类的伤害？

11-2　电流对人体的伤害程度与哪些因素有关？

11-3　不危及人的生命安全的电流值和电压值分别是多少？

11-4　人体触电有哪些常见的方式？

11-5　防止触电应做好哪些措施？

11-6　怎样做好现场的触电急救？

参 考 文 献

[1] 张盛智. 电机原理与应用[M]. 北京:中国电力出版社,2007.
[2] 周绍敏. 电工基础[M]. 北京:高等教育出版社,2006.
[3] 张永红. 高级电工技能训练[M]. 北京:科学出版社,2004.
[4] 李跃. 电力安全知识[M]. 北京:中国电力出版社,2007.
[5] 杜广朝. 电工与电气[M]. 郑州:黄河水利出版社,2008.
[6] 盛国林. 电气安装与调试技术[M]. 北京:中国电力出版社,2005.
[7] 袁英灿. 电工与电气[M]. 郑州:黄河水利出版社,2002.
[8] 王容海. 电工技能与实训[M]. 北京:电子工业出版社,2004.
[9] 徐建俊. 电工考工实训教程[M]. 北京:北京交通大学出版社,2005.
[10] 赵承狄. 维修电工技能训练[M]. 北京:中国劳动社会保障出版社,2002.
[11] 何贵清. 电工操作基本工艺图册[M]. 北京:中国电力出版社,1999.
[12] 张永红. 电工实用技术实训教材[M]. 北京:科学出版社,2004.
[13] 袁维义. 电工技能实训[M]. 北京:电子工业出版社,2003.
[14] 黄永驹,王天福. 开关电器检修[M]. 北京:中国水利水电出版社,2004.
[15] 周南星. 电工基础[M]. 北京:中国电力出版社,2006.
[16] 钱卫东,等. 电气设备[M]. 北京:北京邮电大学出版社,2008.
[17] 吴靓,谢珍贵. 发电厂及变电站电气设备[M]. 北京:中国水利水电出版社,2004.
[18] 盛国林. 电气检修技术[M]. 北京:化学工业出版社,2008.